線形代数入門

辻川　亨・出原浩史 共著

学術図書出版社

まえがき

本書は，理工系学部初年次学生のための線形代数の教科書および自習書である．そのため，なるべく予備知識を仮定せず，演習問題などの解答を詳しく書いている．また，線形代数学の理論がどのような分野に応用されるかについては具体的な例を挙げた．もちろん理学部数学系および物理系の学生にとっては，理論的な基礎であり，はるかに広い範囲において応用があることは言うまでもない．

本書の内容について簡単に紹介する．第 1 章では学習の目的を明確にし，各章への導入を円滑にするための具体的事項を述べている．第 2 章の内容は高等学校の数学で学習する平面・空間ベクトルの基本的事項と線形空間への導入となる，ベクトルの 1 次独立性，基底，ベクトルの 1 次変換，2 次正方行列の固有値，固有ベクトルなどである．また，線形構造は代数学だけでなく解析学においても重要な役割を果たしている．たとえば，ある種の微分方程式の解全体の集合が線形構造をもつなどがその具体例である．第 3 章ではより一般の n 次元ベクトルや $m \times n$ 行列の基本的な計算方法を説明する．第 4 章では連立 1 次方程式の解法，その解についての存在，非存在の条件および解の表示などを行列および行列式を用いて述べる．この方程式の解法は応用数学における微分方程式の数値解を求めることと深く関係している．第 5 章ではベクトル空間の定義や性質を説明し，ベクトルの回転，折り返しなどを例とする線形変換の行列表示などを説明する．第 6 章では n 次正方行列の固有値，固有ベクトルの求め方および関連した行列の対角化とその応用をいくつか説明する．第 7 章では理工系の学生が専門科目で学ぶ線形代数の代表的で面白い応用例をいくつか取り上げている．最後に付録としていくつかの行列式の定義を載せることにした．本文の定義とすべて同値ではあるが，これらを導入するにはいくつかの言葉を改めて定義する必要があり，線形代数学のより高度な内容を学習する人の指針程度にその内容をとどめた．

本書の書き方として，できるだけコンパクトに内容をまとめることを心がけているが，基本的かつ重要なことについては定理とし，必要に応じて証明を与えている．たとえばベクトルの 1 次独立性などは学生にとって難しい概念の 1 つであるが，関連する定理の証明を読むことで理解が進むことが期待される．しかし，行列のジョルダン標準形，2 次形式などについては，本書では簡単な場合を例に説明するにとどめた．詳しいことについては他の教科書を参照してほしい．

最後に，本書の執筆にあたり，宮崎大学工学部数学グループの皆様には本書のもととなる原稿に対する有益なご意見やアドバイスを頂き感謝申し上げます．また，本書出版にあたり原稿の校正など多大なご苦労をおかけした学術図書出版社の貝沼稔夫氏には，御礼申し上げます．

2024 年 1 月

著者一同

目　次

第 1 章　導入 **1**

1.1　平面ベクトル 1

1.2　連立 1 次方程式 2

1.3　線形写像 4

1.4　物体の運動と微分方程式 7

第 2 章　平面・空間ベクトル **9**

2.1　平面ベクトル 9

2.2　平面内図形のベクトル表示 12

2.3　平面の基底 15

2.4　空間ベクトル 17

2.5　空間内図形のベクトル表示 19

2.6　空間の基底 23

2.7　外積 25

2.8　平面上のいろいろな変換 28

2.9　1 次変換の行列表示 33

2.10　1 次変換の合成 35

2.11　逆変換 38

2.12　行列の固有値・固有ベクトル 40

章末問題 42

第 3 章　ベクトルと行列 **45**

3.1　ベクトル 45

3.2　行列 47

章末問題 52

第 4 章　連立 1 次方程式の解法 **54**

4.1　掃き出し法 54

4.2　階数 60

4.3　同次連立 1 次方程式 64

4.4　逆行列による解法 65

4.5 行列式とクラメルの公式 67
4.6 行列式の図形的性質 71
4.7 行列式の基本性質 72
4.8 基本変形の行列表示 77
章末問題 78

第 5 章 ベクトル空間 81

5.1 ベクトル空間 81
5.2 基底と次元 87
5.3 計量ベクトル空間 90
5.4 線形写像とその行列表示 92
5.5 基底のとりかえと線形写像の行列表示 97
5.6 線形写像の像と核 98
章末問題 100

第 6 章 固有値 103

6.1 固有値と固有ベクトル 103
6.2 行列の対角化 107
6.3 ジョルダン標準形 111
6.4 2 次形式 113
6.5 連立微分方程式の解法 116
章末問題 124

第 7 章 応用 127

7.1 複雑ネットワーク 127
7.2 最小二乗法 129
7.3 電気回路 131
7.4 化学反応 132
7.5 マルコフ連鎖 133
章末問題 134

付録 136

A.1 行列式の基本性質 136
A.2 行列式の別の定義 138
章末問題 143

解答 144

索引 168

1

導入

この本では，線形代数の基礎部分の理解，計算方法の習得，その応用を目指す．線形代数は工学の様々な分野において基礎的な役割を果たしている．この章では，線形代数に関する諸問題について述べる．

1.1 平面ベクトル

力学では，**力**は**方向**と**大きさ**の 2 つの量をもつものであり，それを矢印の向きと長さで表現する．すなわち，物体の質点に働く力はベクトルであり，それを $\boldsymbol{a}, \boldsymbol{b}, \ldots$ のように表す．力の合成はベクトルの和 $\boldsymbol{a}+\boldsymbol{b}$ に対応する．力が働いていない場合は，長さのないベクトルに対応し，それを**零ベクトル**といい，$\boldsymbol{0}$ と表す．また，2 つのベクトル $\boldsymbol{a}, \boldsymbol{b}$ が $\boldsymbol{a}+\boldsymbol{b}=\boldsymbol{0}$ をみたすとき，$\boldsymbol{b}$ を $\boldsymbol{a}$ の**逆ベクトル**といい，$-\boldsymbol{a}$ と表す．このとき，逆ベクトル $-\boldsymbol{a}$ は $\boldsymbol{a}$ と向きが逆で長さの等しいベクトルである．ベクトルの定数倍 (スカラー倍) $k\boldsymbol{a}$ とは，$\boldsymbol{a}$ の $|k|$ 倍の長さをもつベクトルで，その向きは $k>0$ のとき $\boldsymbol{a}$ と同じ向き，$k<0$ のとき $\boldsymbol{a}$ と逆向きと定義される．

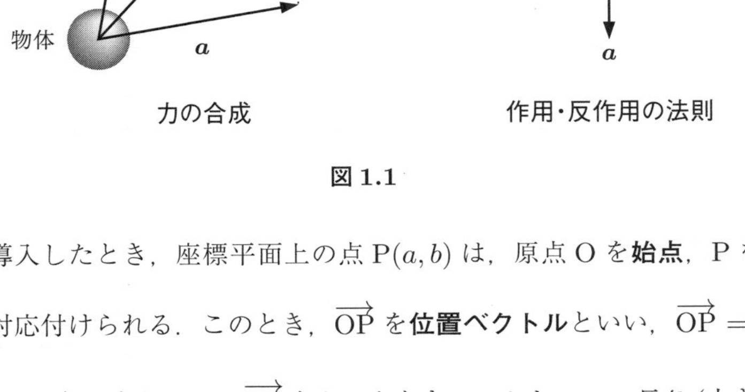

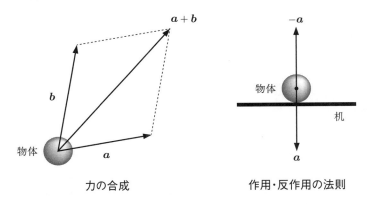

図 1.1

座標平面を導入したとき，座標平面上の点 $\mathrm{P}(a, b)$ は，原点 O を**始点**，P を**終点**とするベクトル $\overrightarrow{\mathrm{OP}}$ と対応付けられる．このとき，$\overrightarrow{\mathrm{OP}}$ を**位置ベクトル**といい，$\overrightarrow{\mathrm{OP}}=\begin{pmatrix} a \\ b \end{pmatrix}$ と表し，a, b をその成分という．また，$\boldsymbol{a}=\overrightarrow{\mathrm{OP}}$ とおいたとき，ベクトル $\boldsymbol{a}$ の長さ (大きさ) を $|\boldsymbol{a}|$ と表

し，$|\boldsymbol{a}| = \sqrt{a^2 + b^2}$ と定義する．すなわち，原点から点Pまでの距離である．2つのベクトル $\boldsymbol{a} = \begin{pmatrix} a_1 \\ a_2 \end{pmatrix}$，$\boldsymbol{b} = \begin{pmatrix} b_1 \\ b_2 \end{pmatrix}$ の和とスカラー倍 (定数倍) は，

$$\boldsymbol{a} + \boldsymbol{b} = \begin{pmatrix} a_1 + b_1 \\ a_2 + b_2 \end{pmatrix}, \quad k\boldsymbol{a} = \begin{pmatrix} ka_1 \\ ka_2 \end{pmatrix} \quad (k \text{ は実数}) \tag{1.1}$$

と定義される．また，$\boldsymbol{a} = \boldsymbol{b}$ であるとは，$a_1 = b_1, a_2 = b_2$ が成り立つことである．

例題 1.1　2つのベクトル $\boldsymbol{a} = \begin{pmatrix} -2 \\ 1 \end{pmatrix}, \boldsymbol{b} = \begin{pmatrix} 4 \\ 3 \end{pmatrix}$ について，次を求めよ．

(1) $3\boldsymbol{a}$　　(2) $4\boldsymbol{a} + 2\boldsymbol{b}$

解答　(1) $3\boldsymbol{a} = 3 \times \begin{pmatrix} -2 \\ 1 \end{pmatrix} = \begin{pmatrix} -6 \\ 3 \end{pmatrix}$.

(2) $4\boldsymbol{a} + 2\boldsymbol{b} = 4 \times \begin{pmatrix} -2 \\ 1 \end{pmatrix} + 2 \times \begin{pmatrix} 4 \\ 3 \end{pmatrix} = \begin{pmatrix} -8 \\ 4 \end{pmatrix} + \begin{pmatrix} 8 \\ 6 \end{pmatrix} = \begin{pmatrix} 0 \\ 10 \end{pmatrix}$.

次に座標平面上の2つのベクトル $\boldsymbol{a} = \begin{pmatrix} a_1 \\ a_2 \end{pmatrix}$，$\boldsymbol{b} = \begin{pmatrix} b_1 \\ b_2 \end{pmatrix}$ の位置関係を示す量として，内積を

$$\langle \boldsymbol{a}, \boldsymbol{b} \rangle = a_1 b_1 + a_2 b_2$$

で定義する．このとき，$\langle \boldsymbol{a}, \boldsymbol{a} \rangle = {a_1}^2 + {a_2}^2$ となるので，ベクトル $\boldsymbol{a}$ の長さ $|\boldsymbol{a}|$ は，内積を用いて $|\boldsymbol{a}| = \sqrt{\langle \boldsymbol{a}, \boldsymbol{a} \rangle}$ と表すことができる．また，ベクトル $\boldsymbol{a}$ と $\boldsymbol{b}$ の「なす角」を θ $(0 \leqq \theta \leqq \pi)$ とするとき，関係式

$$\cos\theta = \frac{\langle \boldsymbol{a}, \boldsymbol{b} \rangle}{|\boldsymbol{a}||\boldsymbol{b}|}$$

が成り立つ．なす角については第2章で詳しく説明するが，これにより，内積は2つのベクトルの位置関係を表す量である．

以上は，成分を2つもつベクトルの場合であった．そこで次の疑問が挙げられる．

一般に n 個の成分をもつベクトルの場合は，これらはどう定義されるのか？

⇒ 第2章，第3章へ続く

1.2　連立1次方程式

連立1次方程式の解法は工学のあらゆる分野に現れる基本的な問題である．実際，未知数が数万を超える連立1次方程式を扱うことも珍しくはない．そのような数万連立の1次方程式を手計算で解くことは不可能であり，コンピュータを用いることが普通である．それゆえ，より

計算量が少ない手法を用いて短時間で計算を終えることが重要になる．線形代数では，このような工学に現れる連立 1 次方程式の解法の基盤となる理論を取り扱う．

簡単な例からはじめてみよう．A さんは，同じジュース a 本を購入し，α 円支払ったとしよう．このとき，ジュース 1 本の価格を x 円とすると，

$$ax = \alpha$$

という等式が成り立つ．この方程式の解は a の逆数 a^{-1} を用いて $x = a^{-1}\alpha$ と表示される．

次に，A さんはジュース a 本とコーラ b 本で α 円支払い，B さんはジュース c 本とコーラ d 本で β 円支払ったとしよう．このとき，ジュースとコーラの価格はいくらだろうか？　ジュース 1 本の価格を x 円，コーラ 1 本の価格を y 円とすると，次の 2 元連立 1 次方程式を解く問題と捉えることができる．

$$\begin{cases} ax + by = \alpha \\ cx + dy = \beta. \end{cases} \tag{1.2}$$

高校では，このような連立 1 次方程式の解は座標平面における 2 つの直線 $ax + by = \alpha$ と $cx + dy = \beta$ の交点であると学んだ．ここではもう一歩進んで，一般的な連立 1 次方程式にも通用する解法をみてみよう．詳しくは第 3 章で説明するが，ベクトルを 2 つ並べたもの $A = \begin{pmatrix} a & b \\ c & d \end{pmatrix}$ を行列といい，行列 A とベクトル $\boldsymbol{x} = \begin{pmatrix} x \\ y \end{pmatrix}$ の積を

$$A\boldsymbol{x} = \begin{pmatrix} a & b \\ c & d \end{pmatrix}\begin{pmatrix} x \\ y \end{pmatrix} = \begin{pmatrix} ax + by \\ cx + dy \end{pmatrix}$$

と定義する．

ベクトル $\boldsymbol{b}$ を $\boldsymbol{b} = \begin{pmatrix} \alpha \\ \beta \end{pmatrix}$ とすれば，(1.2) は

$$A\boldsymbol{x} = \boldsymbol{b} \tag{1.3}$$

と表示できる．ここで，行列 A は (1.2) の左辺の係数のみを取り出した行列であるため，**係数行列**と呼ばれる．したがって，この連立 1 次方程式の場合も同様に，解 $\boldsymbol{x}$ は行列 A の逆 A^{-1} なるものをうまく定義することで，$\boldsymbol{x} = A^{-1}\boldsymbol{b}$ と表すことができるのではないだろうか．A^{-1} は A の**逆行列**と呼ばれる．ここで次の問題が提起される．

> 行列 A の逆行列 A^{-1} をどのように定義すればよいのか？

⇒ **第 3 章へ続く**

(1.2) をもう少し考察してみよう．たとえば，A さんはジュース 2 本とコーラ 1 本で 400 円支払い，B さんはジュース 1 本とコーラ 1 本で 250 円支払ったとしよう．この場合，連立 1 次方程式 (1.2) を解くことにより，$x = 150$, $y = 100$ が得られる．

次の場合はどうだろうか．A さんはジュース 1 本とコーラ 1 本で 250 円支払い，B さんはジュース 2 本とコーラ 2 本で 500 円支払ったとしよう．この場合，x と y を求めることができるだろうか．実は，この場合は解が 1 つに定まらない．連立 1 次方程式は

$$\begin{cases} x + \ \ y = 250 \\ 2x + 2y = 500 \end{cases}$$

であり，座標平面にこの 2 直線のグラフを描くと，ぴったり重なる．2 直線の交点が連立 1 次方程式の解であることを思い出すと，$x + y = 250$ をみたすすべての (x, y) の組が解となる．つまり $x = 50, y = 200$ も解であるし，$x = 125, y = 125$ も解となるので，解は無数に存在することになる．ある意味価格を求めるための情報が少ないともいえる．

一方，次のような場合も考えられる．A さんはジュース 1 本とコーラ 2 本で 300 円支払い，B さんはジュース 2 本とコーラ 4 本で 650 円支払った．ジュースとコーラの価格はそれぞれいくらか．この場合の連立 1 次方程式は

$$\begin{cases} x + 2y = 300 \\ 2x + 4y = 650 \end{cases}$$

と表される．結論から先にいうと，この連立 1 次方程式の解は存在しない．なぜなら，座標平面上の 2 直線は，平行になり交点は存在しないからである．

これらの例から，連立 1 次方程式には

- 解がただ 1 つ存在する
- 解が無数に存在する
- 解が存在しない

の 3 つの場合があることがわかる．さらに，これらの解の個数については，左辺の係数 (つまり係数行列 A) や右辺の値 (ベクトル $\boldsymbol{b}$) と深く関わっていることも直感的にわかるだろう．したがって，次の問題が提起される．

> 係数行列 A やベクトル $\boldsymbol{b}$ と，連立 1 次方程式 (1.3) の解の個数との関係はどうなっているか？

⇒ **第 4 章へ続く**

1.3　線形写像

図形の変形はいろいろなところで応用されている．平面においては縮小・拡大・回転・ずれなどいろいろなものがある．簡単なものとして，平面内のベクトルの移動を考える．たとえば平面上の 1 つの位置ベクトル $\boldsymbol{a}$ を x 軸に関して折り返した (鏡映) ベクトルを $\boldsymbol{a}'$ とする．ベクトル $\boldsymbol{a}$ の成分表示を $\begin{pmatrix} a_1 \\ a_2 \end{pmatrix}$ とすれば $\boldsymbol{a}'$ は $\begin{pmatrix} a_1 \\ -a_2 \end{pmatrix}$ となる．$\boldsymbol{a}$ に対して $\boldsymbol{a}'$ を対応させるものを関数と同様に $\boldsymbol{a}' = f(\boldsymbol{a})$ と表示する．つまり，ベクトル $\boldsymbol{a}$ を入力すると x 軸に関して対称なべ

クトル $\boldsymbol{a}'$ が出力されるような変換を f とする．これを成分表示すると $\begin{pmatrix} a_1 \\ -a_2 \end{pmatrix} = f\left(\begin{pmatrix} a_1 \\ a_2 \end{pmatrix}\right)$ である．この変換がもつ特徴を調べる．ベクトル $\boldsymbol{a} = \begin{pmatrix} a_1 \\ a_2 \end{pmatrix}$ とベクトル $\boldsymbol{b} = \begin{pmatrix} b_1 \\ b_2 \end{pmatrix}$ に対して，その和を入力すると，

$$f\left(\begin{pmatrix} a_1 \\ a_2 \end{pmatrix} + \begin{pmatrix} b_1 \\ b_2 \end{pmatrix}\right) = f\left(\begin{pmatrix} a_1 + b_1 \\ a_2 + b_2 \end{pmatrix}\right) = \begin{pmatrix} a_1 + b_1 \\ -a_2 - b_2 \end{pmatrix}$$
$$= \begin{pmatrix} a_1 \\ -a_2 \end{pmatrix} + \begin{pmatrix} b_1 \\ -b_2 \end{pmatrix} = f\left(\begin{pmatrix} a_1 \\ a_2 \end{pmatrix}\right) + f\left(\begin{pmatrix} b_1 \\ b_2 \end{pmatrix}\right),$$

つまり $f(\boldsymbol{a}+\boldsymbol{b}) = f(\boldsymbol{a}) + f(\boldsymbol{b})$ が成り立つ．またベクトル $\boldsymbol{a}$ の k 倍 (k は実数) の入力に対して，

$$f\left(k\begin{pmatrix} a_1 \\ a_2 \end{pmatrix}\right) = f\left(\begin{pmatrix} ka_1 \\ ka_2 \end{pmatrix}\right) = \begin{pmatrix} ka_1 \\ -ka_2 \end{pmatrix} = k\begin{pmatrix} a_1 \\ -a_2 \end{pmatrix} = kf\left(\begin{pmatrix} a_1 \\ a_2 \end{pmatrix}\right),$$

つまり $f(k\boldsymbol{a}) = kf(\boldsymbol{a})$ が成り立つ．

一般に，2 つの集合 X, Y とそれぞれの集合の要素 x, y について，x を y に対応させるものを**写像**といい，それを T で表すと，

$$y = T(x) \quad \text{または} \quad T:\ X \to Y$$

と表現される．ここで，T を X から Y への写像ともいう．また，$X = Y$ のとき**変換**という．たとえば，関数 $y = f(x) = x^2$ は実数からそれ自身への変換である．また，(1.3) の右辺のようにベクトル $\boldsymbol{x}$ をベクトル $A\boldsymbol{x}$ に対応させるものも変換の例となる．

関数 $f(x)$ を微分することは関数 $f(x)$ に対してその導関数 $f'(x)$ を対応させる写像とみることができる．すなわち，$T(f(x)) = f'(x)$ である．T のことを微分演算子という．このとき，すべての微分可能な 2 つの関数 $f(x)$, $g(x)$ と実数 α, β に対して，

$$T(\alpha f(x) + \beta g(x)) = (\alpha f(x) + \beta g(x))' = \alpha f'(x) + \beta g'(x) = \alpha T(f(x)) + \beta T(g(x))$$

が成り立つ．このような性質を写像 T の**線形性**という．また，これと同値な条件として

$$T(f(x) + g(x)) = T(f(x)) + T(g(x))$$

かつ

$$T(\alpha f(x)) = \alpha T(f(x))$$

がある．それゆえ，上の x 軸に関して対称なベクトルが出力される変換 f も線形性をもつ一例である．

問題 1.1　関数 $f(x) = x^2$ が線形性をもたないことを示せ．

例題 1.2　x, y が実数のとき，$\begin{pmatrix} x \\ y \end{pmatrix}$ の全体の集合を V とする．このとき，和とスカラー倍を (1.1) で定義すれば

(1)　加法：$\boldsymbol{a},\ \boldsymbol{b} \in V$ に対して $\boldsymbol{a}+\boldsymbol{b} \in V$

(2)　スカラー倍：$\boldsymbol{a} \in V$ と実数 k に対して $k\boldsymbol{a} \in V$

が成り立つことを示せ．ここで，$\boldsymbol{a}$ が集合 V を構成する要素 (元) であるとき，$\boldsymbol{a}$ は V に**属する**といい，$\boldsymbol{a} \in V$ とかく．

解答　a_1, a_2, b_1, b_2 を実数とする．$\boldsymbol{a} = \begin{pmatrix} a_1 \\ a_2 \end{pmatrix}, \boldsymbol{b} = \begin{pmatrix} b_1 \\ b_2 \end{pmatrix}$ とすれば $\boldsymbol{a}, \boldsymbol{b} \in V$ である．このとき $\boldsymbol{a}+\boldsymbol{b} = \begin{pmatrix} a_1+b_1 \\ a_2+b_2 \end{pmatrix}$ なので，各成分は実数より $\boldsymbol{a}+\boldsymbol{b} \in V$ となる．また，$k\boldsymbol{a} = \begin{pmatrix} ka_1 \\ ka_2 \end{pmatrix}$ なので，$k\boldsymbol{a} \in V$ となる．これより (1), (2) が成り立つ．■

例題 1.2 の条件 (1), (2) が成り立つとき，V は加法とスカラー倍に関して**閉じている**という．X から Y への写像 T が線形であるためには，集合 X と Y が加法とスカラー倍に関して閉じている必要がある．

$\mathbb{R}$ を実数全体からなる集合とするとき，例題 1.2 の集合 V について，次のことが成り立つ．

[1] $\alpha, \beta \in \mathbb{R}$，$\boldsymbol{x}, \boldsymbol{y}, \boldsymbol{z} \in V$ とするとき，

i)　$\boldsymbol{x}+\boldsymbol{y} = \boldsymbol{y}+\boldsymbol{x}$　(交換法則),

ii)　$(\boldsymbol{x}+\boldsymbol{y})+\boldsymbol{z} = \boldsymbol{x}+(\boldsymbol{y}+\boldsymbol{z})$　(結合法則),

iii)　$\alpha(\boldsymbol{x}+\boldsymbol{y}) = \alpha\boldsymbol{x}+\alpha\boldsymbol{y}$,　$(\alpha+\beta)\boldsymbol{x} = \alpha\boldsymbol{x}+\beta\boldsymbol{x}$　(分配法則),

iv)　$\alpha(\beta\boldsymbol{x}) = (\alpha\beta)\boldsymbol{x}$　(結合法則),

v)　$1\boldsymbol{x} = \boldsymbol{x}$.

[2] すべての $\boldsymbol{x} \in V$ について $\boldsymbol{0}+\boldsymbol{x} = \boldsymbol{x}$ をみたす $\boldsymbol{0} \in V$ がただ1つ存在する．

[3] 各 $\boldsymbol{x} \in V$ について，$\boldsymbol{x}+\boldsymbol{x}' = 0$ となる $\boldsymbol{x}' \in V$ がただ1つ存在する．それを $-\boldsymbol{x}$ とかく．

逆に集合 V が [1], [2], [3] をみたすとき，V を (実) **ベクトル空間 (線形空間)** という．このとき，集合を構成する要素 (元) を**ベクトル**という．また，$\boldsymbol{0}$ を**零ベクトル**，$-\boldsymbol{x}$ を $\boldsymbol{x}$ の**逆ベクトル**という．例題 1.2 で与えられた集合 V はベクトル空間であり，ここでは特に，**2 次元数ベクトル空間**といい，$\mathbb{R}^2$ とかく．一般にベクトルが n 個の実数を成分としてもつとき，その全体を $\mathbb{R}^n$ とかき，$\boldsymbol{n}$ **次元数ベクトル空間**という．

ベクトル空間はどのような性質をもつのか？

⇒ **第5章へ続く**

1.4 物体の運動と微分方程式

微分方程式とは未知関数とその導関数を含む方程式であり，数学や物理学などではよく扱われる方程式である．特に，微分方程式は物理法則を記述する方法として発展してきた背景がある．たとえば，未知関数 $x = x(t)$ に対して

$$\frac{dx}{dt} = f(t, x)$$

は微分方程式である．ここで $f(t, x)$ は t と x を独立変数とする関数である．もっとも簡単な微分方程式の一例は，上記の式において $f(t, x) = kx$ (k は定数) とした

$$\frac{dx}{dt} = kx \tag{1.4}$$

であろう．(1.4) の解 $x(t)$ は，両辺を x で割った後，積分することで，

$$\int \frac{1}{x}\frac{dx}{dt}dt = \int k\,dt.$$

左辺は $\displaystyle\int \frac{1}{x}\frac{dx}{dt}dt = \int \left(\frac{d}{dt}\log x\right) dt = \log x + C$ となり，右辺からは $\displaystyle\int k\,dt = kt + C$ を得る．ここで，C は積分定数である．したがって，左辺と右辺の計算を合わせると，$\log x = kt + C$ が導かれる．求めたいものは解 $x(t)$ なので，公式 $x = e^{\log x}$ を利用すると，

$$x(t) = e^{kt}D \tag{1.5}$$

を得る．積分定数からくる定数を $e^C = D$ とおいた．このように，有限回の不定積分を用いた解法は**求積法**と呼ばれるものであり，微分方程式を解く 1 つの手法である．

先に述べたように微分方程式は物理法則を記述する方法として発展してきた．高校で学んだ物体の運動に関するニュートンの運動方程式も微分方程式である．それを説明しよう．物体の質量を m，物体の加速度を a，物体に作用する力を F とすると

$$ma = F$$

という関係式を高校では学んだであろう．いま，物体の時刻 t における位置 (ある点からの変位) を $x(t)$ とする．このとき，$x(t)$ の t に関する微分 $\dfrac{dx(t)}{dt}$ は，位置の瞬間的な変化の度合い[1)]を表している，つまり速度を意味している．また，$\dfrac{dx(t)}{dt}$ の t に関する微分 $\dfrac{d^2x(t)}{dt^2}$ は，瞬間的な速度の変化の度合い，つまり加速度を表している．したがって，先ほどのニュートンの運動方程式は

$$m\frac{d^2x}{dt^2} = F$$

とかくことができ，2 階の微分を含む微分方程式であることがわかる．さらに一般的に，物体に作用する力 F は，物体の位置および速度に依存している場合も考えられる．このようなときは，位置と速度の関数 f を用いて，

$$m\frac{d^2x}{dt^2} = f\left(x, \frac{dx}{dt}\right)$$

---

1) $x(t)$ の瞬間的な変化の度合いとは $\displaystyle\lim_{h\to 0}\frac{x(t+h) - x(t)}{h}$ のことである．

と表すことができる．これがニュートンの運動方程式である．

このニュートンの運動方程式の簡単な例を紹介しよう．平面上の物体が壁からバネ (バネ定数 k) でつながれているものとし，物体と平面との間に摩擦はなく，バネの質量は無視できるものとする．このとき，物体に働く力はバネの長さの自然長からのずれに比例するという**フックの法則**に従うものとすると，

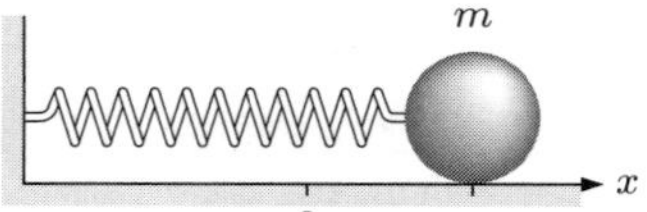

図 1.2

$$m\frac{d^2x}{dt^2} = -kx \tag{1.6}$$

となる．ここで，バネが自然長のときの物体の位置を原点 ($x = 0$) にとった．(1.6) の解 $x(t)$ を求めてみよう．$y = \dfrac{dx}{dt}$ とおくと，$\dfrac{dy}{dt} = -\dfrac{k}{m}x$ となる．そこで (1.2) で定義した行列 $A = \begin{pmatrix} 0 & 1 \\ -\dfrac{k}{m} & 0 \end{pmatrix}$ とベクトル $\boldsymbol{u} = \begin{pmatrix} x \\ y \end{pmatrix}$ の積を用いると，形式的に

$$\frac{d}{dt}\boldsymbol{u} = \begin{pmatrix} \dfrac{dx}{dt} \\ \dfrac{dy}{dt} \end{pmatrix} = \begin{pmatrix} y \\ -\dfrac{k}{m}x \end{pmatrix} = \begin{pmatrix} 0 & 1 \\ -\dfrac{k}{m} & 0 \end{pmatrix}\begin{pmatrix} x \\ y \end{pmatrix} = A\boldsymbol{u} \tag{1.7}$$

と表示できる．

実は，方程式 (1.7) は，(1.4) に似ているだけでなく，その解までも (1.5) に似た

$$\boldsymbol{u}(t) = e^{At}\boldsymbol{C}$$

という表示で与えることができるのである．しかし，次のことが気になったであろう．

> e の指数に行列が含まれた e^{At} とは一体なにか？

⇒ **第 6 章へ続く**

2

平面・空間ベクトル

第1章で簡単に平面内のベクトルについて述べたが，この章では空間内のベクトルも含めて詳しく説明する．

2.1　平面ベクトル

ベクトルは方向と大きさをもった量であり，それを矢印付きの線分の向きと長さで表現する．ベクトルの和を力の合成と考えれば図2.1のように，$\boldsymbol{a}+\boldsymbol{b}=\boldsymbol{c}$ と表せる．見方を変えれば，ベクトル $\boldsymbol{c}$ はベクトル $\boldsymbol{a}$ と $\boldsymbol{b}$ に分解されるとみることができる．長さのないベクトルは，**零ベクトル**といい，$\mathbf{0}$ と表す．また，2つのベクトルが $\boldsymbol{a}+\boldsymbol{b}=\mathbf{0}$ をみたすとき，$\boldsymbol{b}$ を $\boldsymbol{a}$ の**逆ベクトル**といい，$-\boldsymbol{a}$ と表す．このとき，逆ベクトルは向きが逆で長さの等しいベクトルである．長さが1のベクトルを**単位ベクトル**という．

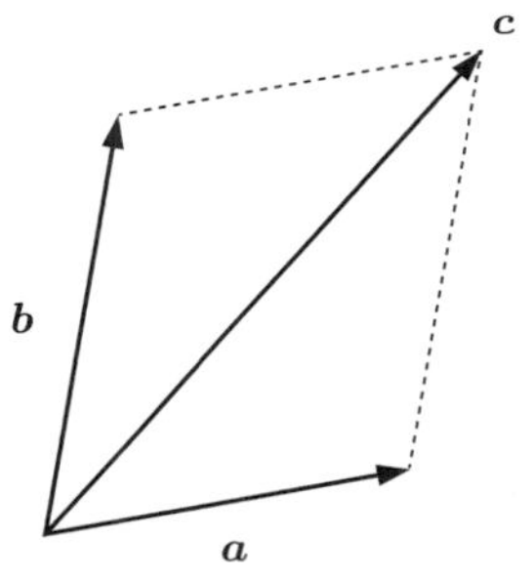

図 2.1

第1章で述べたように，ベクトルには2つの演算，和とスカラー倍がある．これらのベクトル計算を簡単にするため，ベクトルを平面上の点と対応させる．すなわち，平面に xy 座標を導入し，原点Oをベクトルの**始点**，平面上の1点Pを**終点**とするベクトル $\overrightarrow{\mathrm{OP}}$ に終点Pの座標 (a, b) を対応させる．このとき，$\overrightarrow{\mathrm{OP}}$ を**位置ベクトル**という．ベクトル $\overrightarrow{\mathrm{OP}}$ は座標 (a, b) のみで決まるので，$\overrightarrow{\mathrm{OP}}=\begin{pmatrix} a \\ b \end{pmatrix}$ または $(a\ b)$ と表し，それぞれ**列ベクトル**，**行ベクトル**，また a, b をその**ベクトルの成分**という．このような表記を $\overrightarrow{\mathrm{OP}}$ の成分表示という．このとき，ベクトル

$\overrightarrow{\mathrm{OP}}$ の長さを $|\overrightarrow{\mathrm{OP}}| = \sqrt{a^2+b^2}$ と定義する．これは原点 O から点 P までの距離に等しい．

次に，ベクトルの合成と拡大 (縮小) についての計算規則を示す．

ベクトルの演算

- **ベクトルの和：** 成分ごとの和

$$\begin{pmatrix} a \\ b \end{pmatrix} + \begin{pmatrix} c \\ d \end{pmatrix} = \begin{pmatrix} a+c \\ b+d \end{pmatrix}. \tag{2.1}$$

- **ベクトルのスカラー倍：** 各成分の定数倍 (k は実数)

$$k\begin{pmatrix} a \\ b \end{pmatrix} = \begin{pmatrix} ka \\ kb \end{pmatrix}. \tag{2.2}$$

また，2つの列ベクトル $\begin{pmatrix} a \\ b \end{pmatrix}$, $\begin{pmatrix} c \\ d \end{pmatrix}$ が等しいとは，$a=c$ かつ $b=d$ が成り立つときであり，行ベクトルについても同様である．

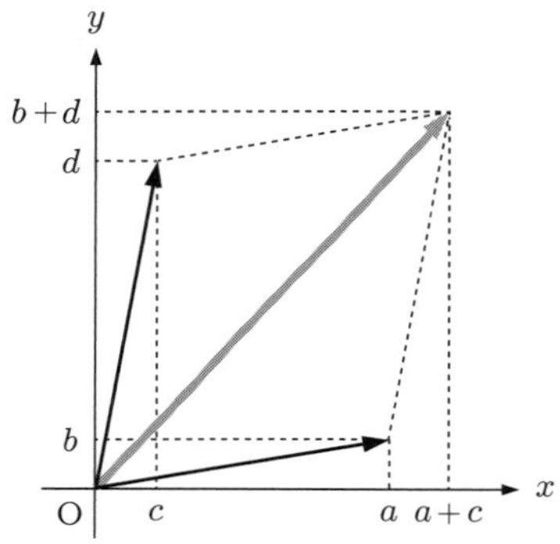

ベクトルの和

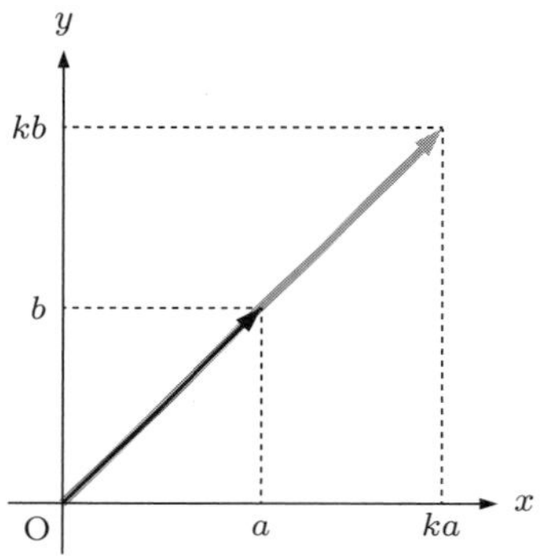

ベクトルのスカラー倍 ($k>0$)

図 2.2

ベクトルの和とスカラー倍から，次の演算法則が成り立つ．

定理 2.1 $\boldsymbol{a}, \boldsymbol{b}, \boldsymbol{c}$ をベクトル，k, l を実数とする．

(1) $\boldsymbol{a}+\boldsymbol{b}=\boldsymbol{b}+\boldsymbol{a}$

(2) $\boldsymbol{a}+(\boldsymbol{b}+\boldsymbol{c})=(\boldsymbol{a}+\boldsymbol{b})+\boldsymbol{c}$　($\boldsymbol{a}+\boldsymbol{b}+\boldsymbol{c}$ ともかく．)

(3) $k(\boldsymbol{a}+\boldsymbol{b})=k\boldsymbol{a}+k\boldsymbol{b}$

(4) $(k+l)\boldsymbol{a}=k\boldsymbol{a}+l\boldsymbol{b}$

(5) $(kl)\boldsymbol{a}=k(l\boldsymbol{a})$　($kl\boldsymbol{a}$ ともかく．)

(6) $1\boldsymbol{a}=\boldsymbol{a}$

問題 2.1 2つのベクトル $\boldsymbol{a} = \begin{pmatrix} 3 \\ -3 \end{pmatrix}$, $\boldsymbol{b} = \begin{pmatrix} 1 \\ -2 \end{pmatrix}$ について，$2\boldsymbol{a} + \boldsymbol{c} = -\boldsymbol{b}$ をみたすベクトル $\boldsymbol{c} = \begin{pmatrix} u \\ v \end{pmatrix}$ を求めよ．

次に，2つのベクトル $\boldsymbol{a}, \boldsymbol{b}$ の位置関係を表す量の1つである内積を定義する．
$\boldsymbol{a} = \begin{pmatrix} a_1 \\ a_2 \end{pmatrix}$, $\boldsymbol{b} = \begin{pmatrix} b_1 \\ b_2 \end{pmatrix}$ とするとき，$\boldsymbol{a}$ と $\boldsymbol{b}$ の**内積** $\langle \boldsymbol{a}, \boldsymbol{b} \rangle$ とは[1]，

$$\langle \boldsymbol{a}, \boldsymbol{b} \rangle = a_1 b_1 + a_2 b_2. \tag{2.3}$$

$\langle \boldsymbol{a}, \boldsymbol{a} \rangle = {a_1}^2 + {a_2}^2$ となるので，ベクトル $\boldsymbol{a}$ の長さは，$|\boldsymbol{a}| = \sqrt{\langle \boldsymbol{a}, \boldsymbol{a} \rangle}$ と表せる．
(2.3) から，内積について次の関係式が成り立つ．

定理 2.2 $\boldsymbol{a}$, $\boldsymbol{b}$, $\boldsymbol{c}$ をベクトル，k を実数とする．このとき，次の関係式が成り立つ．

(1) $\langle \boldsymbol{a}, \boldsymbol{b} + \boldsymbol{c} \rangle = \langle \boldsymbol{a}, \boldsymbol{b} \rangle + \langle \boldsymbol{a}, \boldsymbol{c} \rangle$

(2) $\langle \boldsymbol{a} + \boldsymbol{b}, \boldsymbol{c} \rangle = \langle \boldsymbol{a}, \boldsymbol{c} \rangle + \langle \boldsymbol{b}, \boldsymbol{c} \rangle$

(3) $\langle \boldsymbol{a}, \boldsymbol{b} \rangle = \langle \boldsymbol{b}, \boldsymbol{a} \rangle$

(4) $\langle k\boldsymbol{a}, \boldsymbol{b} \rangle = k\langle \boldsymbol{a}, \boldsymbol{b} \rangle = \langle \boldsymbol{a}, k\boldsymbol{b} \rangle$ (k は実数)

(5) $|\langle \boldsymbol{a}, \boldsymbol{b} \rangle| \leqq |\boldsymbol{a}||\boldsymbol{b}|$ (シュワルツの不等式)

(6) $|\boldsymbol{a} + \boldsymbol{b}| \leqq |\boldsymbol{a}| + |\boldsymbol{b}|$ (三角不等式)

例題 2.1 $\boldsymbol{u}$ と $\boldsymbol{v}$ を単位ベクトルとする．このとき，$\langle \boldsymbol{u} - 2\boldsymbol{v}, \boldsymbol{u} + 2\boldsymbol{v} \rangle$ の値を求めよ．

解答 定理 2.2 の (1)〜(4) と $|\boldsymbol{u}| = |\boldsymbol{v}| = 1$ より，

$$\begin{aligned}
\langle \boldsymbol{u} - 2\boldsymbol{v}, \boldsymbol{u} + 2\boldsymbol{v} \rangle &= \langle \boldsymbol{u}, \boldsymbol{u} + 2\boldsymbol{v} \rangle + \langle -2\boldsymbol{v}, \boldsymbol{u} + 2\boldsymbol{v} \rangle \\
&= \langle \boldsymbol{u}, \boldsymbol{u} + 2\boldsymbol{v} \rangle - 2\langle \boldsymbol{v}, \boldsymbol{u} + 2\boldsymbol{v} \rangle \\
&= \langle \boldsymbol{u}, \boldsymbol{u} \rangle + \langle \boldsymbol{u}, 2\boldsymbol{v} \rangle - 2\left(\langle \boldsymbol{v}, \boldsymbol{u} \rangle + \langle \boldsymbol{v}, 2\boldsymbol{v} \rangle\right) \\
&= \langle \boldsymbol{u}, \boldsymbol{u} \rangle + 2\langle \boldsymbol{u}, \boldsymbol{v} \rangle - 2\langle \boldsymbol{v}, \boldsymbol{u} \rangle - 4\langle \boldsymbol{v}, \boldsymbol{v} \rangle \\
&= |\boldsymbol{u}|^2 - 4|\boldsymbol{v}|^2 = -3.
\end{aligned}$$

■

次に, 内積の図形的な意味を考える．2つのベクトル $\boldsymbol{a}, \boldsymbol{b}$ のなす角 (はさむ角) を θ $(0 \leqq \theta \leqq \pi)$ とすると,

$$\langle \boldsymbol{a}, \boldsymbol{b} \rangle = |\boldsymbol{a}||\boldsymbol{b}| \cos\theta \tag{2.4}$$

が成り立つ．これにより，内積を用いて2つのベクトルのなす角を求めることができる．

---

[1] $\boldsymbol{a} \cdot \boldsymbol{b}$ とかくこともある．

例題 2.2　(2.4) を示せ.

解答　$\boldsymbol{a}$ と $\boldsymbol{b}$ が右図のような位置関係の場合を考える. x 軸と $\boldsymbol{a}$ のなす角を α, $\boldsymbol{a}$ と $\boldsymbol{b}$ のなす角を θ とするとき,

$$a_1 = |\boldsymbol{a}|\cos\alpha,\ a_2 = |\boldsymbol{a}|\sin\alpha,$$

$$b_1 = |\boldsymbol{b}|\cos(\alpha+\theta),\ b_2 = |\boldsymbol{b}|\sin(\alpha+\theta).$$

三角関数の公式より,

$$\begin{aligned}\langle\boldsymbol{a},\boldsymbol{b}\rangle &= a_1b_1 + a_2b_2\\ &= |\boldsymbol{a}||\boldsymbol{b}|\left(\cos\alpha\,\cos(\alpha+\theta) + \sin\alpha\,\sin(\alpha+\theta)\right)\\ &= |\boldsymbol{a}||\boldsymbol{b}|\cos(\alpha+\theta-\alpha) = |\boldsymbol{a}||\boldsymbol{b}|\cos\theta.\end{aligned}$$

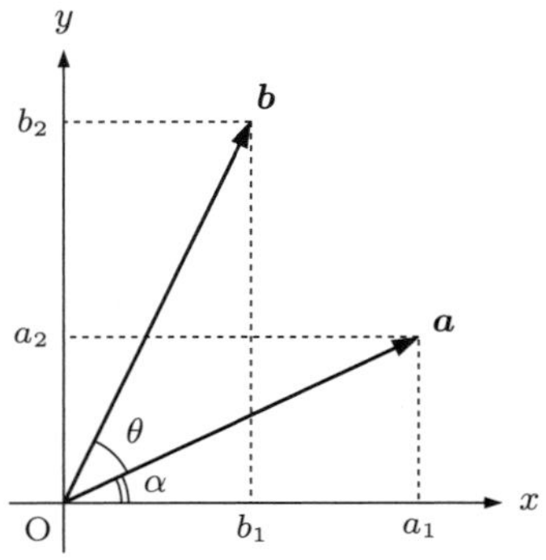

図 2.3

以上で, (2.4) が示された. $\boldsymbol{a}$ と $\boldsymbol{b}$ が右図と逆の位置関係にあるときも同様にして示すことができる. ∎

2 つのベクトル $\boldsymbol{a}$ と $\boldsymbol{b}$ が**直交**しているとき, $\boldsymbol{a} \perp \boldsymbol{b}$ と表す. (2.4) より, $\boldsymbol{a} \perp \boldsymbol{b}$ のとき $\langle\boldsymbol{a},\boldsymbol{b}\rangle = 0$ である.

問題 2.2　$\boldsymbol{a} = \begin{pmatrix}1\\2\end{pmatrix}, \boldsymbol{b} = \begin{pmatrix}-1\\3\end{pmatrix}$ のとき, $\boldsymbol{a}, \boldsymbol{b}$ のなす角 θ を求めよ.

例題 2.3　平面上の同一直線上にない 3 点 O, P, Q について, 三角形 OPQ の面積 S を, $\overrightarrow{\mathrm{OP}}, \overrightarrow{\mathrm{OQ}}$ を用いて表せ.

解答　$\overrightarrow{\mathrm{OP}}$ と $\overrightarrow{\mathrm{OQ}}$ のなす角を $\theta\,(0<\theta<\pi)$ とするとき, $S = \dfrac{1}{2}|\overrightarrow{\mathrm{OP}}||\overrightarrow{\mathrm{OQ}}|\sin\theta$ であり, 内積となす角の関係 (2.4) より $\cos\theta = \dfrac{\langle\overrightarrow{\mathrm{OP}},\ \overrightarrow{\mathrm{OQ}}\rangle}{|\overrightarrow{\mathrm{OP}}||\overrightarrow{\mathrm{OQ}}|}$ である. 一方, $\sin\theta = \sqrt{1-\cos^2\theta} = \sqrt{1-\dfrac{\langle\overrightarrow{\mathrm{OP}},\ \overrightarrow{\mathrm{OQ}}\rangle^2}{|\overrightarrow{\mathrm{OP}}|^2|\overrightarrow{\mathrm{OQ}}|^2}}$ より, $S = \dfrac{1}{2}\sqrt{|\overrightarrow{\mathrm{OP}}|^2|\overrightarrow{\mathrm{OQ}}|^2 - \langle\overrightarrow{\mathrm{OP}},\ \overrightarrow{\mathrm{OQ}}\rangle^2}$. ∎

問題 2.3　平面上の 3 点 O $(0,0)$, P $(1,3)$, Q $(-\frac{1}{2},2)$ について, 三角形 OPQ の面積を求めよ.

2.2　平面内図形のベクトル表示

平面内図形の中で代表的な例である直線を考える. 直線 $\ell\colon y = ax+b$ はベクトルを用いて表現することができる. $x = t$ とすれば, 直線 ℓ 上の任意の点 X (x,y) への位置ベクトル $\overrightarrow{\mathrm{OX}}$ は

$$\overrightarrow{\mathrm{OX}} = \begin{pmatrix}x\\y\end{pmatrix} = \begin{pmatrix}t\\at+b\end{pmatrix} = \begin{pmatrix}t\\at\end{pmatrix} + \begin{pmatrix}0\\b\end{pmatrix} = t\begin{pmatrix}1\\a\end{pmatrix} + \begin{pmatrix}0\\b\end{pmatrix} = t\boldsymbol{q}+\boldsymbol{p}.\quad (t\text{ は実数})$$

実は，$\boldsymbol{q}$ は直線 ℓ と平行なベクトルであれば何でもよい．また，$\boldsymbol{p}$ は直線上の点を終点とする位置ベクトルであれば何でもよく，$\boldsymbol{p}=\begin{pmatrix}0\\b\end{pmatrix}$ である必要はない (図 2.4 参照)．そのため，直線のベクトル表示は無数に存在する．一般的には，直線上の点 X への位置ベクトルを $\boldsymbol{r}$ とするとき，

$$\boldsymbol{r}=t\boldsymbol{q}+\boldsymbol{p}\quad(t\text{ は実数})\tag{2.5}$$

という表示が得られる．t を**パラメータ** (媒介変数)，(2.5) を**直線のベクトル表示**または**パラメータ表示**という．

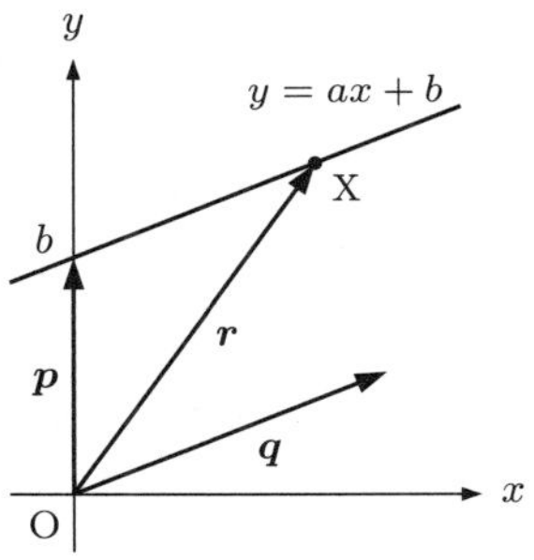

図 2.4

$\boldsymbol{r}=\begin{pmatrix}x\\y\end{pmatrix}$, $\boldsymbol{q}=\begin{pmatrix}q_1\\q_2\end{pmatrix}$, $\boldsymbol{p}=\begin{pmatrix}p_1\\p_2\end{pmatrix}$ とすると，(2.5) は $\begin{cases}x=tq_1+p_1\\y=tq_2+p_2\end{cases}$ となる．ここから t を消去すると直線の方程式 $q_2(x-p_1)-q_1(y-p_2)=0$ を得る．

問題 2.4　直線 $y=ax+b$ について，$t=x+1$ としたときの直線のベクトル表示を求めよ．

また，別の方法で直線を定義することも可能である．平面内の 1 点 P を始点とする，零でないベクトル $\boldsymbol{v}$ と直交するベクトルの終点全体の集合は直線を表す (図 2.5)．平面において $\boldsymbol{v}$ と直交するベクトルは定数倍を除いてただ 1 つである．それを $\boldsymbol{q}$, $\overrightarrow{\mathrm{OX}}=\boldsymbol{r}$, $\overrightarrow{\mathrm{OP}}=\boldsymbol{p}$ とすれば (2.5) が得られる．このとき $\boldsymbol{v}$ を直線の**法線ベクトル**という．

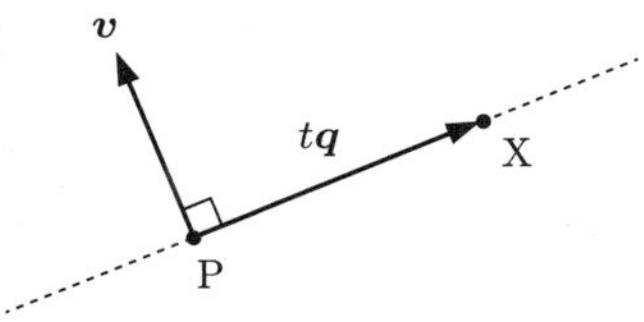

図 2.5

例題 2.4　直線 ℓ： $y=\dfrac{1}{2}x+1$ と直交し，点 $(2,-1)$ を通る直線を m とする．

(1)　直線 ℓ のベクトル表示を求めよ．

(2)　直線 ℓ の法線ベクトル $\boldsymbol{v}$ を求めよ．

(3)　直線 m のベクトル表示を求めよ．

(4)　直線 m の方程式を求めよ．

解答　(1) t をパラメータとする．$x = t$ とおくと，$\begin{pmatrix} x \\ y \end{pmatrix} = t\begin{pmatrix} 1 \\ \frac{1}{2} \end{pmatrix} + \begin{pmatrix} 0 \\ 1 \end{pmatrix}$.

(2) 表示 (2.5) から $\boldsymbol{q} = \begin{pmatrix} 1 \\ \frac{1}{2} \end{pmatrix}$，$\boldsymbol{v} = \begin{pmatrix} u \\ v \end{pmatrix}$ として，直交条件から $\langle \boldsymbol{q},\ \boldsymbol{v} \rangle = u + \frac{1}{2}v = 0$ となる．したがって，$\boldsymbol{v} = a\begin{pmatrix} 1 \\ -2 \end{pmatrix}$．ただし，$a$ は 0 ではない任意定数である．

(3) 直線 m はベクトル $\boldsymbol{v}$ と平行であるから，$\begin{pmatrix} x \\ y \end{pmatrix} = t\begin{pmatrix} 1 \\ -2 \end{pmatrix} + \begin{pmatrix} 0 \\ w \end{pmatrix}$．また，直線 m は点 $(2, -1)$ を通るので，$t = 2$ より $w = 3$ となり，求めるベクトル表示は $\begin{pmatrix} x \\ y \end{pmatrix} = t\begin{pmatrix} 1 \\ -2 \end{pmatrix} + \begin{pmatrix} 0 \\ 3 \end{pmatrix}$.

(4) (3) で求めた直線のベクトル表示から t を消去すると，直線 m の方程式 $y = -2x + 3$ が得られる．

例題 2.5　平面上の同一直線上にない3点 A, B, C を頂点とする三角形 ABC について，$\overrightarrow{\mathrm{OA}} = \boldsymbol{a}$, $\overrightarrow{\mathrm{OB}} = \boldsymbol{b}$, $\overrightarrow{\mathrm{OC}} = \boldsymbol{c}$ とすれば，三角形 ABC 内の点 P を終点とする位置ベクトル $\overrightarrow{\mathrm{OP}}$ は

$$\overrightarrow{\mathrm{OP}} = \boldsymbol{a} + s(\boldsymbol{b} - \boldsymbol{a}) + t(\boldsymbol{c} - \boldsymbol{a}), \quad (s \geqq 0,\ t \geqq 0,\ s + t \leqq 1) \tag{2.6}$$

と表示されることを示せ．

解答　三角形 ABC 内の点 P に対して，線分 AP と辺 BC の交点を R とすれば $\overrightarrow{\mathrm{OP}} = \overrightarrow{\mathrm{OA}} + u\overrightarrow{\mathrm{AR}}$ $(0 \leqq u \leqq 1)$ となる．一方，適当な v $(0 \leqq v \leqq 1)$ に対して，

$$\begin{aligned}\overrightarrow{\mathrm{AR}} &= \overrightarrow{\mathrm{AB}} + v\overrightarrow{\mathrm{BC}} \\ &= \overrightarrow{\mathrm{AB}} + v(\overrightarrow{\mathrm{AC}} - \overrightarrow{\mathrm{AB}}). \qquad (2.7)\\ \overrightarrow{\mathrm{OP}} &= \overrightarrow{\mathrm{OA}} + u\overrightarrow{\mathrm{AR}} \\ &= \overrightarrow{\mathrm{OA}} + u(1-v)\overrightarrow{\mathrm{AB}} + uv\overrightarrow{\mathrm{AC}} \\ &= \boldsymbol{a} + u(1-v)(\boldsymbol{b} - \boldsymbol{a}) + uv(\boldsymbol{c} - \boldsymbol{a}). \qquad (2.8)\end{aligned}$$

ここで，$u(1-v) = s$, $uv = t$ とおくと，$s \geqq 0$, $t \geqq 0$ であり，$s + t = u(1-v) + uv = u$ なので，u の条件から，$0 \leqq s + t \leqq 1$ となる．これで (2.6) が示された．

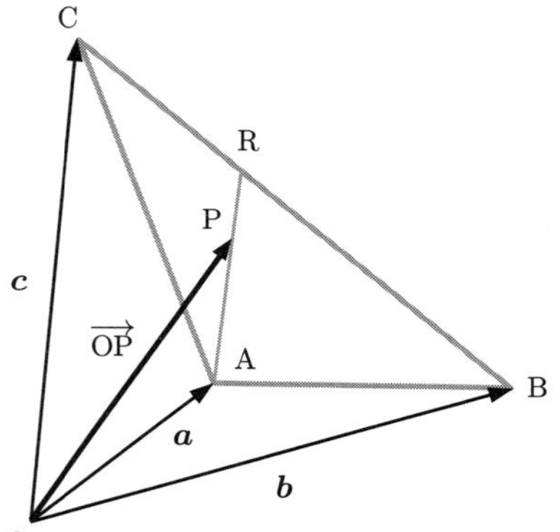

図 2.6

問題 2.5　次の各問に答えよ．

(1)　直線 $y = -\frac{1}{3}x + 2$ のベクトル表示を求めよ．

(2)　2点 $(2, 3)$, $(-1, 2)$ を通る直線のベクトル表示を求めよ．

2.3　平面の基底

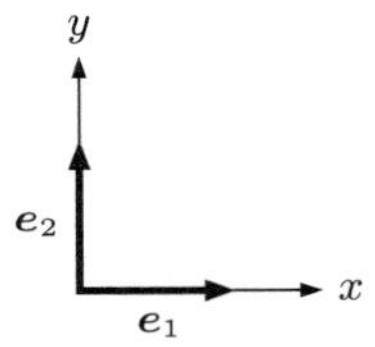

図 2.7

平面内の位置ベクトルで，x 軸と y 軸の正の向きに平行な単位ベクトルをそれぞれ $\boldsymbol{e}_1$ と $\boldsymbol{e}_2$ するとき，$\boldsymbol{e}_1 = \begin{pmatrix} 1 \\ 0 \end{pmatrix}$, $\boldsymbol{e}_2 = \begin{pmatrix} 0 \\ 1 \end{pmatrix}$ と成分表示される．

このとき，平面内のすべての位置ベクトル $\boldsymbol{p} = \begin{pmatrix} a \\ b \end{pmatrix}$ は

$$\boldsymbol{p} = a\boldsymbol{e}_1 + b\boldsymbol{e}_2 \tag{2.9}$$

と表示される．(2.9) の右辺を $\boldsymbol{e}_1$ と $\boldsymbol{e}_2$ の **1 次結合**という．これはベクトル $\boldsymbol{p}$ を $\boldsymbol{e}_1$ 方向と $\boldsymbol{e}_2$ 方向に分解していることに他ならない．

また，2 つのベクトル $\boldsymbol{p}$ と $\boldsymbol{q}$ が平行ではないことを次のように特徴付ける．

2 つのベクトル $\boldsymbol{p}$ と $\boldsymbol{q}$ について，ベクトルの組 $\{\boldsymbol{p}, \boldsymbol{q}\}$ が **1 次独立**であるとは，関係式

$$k\boldsymbol{p} + \ell\boldsymbol{q} = \boldsymbol{0} \tag{2.10}$$

をみたす k, ℓ はともに 0 であり，それ以外では成り立たないことをいう．一方，上の関係式が 0 でない k や ℓ でも成り立つ場合，ベクトルの組 $\{\boldsymbol{p}, \boldsymbol{q}\}$ は **1 次従属**であるという．2 つのベクトル $\boldsymbol{p}$, $\boldsymbol{q}$ が，$\boldsymbol{p} = \boldsymbol{0}$ または $\boldsymbol{q} = \boldsymbol{0}$ ならば，$\{\boldsymbol{p}, \boldsymbol{q}\}$ は 1 次従属である．

問題 2.6　ベクトルの組 $\{\boldsymbol{e}_1, \boldsymbol{e}_2\}$ は 1 次独立であることを示せ．

例題 2.6　2 つの零でないベクトル $\boldsymbol{a}, \boldsymbol{b}$ が平行でないための必要十分条件は，ベクトルの組 $\{\boldsymbol{a}, \boldsymbol{b}\}$ が 1 次独立となることである．

解答　($\Leftarrow$) 対偶を示す．2 つの零でないベクトル $\boldsymbol{a}, \boldsymbol{b}$ が平行であるとは，$\boldsymbol{a} = k\boldsymbol{b}$ $(k \neq 0)$ が成り立つことである．したがって，$1 \cdot \boldsymbol{a} - k\boldsymbol{b} = \boldsymbol{0}$ より $\{\boldsymbol{a}, \boldsymbol{b}\}$ は 1 次従属である．

($\Rightarrow$) 対偶を示す．$\{\boldsymbol{a}, \boldsymbol{b}\}$ が 1 次従属であれば $\ell\boldsymbol{a} + m\boldsymbol{b} = \boldsymbol{0}$ のとき，$\ell \neq 0$ かつ $m \neq 0$ となる実数 ℓ, m がある．このとき $\boldsymbol{a} = -m\boldsymbol{b}/\ell$ となり，$\boldsymbol{a}, \boldsymbol{b}$ は平行である． ∎

また，$\{\boldsymbol{a}, \boldsymbol{b}\}$ が 1 次独立であることは，幾何的には $\boldsymbol{a}, \boldsymbol{b}$ を 2 つの辺とする三角形ができることと同値である．

問題 2.7　ベクトル $\boldsymbol{a} = \begin{pmatrix} 1 \\ -2 \end{pmatrix}$, $\boldsymbol{b} = \begin{pmatrix} 3 \\ r \end{pmatrix}$, $\boldsymbol{c} = \begin{pmatrix} -1 \\ 1 \end{pmatrix}$ について，$\boldsymbol{a} + \boldsymbol{b}$ が $\boldsymbol{c}$ と平行となるように定数 r を定めよ．

平面内のベクトル全体の集合 V について，ベクトルの組 $\{\boldsymbol{p}, \boldsymbol{q}\}$ が次の性質をみたすとき，$\{\boldsymbol{p}, \boldsymbol{q}\}$ は V の**基底**であるという．

(1) $\{\boldsymbol{p}, \boldsymbol{q}\}$ は 1 次独立である．

(2) V のすべてのベクトルは $\boldsymbol{p}$ と $\boldsymbol{q}$ の 1 次結合で表示できる．

この定義から基底のとり方は1つではないことがわかる．基底の数は不変なので，それを V の次元といい，$\dim V$ と表す．平面内のベクトル全体の集合 V の場合，$\dim V = 2$ であり，それらのベクトルを2次元ベクトルという．$\{\boldsymbol{e}_1, \boldsymbol{e}_2\}$ は1次独立であり，平面ベクトルはすべて $\boldsymbol{e}_1$ と $\boldsymbol{e}_2$ の1次結合で表せるので，$\{\boldsymbol{e}_1, \boldsymbol{e}_2\}$ は基底となり，特に**標準基底**という．また，ベクトル $\boldsymbol{x}$ が基底 $\{\boldsymbol{p}, \boldsymbol{q}\}$ に対して，

$$\boldsymbol{x} = a\boldsymbol{p} + b\boldsymbol{q} \tag{2.11}$$

と表示されるとき，実数の組 (a, b) を基底 $\{\boldsymbol{p}, \boldsymbol{q}\}$ による $\boldsymbol{x}$ の**座標**という．このとき，ベクトル $\boldsymbol{x}$ と座標 (a, b) は同一のものとみなすと，V は平面と一致する．したがって，平面の次元は2である．また，平面内の点は基底を1つ決めるごとに2つの実数の組で定めることができる．そこで平面を $\mathbb{R} \times \mathbb{R}$ または $\mathbb{R}^2$ と表示することがある．

問題 2.8　$\boldsymbol{a} = \begin{pmatrix} 1 \\ 1 \end{pmatrix}$, $\boldsymbol{b} = \begin{pmatrix} -1 \\ 1 \end{pmatrix}$ とする．

(1)　ベクトル $\boldsymbol{c} = \begin{pmatrix} 2 \\ 3 \end{pmatrix}$ を $\boldsymbol{a}$ と $\boldsymbol{b}$ の1次結合で表せ．

(2)　平面内のベクトル全体の集合を V とするとき，$\{\boldsymbol{a}, \boldsymbol{b}\}$ は V の基底となることを示せ．

例題 2.7　$\boldsymbol{a}_1 = \begin{pmatrix} 1 \\ 1 \end{pmatrix}$, $\boldsymbol{a}_2 = \begin{pmatrix} -1 \\ 1 \end{pmatrix}$ とする．標準基底 $\{\boldsymbol{e}_1, \boldsymbol{e}_2\}$ を用いて $3x^2 - 2xy + 3y^2 = 8$ と表される図形は，$\{\boldsymbol{a}_1, \boldsymbol{a}_2\}$ を基底とする座標 (X, Y) でみると，どのように表されるか調べよ．

解答　標準基底 $\{\boldsymbol{e}_1, \boldsymbol{e}_2\}$ を用いて表されるベクトル $\begin{pmatrix} x \\ y \end{pmatrix}$ を，基底 $\{\boldsymbol{a}_1, \boldsymbol{a}_2\}$ を用いて表現すると，$\begin{pmatrix} x \\ y \end{pmatrix} = X \begin{pmatrix} 1 \\ 1 \end{pmatrix} + Y \begin{pmatrix} -1 \\ 1 \end{pmatrix}$ である．よって，$x = X - Y$，$y = X + Y$ を $3x^2 - 2xy + 3y^2 = 8$ に代入すると，$4X^2 + 8Y^2 = 8$ が得られる．これは，$\dfrac{X^2}{2} + Y^2 = 1$ なので，楕円を表している．(図2.8参照)　∎

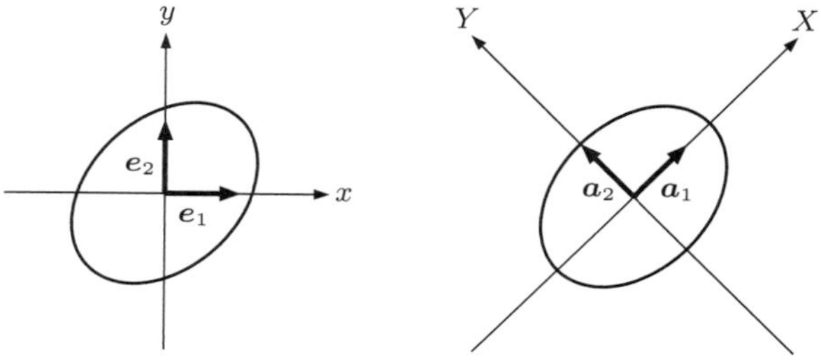

図 2.8

2.4　空間ベクトル

前節まで平面内のベクトルに関して様々な性質を調べてきた．この節からは空間内のベクトル (これを**空間ベクトル**という) について扱う．

まず，平面と同様に空間内のベクトルを成分表示する．すなわち，空間内に xyz 座標系を導入し，原点 O から点 P への位置ベクトル $\overrightarrow{\mathrm{OP}}$ を点 $\mathrm{P}(a,b,c)$ の座標と同一視して $\overrightarrow{\mathrm{OP}} = \begin{pmatrix} a \\ b \\ c \end{pmatrix}$ または $(a\ b\ c)$ と表す．この本では，**右手系**の直交座標系を採用する．つまり，右手の親指，人差し指，中指のさす方向がそれぞれ x 軸，y 軸，z 軸の正の向きとなるように座標系を導入する (図 2.9 を参照)．このとき，ベクトルの和とスカラー倍は 2.1 節で定義した (2.1), (2.2) を 3 成分の場合に拡張すればよい．また，空間ベクトルについて内積を (2.3) と同様に定義する．つまり，2 つの

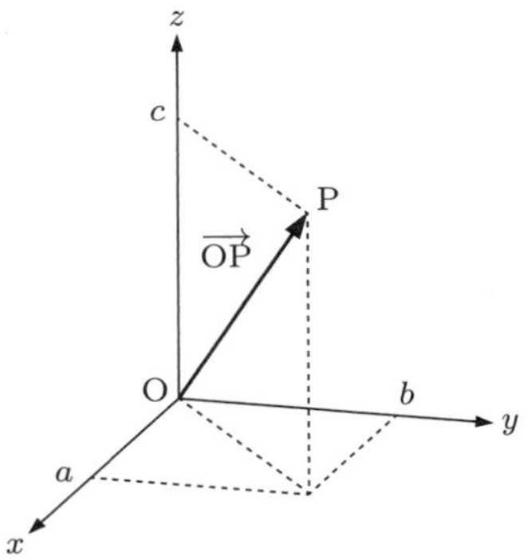

図 2.9

空間ベクトル $\boldsymbol{a} = \begin{pmatrix} a_1 \\ a_2 \\ a_3 \end{pmatrix}$，$\boldsymbol{b} = \begin{pmatrix} b_1 \\ b_2 \\ b_3 \end{pmatrix}$ について，$\boldsymbol{a}$ と $\boldsymbol{b}$ の内積を

$$\langle \boldsymbol{a}, \boldsymbol{b} \rangle = a_1 b_1 + a_2 b_2 + a_3 b_3 \tag{2.12}$$

と定義する．これは，2 次元ベクトルの内積 (2.3) の拡張にもなっている．また，ベクトル $\boldsymbol{a} = \begin{pmatrix} a_1 \\ a_2 \\ a_3 \end{pmatrix}$ の長さを $|\boldsymbol{a}| = \sqrt{{a_1}^2 + {a_2}^2 + {a_3}^2}$ と定義する．したがって，ベクトル $\boldsymbol{a}$ の長さは内積を用いて $|\boldsymbol{a}| = \sqrt{\langle \boldsymbol{a}, \boldsymbol{a} \rangle}$ と表すこともできる．$\boldsymbol{a}$ を位置ベクトルとすれば，$\boldsymbol{a}$ の長さは原点から点 (a_1, a_2, a_3) までの距離と等しい．長さが 1 のベクトルを**単位ベクトル**という．

また，$\boldsymbol{a}$ と $\boldsymbol{b}$ のなす角を θ $(0 \leqq \theta \leqq \pi)$ とするとき，余弦定理を用いて

$$|\boldsymbol{b} - \boldsymbol{a}|^2 = |\boldsymbol{a}|^2 + |\boldsymbol{b}|^2 - 2|\boldsymbol{a}||\boldsymbol{b}| \cos\theta$$

より

$$\begin{aligned} |\boldsymbol{a}||\boldsymbol{b}| \cos\theta &= \frac{1}{2} \left\{ |\boldsymbol{a}|^2 + |\boldsymbol{b}|^2 - |\boldsymbol{b} - \boldsymbol{a}|^2 \right\} \\ &= \frac{1}{2} \left\{ 2a_1 b_1 + 2a_2 b_2 + 2a_3 b_3 \right\} = a_1 b_1 + a_2 b_2 + a_3 b_3 \end{aligned}$$

となり，関係式

$$\langle \boldsymbol{a}, \boldsymbol{b} \rangle = |\boldsymbol{a}||\boldsymbol{b}| \cos\theta \tag{2.13}$$

が成り立つ．

2 つの零でないベクトル $\boldsymbol{a}, \boldsymbol{b}$ が平行であるとは，$\boldsymbol{a} = k\boldsymbol{b}$ $(k \neq 0)$ が成り立つことである．

注意 2.1　(2.12) から空間ベクトルの場合にも，内積について定理 2.2 が成り立つ．

例題 2.8　2 つの平行でないベクトル $\boldsymbol{a}, \boldsymbol{b}\,(\boldsymbol{a}, \boldsymbol{b} \neq \boldsymbol{0})$ でつくられる平行四辺形の面積 S は

$$S = \sqrt{|\boldsymbol{a}|^2|\boldsymbol{b}|^2 - \langle \boldsymbol{a}, \boldsymbol{b}\rangle^2} \tag{2.14}$$

で与えられることを示せ．

解答　ベクトル $\boldsymbol{b}$ の終点からベクトル $\boldsymbol{a}$ 上に下ろした垂線の長さを h とするとき，平行四辺形の面積 S は $S = |\boldsymbol{a}|h$ となる．2 つのベクトルのなす角を $\theta\ (0 < \theta < \pi)$ とすれば，$\sin\theta > 0$ と (2.13) より

$$S = |\boldsymbol{a}|h = |\boldsymbol{a}||\boldsymbol{b}|\sin\theta = |\boldsymbol{a}||\boldsymbol{b}|\sqrt{1-\cos^2\theta} = |\boldsymbol{a}||\boldsymbol{b}|\sqrt{1 - \frac{\langle \boldsymbol{a}, \boldsymbol{b}\rangle^2}{|\boldsymbol{a}|^2|\boldsymbol{b}|^2}}$$

$$= \sqrt{|\boldsymbol{a}|^2|\boldsymbol{b}|^2 - \langle \boldsymbol{a}, \boldsymbol{b}\rangle^2}.$$ ■

問題 2.9　ベクトル $\boldsymbol{a} = \begin{pmatrix} -1 \\ 1 \\ -2 \end{pmatrix}, \boldsymbol{b} = \begin{pmatrix} 1 \\ 0 \\ 1 \end{pmatrix}$ について，各問に答えよ．

(1)　ベクトル $\boldsymbol{a}$ と $\boldsymbol{b}$ のなす角を求めよ．

(2)　ベクトル $\boldsymbol{a}, \boldsymbol{b}$ でつくられる平行四辺形の面積を求めよ．

(3)　ベクトル $\boldsymbol{a}$ と $\boldsymbol{b}$ の両方に直交する単位ベクトルをすべて求めよ．

例題 2.9　零でないベクトル $\boldsymbol{a}$ があるとする．任意のベクトル $\boldsymbol{x}$ に対して，$\boldsymbol{a}$ に平行なベクトル $f(\boldsymbol{x})$ を $f(\boldsymbol{x}) = \dfrac{\langle \boldsymbol{a}, \boldsymbol{x}\rangle}{\langle \boldsymbol{a}, \boldsymbol{a}\rangle}\boldsymbol{a}$ とするとき，各問に答えよ．

(1)　$\boldsymbol{x} - f(\boldsymbol{x})$ が $\boldsymbol{a}$ に直交することを示せ．

(2)　$\boldsymbol{a}$ に平行なベクトル $\boldsymbol{y}$ で，$\boldsymbol{x} - \boldsymbol{y}$ が $\boldsymbol{a}$ に直交するものは $f(\boldsymbol{x})$ のみであることを示せ．

解答　(1) $\langle \boldsymbol{x} - f(\boldsymbol{x}), \boldsymbol{a}\rangle = \langle \boldsymbol{x} - \dfrac{\langle \boldsymbol{a}, \boldsymbol{x}\rangle}{\langle \boldsymbol{a}, \boldsymbol{a}\rangle}\boldsymbol{a}, \boldsymbol{a}\rangle = \langle \boldsymbol{x}, \boldsymbol{a}\rangle - \dfrac{\langle \boldsymbol{a}, \boldsymbol{x}\rangle}{\langle \boldsymbol{a}, \boldsymbol{a}\rangle}\langle \boldsymbol{a}, \boldsymbol{a}\rangle = 0$ より $(\boldsymbol{x} - f(\boldsymbol{x})) \perp \boldsymbol{a}$ となる．

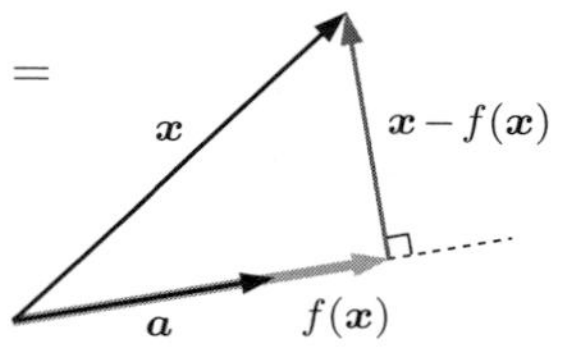

図 2.10

(2) 背理法で示す．条件をみたすベクトルが 2 つあったとする．つまり，$f(\boldsymbol{x})$ 以外に $\tilde{\boldsymbol{y}}$ も $\langle \boldsymbol{x} - \tilde{\boldsymbol{y}}, \boldsymbol{a}\rangle = 0$ をみたすとする．$\tilde{\boldsymbol{y}}$ と $f(\boldsymbol{x})$ は長さが異なるベクトルなので，$\tilde{\boldsymbol{y}} - f(\boldsymbol{x}) = k\boldsymbol{a}\,(k \neq 0)$ となる k が存在する．ここで，

$$k|\boldsymbol{a}|^2 = k\langle \boldsymbol{a}, \boldsymbol{a}\rangle = \langle \tilde{\boldsymbol{y}} - f(\boldsymbol{x}), \boldsymbol{a}\rangle = \langle \boldsymbol{x} - f(\boldsymbol{x}), \boldsymbol{a}\rangle - \langle \boldsymbol{x} - \tilde{\boldsymbol{y}}, \boldsymbol{a}\rangle = 0.$$

$\boldsymbol{a}$ は零でないベクトルなので，$k = 0$ となる．これは，$\tilde{\boldsymbol{y}} = f(\boldsymbol{x})$ を意味し，$\tilde{\boldsymbol{y}}$ と $f(\boldsymbol{x})$ は長さの異なるベクトルであったことに矛盾する．したがって，ただ 1 つ存在することが示された．■

例題 2.9 の $f(\boldsymbol{x})$ を $\boldsymbol{x}$ の $\boldsymbol{a}$ への**正射影**という．

例題 2.10　$\boldsymbol{a} = \begin{pmatrix} 2 \\ 1 \\ -2 \end{pmatrix}$ とするとき，$\boldsymbol{x} = \begin{pmatrix} 1 \\ 2 \\ 5 \end{pmatrix}$ の $\boldsymbol{a}$ への正射影 $\boldsymbol{y}$ を求めよ．

解答　例題 2.9 より $\boldsymbol{y} = \dfrac{\langle \boldsymbol{a}, \boldsymbol{x} \rangle}{\langle \boldsymbol{a}, \boldsymbol{a} \rangle}\boldsymbol{a} = \dfrac{-6}{9}\begin{pmatrix} 2 \\ 1 \\ -2 \end{pmatrix} = -\dfrac{2}{3}\begin{pmatrix} 2 \\ 1 \\ -2 \end{pmatrix}$．　■

2.5　空間内図形のベクトル表示

2.2 節で平面内の直線のベクトル表示 (2.5) を得た．そこで同様の考え方により空間内の直線や平面のベクトル表示を求める．

空間内の直線

直線 ℓ 上の 1 点 P と直線に平行なベクトル $\boldsymbol{v}$ を与えることで，原点 O と直線 ℓ 上の点 X について，直線のベクトル表示

$$\overrightarrow{\mathrm{OX}} = \overrightarrow{\mathrm{OP}} + t\boldsymbol{v} \quad (t \text{ は実数}) \tag{2.15}$$

が得られる．2 点 $\mathrm{P}\,(p, q, r)$，$\mathrm{X}\,(x, y, z)$ とベクトル $\boldsymbol{v} = \begin{pmatrix} u \\ v \\ w \end{pmatrix}$ について，(2.15) より $x = p + tu$，$y = q + tv$，$z = r + tw$ となり，$u, v, w \neq 0$ のとき，関係式

$$\frac{x-p}{u} = \frac{y-q}{v} = \frac{z-r}{w} \ (= t) \tag{2.16}$$

が成り立つ．これを空間内の**直線の方程式**という．

例題 2.11　空間内の 2 点 $\mathrm{P}\,(3, 5, 1)$, $\mathrm{Q}\,(2, 3, 5)$ を通る直線を (2.16) の形で表せ．

解答　直線 PQ に平行なベクトルの 1 つは $\boldsymbol{v} = \overrightarrow{\mathrm{PQ}} = \begin{pmatrix} 2-3 \\ 3-5 \\ 5-1 \end{pmatrix} = \begin{pmatrix} -1 \\ -2 \\ 4 \end{pmatrix}$ より，実数 t について，$\overrightarrow{\mathrm{OX}} = \begin{pmatrix} x \\ y \\ z \end{pmatrix} = \begin{pmatrix} 3 \\ 5 \\ 1 \end{pmatrix} + t\begin{pmatrix} -1 \\ -2 \\ 4 \end{pmatrix}$．したがって，$x = 3 - t$，$y = 5 - 2t$，$z = 1 + 4t$ より t を消去して，直線の方程式 $3 - x = \dfrac{5-y}{2} = \dfrac{z-1}{4}$ を得る．　■

問題 2.10　空間内の 2 点 $\mathrm{P}\,(-1, 2, 4)$, $\mathrm{Q}\,(1, k, -3)$ を通る直線 ℓ が x 軸と交わるように k の値を定めよ．また，そのときの交点の x 座標の値も求めよ．

空間内の平面

空間内の点 P を始点とする，ベクトル $\boldsymbol{v}\,(\neq \boldsymbol{0})$ と直交するベクトルの終点 X の集合は点 P を通る 1 つの平面を表す (図 2.11)．このとき，$\boldsymbol{v}$ をその平面の**法線ベクトル**という[2]．点 $\mathrm{P}\,(p,q,r)$，ベクトル $\boldsymbol{v} = \begin{pmatrix} u \\ v \\ w \end{pmatrix}$ について，$\boldsymbol{v}$ と直交するベクトル $\overrightarrow{\mathrm{PX}} = \boldsymbol{x} = \begin{pmatrix} x \\ y \\ z \end{pmatrix}$ は $0 = \langle \boldsymbol{x}, \boldsymbol{v} \rangle = xu + yv + zw$ をみたす．ここで，$\boldsymbol{v} \neq \boldsymbol{0}$ より u, v, w のうち少なくとも 1 つは零でない．そこで $w \neq 0$ とする．$x = s$, $y = t$ とすれば $z = -\dfrac{1}{w}(su + tv)$ となり，これをベクトル表示すると

$$\boldsymbol{x} = \begin{pmatrix} x \\ y \\ z \end{pmatrix} = \begin{pmatrix} s \\ t \\ -\dfrac{1}{w}(su+tv) \end{pmatrix} = s\begin{pmatrix} 1 \\ 0 \\ -\dfrac{u}{w} \end{pmatrix} + t\begin{pmatrix} 0 \\ 1 \\ -\dfrac{v}{w} \end{pmatrix}.$$

したがって，平面上の点 X に対して

$$\overrightarrow{\mathrm{OX}} = \overrightarrow{\mathrm{OP}} + s\boldsymbol{m} + t\boldsymbol{n} \quad (s \text{ と } t \text{ は実数}) \tag{2.17}$$

というベクトル表示を得る．ここで，$\boldsymbol{m} = \begin{pmatrix} 1 \\ 0 \\ -\dfrac{u}{w} \end{pmatrix}$，$\boldsymbol{n} = \begin{pmatrix} 0 \\ 1 \\ -\dfrac{v}{w} \end{pmatrix}$ であり，$\boldsymbol{m}$ と $\boldsymbol{n}$ は互いに平行ではなく，どちらも考えている平面上にある．

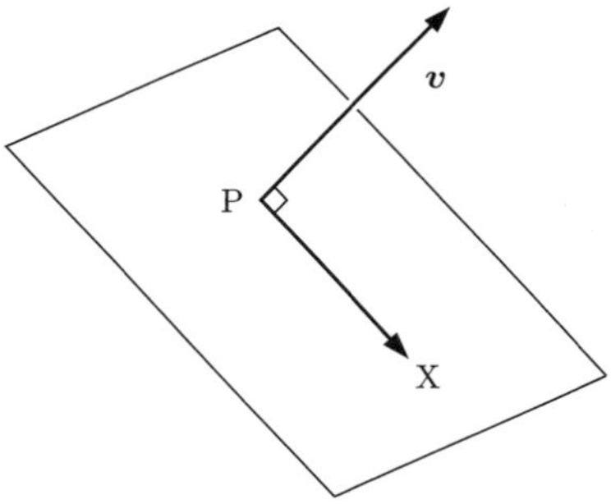

図 2.11

$\boldsymbol{m}$ と $\boldsymbol{n}$ は 1 次独立[3]であり，どちらも考えている平面上にあれば何でもよく，また $\overrightarrow{\mathrm{OP}}$ は平面上の点を終点とする位置ベクトルであれば何でもよい．したがって，平面のベクトル表示は一意的ではない．(2.17) を**平面のベクトル表示**または**パラメータ表示**という．

もし w が 0 のとき，パラメータ s と t のとり方を変えれば同様のベクトル表示を得ることができる．

---

2) 2.2 節では法線ベクトルを用いて，平面内の直線を定義した．

3) 2 つの平面ベクトルの 1 次独立の定義 (2.10) は 2 つの空間ベクトルに対しても同様である．一般の定義は 3.1 節で説明する．

問題 2.11　(2.17) の $\boldsymbol{m}$ と $\boldsymbol{n}$ は法線ベクトル $\boldsymbol{v}$ と直交することを示せ．

次に平面のベクトル表示 (2.17) から平面の方程式を導こう．そのためには平面のベクトル表示からパラメータを消去すればよい．いま，(2.17) は $\begin{pmatrix} x \\ y \\ z \end{pmatrix} = \begin{pmatrix} p \\ q \\ r \end{pmatrix} + s\boldsymbol{m} + t\boldsymbol{n}$ である．ここで $\boldsymbol{m}$, $\boldsymbol{n}$ は平面上の 1 次独立なベクトルである．この平面のベクトル表示の両辺それぞれと平面の法線ベクトル $\boldsymbol{v}$ との内積をとると

$$\left\langle \begin{pmatrix} x \\ y \\ z \end{pmatrix}, \begin{pmatrix} u \\ v \\ w \end{pmatrix} \right\rangle = \left\langle \begin{pmatrix} p \\ q \\ r \end{pmatrix} + s\boldsymbol{m} + t\boldsymbol{n}, \begin{pmatrix} u \\ v \\ w \end{pmatrix} \right\rangle$$

$$= \left\langle \begin{pmatrix} p \\ q \\ r \end{pmatrix}, \begin{pmatrix} u \\ v \\ w \end{pmatrix} \right\rangle + s\left\langle \boldsymbol{m}, \begin{pmatrix} u \\ v \\ w \end{pmatrix} \right\rangle + t\left\langle \boldsymbol{n}, \begin{pmatrix} u \\ v \\ w \end{pmatrix} \right\rangle \tag{2.18}$$

ここで $\boldsymbol{m}$ と $\boldsymbol{v}$, $\boldsymbol{n}$ と $\boldsymbol{v}$ はそれぞれ直交しているので内積は零となる．したがって $d = pu+qv+rw$ とおくと，(2.18) の両辺から

$$ux + vy + wz = d \tag{2.19}$$

が得られる．これを**平面の方程式**という．

問題 2.12　$3x - 2y + z - 5 = 0$ が表す平面の単位法線ベクトルをすべて求めよ．

例題 2.12　3 点 A $(0, 1, 0)$, B $(0, 0, 1)$, C $(1, -1, 0)$ を通る平面の方程式を求めよ．

解答　$\overrightarrow{\mathrm{AB}} = \begin{pmatrix} 0 \\ -1 \\ 1 \end{pmatrix}$, $\overrightarrow{\mathrm{AC}} = \begin{pmatrix} 1 \\ -2 \\ 0 \end{pmatrix}$ である．$\overrightarrow{\mathrm{AB}}$ と $\overrightarrow{\mathrm{AC}}$ は，$\overrightarrow{\mathrm{AB}} = k\overrightarrow{\mathrm{AC}}$ となる定数 k が存在しないので，互いに平行でなく，ともに求める平面上にある．したがって，平面上の点 X $(x,\ y,\ z)$ について $\overrightarrow{\mathrm{OX}} = \overrightarrow{\mathrm{OA}} + s\overrightarrow{\mathrm{AB}} + t\overrightarrow{\mathrm{AC}}$ より，

$$\overrightarrow{\mathrm{OX}} = \begin{pmatrix} x \\ y \\ z \end{pmatrix} = \begin{pmatrix} 0 \\ 1 \\ 0 \end{pmatrix} + s\begin{pmatrix} 0 \\ -1 \\ 1 \end{pmatrix} + t\begin{pmatrix} 1 \\ -2 \\ 0 \end{pmatrix}.$$

$x = t, y = 1 - s - 2t, z = s$ より s と t を消去して，平面の方程式は $2x + y + z = 1$ となる．∎

平面のベクトル表示からパラメータを 2 つ消去して平面の方程式を求める過程において，(2.18) のように平面の法線ベクトルが求まれば，それと平面のベクトル表示との内積を計算す

ればよい．平面の法線ベクトルは，2.7 節の外積を用いれば簡単に求めることができる．

問題 2.13　3 点 A $(-2,4,2)$, B $(2,5,3)$, C $(1,7,5)$ について，各問に答えよ．

(1)　2 点 A, B を通る直線のベクトル表示と直線の方程式を求めよ．

(2)　3 点 A, B, C を通る平面のベクトル表示と平面の方程式を求めよ．

空間内の 1 点 P から平面 Π へ下ろした垂線の長さを点 P と平面 Π の**距離**という．

例題 2.13　空間内の 1 点 P (x_0, y_0, z_0) と平面 Π : $ax+by+cz=d$ の距離は

$$\frac{|ax_0+by_0+cz_0-d|}{\sqrt{a^2+b^2+c^2}} \tag{2.20}$$

であることを示せ．

解答　(2.19) から $\boldsymbol{u}=\begin{pmatrix} a \\ b \\ c \end{pmatrix}$ は平面 Π の法線ベクトルである．点 P から平面 Π へ下ろした垂線が平面上の点 Q (α,β,γ) と交わるとすれば，$\overrightarrow{\mathrm{QP}}=k\boldsymbol{u}=\overrightarrow{\mathrm{OP}}-\overrightarrow{\mathrm{OQ}}$ であり，これと $\boldsymbol{u}$ との内積をとると，$a(x_0-\alpha)+b(y_0-\beta)+c(z_0-\gamma)=k|\boldsymbol{u}|^2$．一方，点 Q は Π 上の点であるから $a\alpha+b\beta+c\gamma=d$ より距離は

$$|k\boldsymbol{u}|=|k||\boldsymbol{u}|=\frac{|ax_0+by_0+cz_0-d|}{|\boldsymbol{u}|}=\frac{|ax_0+by_0+cz_0-d|}{\sqrt{a^2+b^2+c^2}} \tag{2.21}$$

となる．

問題 2.14　平面 $2x-y+7z=5$ と点 $(-1,3,2)$ の距離を求めよ．

他の空間内の図形として，球面を扱う．それは 1 点 P から等距離にある点全体の集合である．半径 s，中心 P (p,q,r) の球面上の点 X (x,y,z) について

$$|\overrightarrow{\mathrm{PX}}|^2=(x-p)^2+(y-q)^2+(z-r)^2=s^2 \tag{2.22}$$

が成り立つので，これを**球面の方程式**という．また，球面上の点 U (u,v,w) での接平面[4] Π はベクトル $\overrightarrow{\mathrm{PU}}$ と直交するベクトル全体の集合である．接平面上の点 X (x,y,z) について，直交条件から

$$0=\langle\overrightarrow{\mathrm{PU}},\overrightarrow{\mathrm{UX}}\rangle=(u-p)(x-u)+(v-q)(y-v)+(w-r)(z-w) \tag{2.23}$$

が成り立つ．これにより，球面上の点 U での接平面 Π の方程式が得られる．このとき，$\overrightarrow{\mathrm{PU}}$ は接平面 Π の法線ベクトルである．

[4] 球の接平面とは，球と共有点をただ 1 つもつ平面であり，球の中心から共有点へのベクトルが平面の法線ベクトルと平行となる．一般の曲面の接平面については，微分積分の教科書を参照してほしい．

例題 2.14 空間内の球面 $S : x^2 + y^2 + z^2 - 2x + 4y + 1 = 0$ について，各問に答えよ．

(1) 球面 S の中心 P と半径を求めよ．

(2) 球面 S 上の点 $\mathrm{U}\,(2, -3, \sqrt{2})$ での接平面を求めよ．

解答 (1) $(x-1)^2 + (y+2)^2 + z^2 = 4$ より，中心 $(1, -2, 0)$，半径 2 の球である．

(2) $\overrightarrow{\mathrm{PU}} = \begin{pmatrix} 1 \\ -1 \\ \sqrt{2} \end{pmatrix}$, $\overrightarrow{\mathrm{UX}} = \begin{pmatrix} x-2 \\ y+3 \\ z-\sqrt{2} \end{pmatrix}$ なので

$\left\langle \begin{pmatrix} 1 \\ -1 \\ \sqrt{2} \end{pmatrix}, \begin{pmatrix} x-2 \\ y+3 \\ z-\sqrt{2} \end{pmatrix} \right\rangle = 0$. よって，$x - y + \sqrt{2}z = 7$. ∎

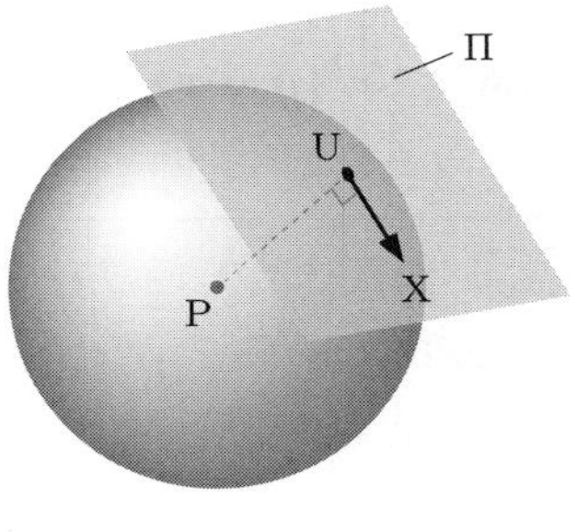

図 2.12

2.6 空間の基底

空間においても，平面の場合と同様に基底が定義される．そこで必要なベクトルの 1 次独立性を定義する．3 つのベクトル $\boldsymbol{p}, \boldsymbol{q}, \boldsymbol{r}$ について，ベクトルの組 $\{\boldsymbol{p}, \boldsymbol{q}, \boldsymbol{r}\}$ が **1 次独立**であるとは，関係式

$$k\boldsymbol{p} + \ell\boldsymbol{q} + m\boldsymbol{r} = \boldsymbol{0} \tag{2.24}$$

をみたす定数 k, ℓ, m はすべて 0 であり，それ以外では成り立たないときをいう．一方，k, ℓ, m のうち少なくとも 1 つの定数が 0 でなくても (2.24) が成り立つ場合，$\{\boldsymbol{p}, \boldsymbol{q}, \boldsymbol{r}\}$ は **1 次従属**であるという．3 つのベクトル $\boldsymbol{p}$, $\boldsymbol{q}$, $\boldsymbol{r}$ のうち，少なくとも 1 つが零ベクトルであれば，$\{\boldsymbol{p}, \boldsymbol{q}, \boldsymbol{r}\}$ は 1 次従属である．一般に，n 個 $(n \geqq 2)$ のベクトルの組 $\{\boldsymbol{p}_1, \ldots, \boldsymbol{p}_n\}$ に対しても 1 次独立性を定義することができる．つまり，関係式 $k_1\boldsymbol{p}_1 + \cdots + k_n\boldsymbol{p}_n = \boldsymbol{0}$ をみたす定数 $k_1, \ldots, k_n$ はすべて 0 であり，それ以外で成り立たないとき，$\{\boldsymbol{p}_1, \ldots, \boldsymbol{p}_n\}$ は 1 次独立であるという．一方，$k_1, \ldots, k_n$ のうち少なくとも 1 つの定数が 0 でなくても関係式が成り立つ場合，$\{\boldsymbol{p}_1, \ldots, \boldsymbol{p}_n\}$ は 1 次従属であるという．

空間ベクトルにおいても，2 つの零でないベクトル $\boldsymbol{p}$, $\boldsymbol{q}$ が平行でないための必要十分条件は，ベクトルの組 $\{\boldsymbol{p}, \boldsymbol{q}\}$ が 1 次独立となることが，例題 2.6 と同様に示される．

問題 2.15 空間内のベクトルの組 $\{\boldsymbol{p}, \boldsymbol{q}, \boldsymbol{r}\}$ が 1 次独立であれば，それらは同一平面上にないことを示せ．

3 つのベクトルが 1 次独立であるための幾何学的条件は，それらを 3 辺とする四面体がつくられることである．

空間内のベクトル全体の集合 V について，ベクトルの組 $\{\boldsymbol{p}, \boldsymbol{q}, \boldsymbol{r}\}$ が次の性質をみたすとき，$\{\boldsymbol{p}, \boldsymbol{q}, \boldsymbol{r}\}$ は V の**基底**であるという．

(1)　$\{\boldsymbol{p},\boldsymbol{q},\boldsymbol{r}\}$ は1次独立である．

(2)　V のすべてのベクトル $\boldsymbol{x}$ は

$$\boldsymbol{x}=k\boldsymbol{p}+\ell\boldsymbol{q}+m\boldsymbol{r} \tag{2.25}$$

と表示できる．右辺を $\boldsymbol{p},\boldsymbol{q},\boldsymbol{r}$ の1次結合という．

例題 2.15　$\{\boldsymbol{p},\boldsymbol{q},\boldsymbol{r}\}$ を V の基底とする．このとき，$\boldsymbol{x}\in V$ の1次結合の表示 (2.25) は一意的であることを示せ．

解答　1次結合の表示方法が2つあったとする．つまり，$\boldsymbol{x}=k\boldsymbol{p}+\ell\boldsymbol{q}+m\boldsymbol{r}=k'\boldsymbol{p}+\ell'\boldsymbol{q}+m'\boldsymbol{r}$ とすれば，$(k-k')\boldsymbol{p}+(\ell-\ell')\boldsymbol{q}+(m-m')\boldsymbol{r}=\boldsymbol{0}$．$\{\boldsymbol{p},\boldsymbol{q},\boldsymbol{r}\}$ は1次独立であるから，$k=k'$，$\ell=\ell'$，$m=m'$ となり，表示は一意的である．■

空間の場合，$\boldsymbol{e}_1=\begin{pmatrix}1\\0\\0\end{pmatrix}$，$\boldsymbol{e}_2=\begin{pmatrix}0\\1\\0\end{pmatrix}$，$\boldsymbol{e}_3=\begin{pmatrix}0\\0\\1\end{pmatrix}$ は基底となり，$\{\boldsymbol{e}_1,\boldsymbol{e}_2,\boldsymbol{e}_3\}$ を**標準基底**[5)]という．基底の数が3であるので，$\dim V=3$ と表し，そのベクトルを3次元ベクトルという．平面と同様に空間内の点は3つの実数の組で定めることができるので，空間を $\mathbb{R}^3$ と表示することがある．

次に，ベクトルの組が基底となることと，連立1次方程式を解くこととは密接に関係していることを述べる．

3つのベクトル $\boldsymbol{p},\boldsymbol{q},\boldsymbol{r}$ が標準基底の1次結合として $\boldsymbol{p}=p_1\boldsymbol{e}_1+p_2\boldsymbol{e}_2+p_3\boldsymbol{e}_3$, $\boldsymbol{q}=q_1\boldsymbol{e}_1+q_2\boldsymbol{e}_2+q_3\boldsymbol{e}_3$, $\boldsymbol{r}=r_1\boldsymbol{e}_1+r_2\boldsymbol{e}_2+r_3\boldsymbol{e}_3$ と表示されるとき，ベクトルの組 $\{\boldsymbol{p},\boldsymbol{q},\boldsymbol{r}\}$ が基底となるための条件を示す．基底の条件 (1) は $\ell\boldsymbol{p}+m\boldsymbol{q}+n\boldsymbol{r}=\boldsymbol{0}$ とするとき，この連立1次方程式が $\boldsymbol{0}$ 以外の解をもたないことである．すなわち，$x=0$，$y=0$，$z=0$ として連立1次方程式

$$\begin{cases} p_1\ell+q_1m+r_1n=x \\ p_2\ell+q_2m+r_2n=y \\ p_3\ell+q_3m+r_3n=z \end{cases} \tag{2.26}$$

の解 $\begin{pmatrix}\ell\\m\\n\end{pmatrix}$ は，$\begin{pmatrix}0\\0\\0\end{pmatrix}$ 以外にないことである．連立1次方程式の解法については第4章で述べている．

一方，すべてのベクトルは標準基底の1次結合で表示できるので，条件 (2) は標準基底が $\{\boldsymbol{p},\boldsymbol{q},\boldsymbol{r}\}$ の1次結合で表せることを示せば十分である．すなわち，$\boldsymbol{x}=\begin{pmatrix}x\\y\\z\end{pmatrix}$ をそれぞれ $\boldsymbol{e}_1,\boldsymbol{e}_2,\boldsymbol{e}_3$ として (2.26) がただ1つの解をもつことを示せばよい．

---

5) 標準基底として $\{\boldsymbol{i},\boldsymbol{j},\boldsymbol{k}\}$ と表示する場合もある．

2.7　外積

空間ベクトルには 2 つの積が定められる．1 つはすでに定義した内積である．もう 1 つは外積と呼ばれるものである．それを定義するため，第 1 章で述べた行列 $A = \begin{pmatrix} a & b \\ c & d \end{pmatrix}$ に対して，数 $ad - bc$ を対応させる**行列式**を導入し，

$$\begin{vmatrix} a & b \\ c & d \end{vmatrix} = ad - bc \tag{2.27}$$

とかく．行列 A の行列式は，$|A|$ や $\det A$ とかくこともある．

空間内の $\mathbf{0}$ でない 2 つのベクトル $\boldsymbol{a} = \begin{pmatrix} a_1 \\ a_2 \\ a_3 \end{pmatrix}$，$\boldsymbol{b} = \begin{pmatrix} b_1 \\ b_2 \\ b_3 \end{pmatrix}$ について，次で与えられるベクトル $\boldsymbol{a} \times \boldsymbol{b}$ を $\boldsymbol{a}$ と $\boldsymbol{b}$ の**外積** (または，**ベクトル積**) という．

$$\boldsymbol{a} \times \boldsymbol{b} = \begin{pmatrix} \begin{vmatrix} a_2 & b_2 \\ a_3 & b_3 \end{vmatrix} \\ \begin{vmatrix} a_3 & b_3 \\ a_1 & b_1 \end{vmatrix} \\ \begin{vmatrix} a_1 & b_1 \\ a_2 & b_2 \end{vmatrix} \end{pmatrix} = \begin{pmatrix} a_2b_3 - a_3b_2 \\ a_3b_1 - a_1b_3 \\ a_1b_2 - a_2b_1 \end{pmatrix} \tag{2.28}$$

この定義からただちに，次のことが示される．

(i)　$\boldsymbol{a} \times \boldsymbol{b}$ は $\boldsymbol{a}$ と $\boldsymbol{b}$ の両方に直交し，$\boldsymbol{a}, \boldsymbol{b}, \boldsymbol{a} \times \boldsymbol{b}$ の順で**右手系** (親指，人差し指，中指の順) または**右ネジの法則**に従う．

(ii)　$\boldsymbol{a} \times \boldsymbol{b}$ の長さは $\boldsymbol{a}$ と $\boldsymbol{b}$ のつくる平行四辺形の面積 (例題 2.8 を参照) に等しい．特に，$\boldsymbol{a}$ と $\boldsymbol{b}$ が平行であるとき，$\boldsymbol{a} \times \boldsymbol{b} = \mathbf{0}$ と定義する．

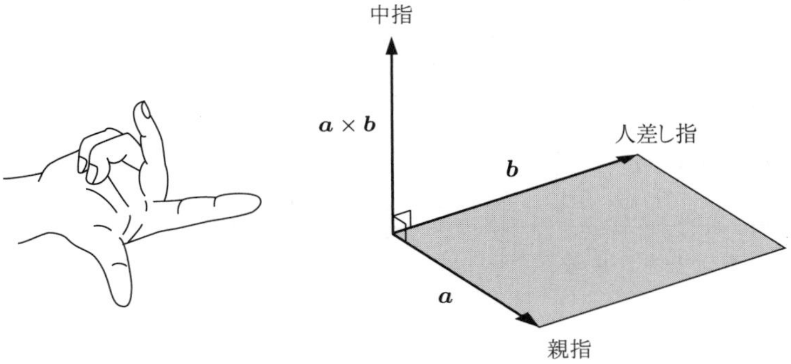

図 2.13

定理 2.3　次の関係式が成り立つ．

(1)　$\boldsymbol{a} \times \boldsymbol{b} = -\boldsymbol{b} \times \boldsymbol{a}$

(2)　$(k\boldsymbol{a}) \times \boldsymbol{b} = \boldsymbol{a} \times (k\boldsymbol{b}) = k(\boldsymbol{a} \times \boldsymbol{b})$　(k は実数)．

証明　(1) ベクトル $\boldsymbol{x}$ と $-\boldsymbol{x}$ は長さが同じで向きが反対であるから，外積の性質 (i) より示すことができる．

(2) $k>0$ のとき，$(k\boldsymbol{a})\times\boldsymbol{b}$ と $\boldsymbol{a}\times\boldsymbol{b}$ のベクトルの向きは同じ，$k<0$ のとき，$(k\boldsymbol{a})\times\boldsymbol{b}$ と $\boldsymbol{a}\times\boldsymbol{b}$ のベクトルの向きは逆である．例題 2.8 より，平行四辺形の面積に対応して $|(k\boldsymbol{a})\times\boldsymbol{b}| = |k||\boldsymbol{a}\times\boldsymbol{b}| = |k(\boldsymbol{a}\times\boldsymbol{b})| = |\boldsymbol{a}\times(k\boldsymbol{b})|$ となり，(2) が示される．∎

問題 2.16　2つのベクトル $\boldsymbol{a}=\begin{pmatrix}3\\5\\1\end{pmatrix}$, $\boldsymbol{b}=\begin{pmatrix}2\\3\\5\end{pmatrix}$ の外積 $\boldsymbol{a}\times\boldsymbol{b}$ と $\boldsymbol{b}\times\boldsymbol{a}$ を定義式 (2.28) に従ってそれぞれ求め，$\boldsymbol{a}\times\boldsymbol{b}=-\boldsymbol{b}\times\boldsymbol{a}$ が成り立つことを確かめよ．

例題 2.16　次の関係式が成り立つことを示せ．

(1)　$\boldsymbol{a}\times(\boldsymbol{b}_1+\boldsymbol{b}_2)=\boldsymbol{a}\times\boldsymbol{b}_1+\boldsymbol{a}\times\boldsymbol{b}_2$

(2)　$(\boldsymbol{a}_1+\boldsymbol{a}_2)\times\boldsymbol{b}=\boldsymbol{a}_1\times\boldsymbol{b}+\boldsymbol{a}_2\times\boldsymbol{b}.$

解答　(1) $\boldsymbol{a}=\begin{pmatrix}a_1\\a_2\\a_3\end{pmatrix}$, $\boldsymbol{b}_1=\begin{pmatrix}b_{11}\\b_{12}\\b_{13}\end{pmatrix}$, $\boldsymbol{b}_2=\begin{pmatrix}b_{21}\\b_{22}\\b_{23}\end{pmatrix}$ とすれば，$\boldsymbol{b}_1+\boldsymbol{b}_2=\begin{pmatrix}b_{11}+b_{21}\\b_{12}+b_{22}\\b_{13}+b_{23}\end{pmatrix}$ となる．(2.28) より，

$$\begin{aligned}\boldsymbol{a}\times(\boldsymbol{b}_1+\boldsymbol{b}_2)&=\begin{pmatrix}a_2(b_{13}+b_{23})-a_3(b_{12}+b_{22})\\a_3(b_{11}+b_{21})-a_1(b_{13}+b_{23})\\a_1(b_{12}+b_{22})-a_2(b_{11}+b_{21})\end{pmatrix}=\begin{pmatrix}a_2b_{13}-a_3b_{12}\\a_3b_{11}-a_1b_{13}\\a_1b_{12}-a_2b_{11}\end{pmatrix}+\begin{pmatrix}a_2b_{23}-a_3b_{22}\\a_3b_{21}-a_1b_{23}\\a_1b_{22}-a_2b_{21}\end{pmatrix}\\&=\boldsymbol{a}\times\boldsymbol{b}_1+\boldsymbol{a}\times\boldsymbol{b}_2.\end{aligned}$$

(2) も同様に示すことができる．∎

注意 2.2　$\boldsymbol{a}\times(\boldsymbol{b}\times\boldsymbol{c})$ と $(\boldsymbol{a}\times\boldsymbol{b})\times\boldsymbol{c}$ は必ずしも一致しない．たとえば，空間の標準基底 $\boldsymbol{e}_1,\boldsymbol{e}_2,\boldsymbol{e}_3$ について

$$(\boldsymbol{e}_1\times\boldsymbol{e}_2)\times\boldsymbol{e}_2=\boldsymbol{e}_3\times\boldsymbol{e}_2=-\boldsymbol{e}_1,\quad \boldsymbol{e}_1\times(\boldsymbol{e}_2\times\boldsymbol{e}_2)=\boldsymbol{e}_1\times\boldsymbol{0}=\boldsymbol{0}.$$

例題 2.17　$\boldsymbol{a}$ と $\boldsymbol{b}$ はともに単位ベクトルであり，直交しているとする．このとき，

$$|(\boldsymbol{a}+3\boldsymbol{b})\times(\boldsymbol{a}-\boldsymbol{b})|$$

の値を求めよ．

解答　定理 2.3 と例題 2.16 より，

$$\begin{aligned}(\boldsymbol{a}+3\boldsymbol{b})\times(\boldsymbol{a}-\boldsymbol{b})&=\boldsymbol{a}\times(\boldsymbol{a}-\boldsymbol{b})+(3\boldsymbol{b})\times(\boldsymbol{a}-\boldsymbol{b})\\&=\boldsymbol{a}\times\boldsymbol{a}+\boldsymbol{a}\times(-\boldsymbol{b})+(3\boldsymbol{b})\times\boldsymbol{a}+(3\boldsymbol{b})\times(-\boldsymbol{b})\end{aligned}$$

$$= \boldsymbol{a} \times \boldsymbol{a} - \boldsymbol{a} \times \boldsymbol{b} - 3(\boldsymbol{a} \times \boldsymbol{b}) - (3\boldsymbol{b}) \times \boldsymbol{b}$$
$$= \boldsymbol{a} \times \boldsymbol{a} - 4(\boldsymbol{a} \times \boldsymbol{b}) - 3(\boldsymbol{b} \times \boldsymbol{b})$$

ここで，$\boldsymbol{a}$ と $\boldsymbol{a}$ がつくる平行四辺形の面積は 0，$\boldsymbol{b}$ と $\boldsymbol{b}$ がつくる平行四辺形の面積も 0 であり，$\boldsymbol{a} \times \boldsymbol{a} = \boldsymbol{b} \times \boldsymbol{b} = 0$．また，$\boldsymbol{a}$ と $\boldsymbol{b}$ は長さが 1 で直交しているので $\boldsymbol{a}$ と $\boldsymbol{b}$ がつくる一辺が 1 の正方形の面積は 1 なので，$\boldsymbol{a} \times \boldsymbol{b} = 1$．よって，

$$|(\boldsymbol{a} + 3\boldsymbol{b}) \times (\boldsymbol{a} - \boldsymbol{b})| = |\boldsymbol{a} \times \boldsymbol{a} - 4(\boldsymbol{a} \times \boldsymbol{b}) - 3(\boldsymbol{b} \times \boldsymbol{b})| = |-4| = 4.$$ ■

例題 2.18　ベクトル $\boldsymbol{a}, \boldsymbol{b}, \boldsymbol{c}$ でつくられる平行六面体の体積 V が

$$V = |\langle \boldsymbol{a} \times \boldsymbol{b}, \boldsymbol{c} \rangle| = |\langle \boldsymbol{a}, \boldsymbol{b} \times \boldsymbol{c} \rangle|$$

となることを示せ．

解答　$\boldsymbol{r} = \boldsymbol{a} \times \boldsymbol{b}$ とおき，$\boldsymbol{r}$ と $\boldsymbol{c}$ のなす角を θ とする．平行六面体の高さは $|\boldsymbol{c}||\cos\theta| = |\boldsymbol{c}|\dfrac{|\langle \boldsymbol{r}, \boldsymbol{c} \rangle|}{|\boldsymbol{r}||\boldsymbol{c}|} = \dfrac{|\langle \boldsymbol{r}, \boldsymbol{c} \rangle|}{|\boldsymbol{r}|}$ より，$V = \dfrac{|\langle \boldsymbol{a} \times \boldsymbol{b}, \boldsymbol{c} \rangle|}{|\boldsymbol{a} \times \boldsymbol{b}|}|\boldsymbol{a} \times \boldsymbol{b}| = |\langle \boldsymbol{a} \times \boldsymbol{b}, \boldsymbol{c} \rangle|$．同様に，$V = |\langle \boldsymbol{a}, \boldsymbol{b} \times \boldsymbol{c} \rangle|$ であることも示すことができる． ■

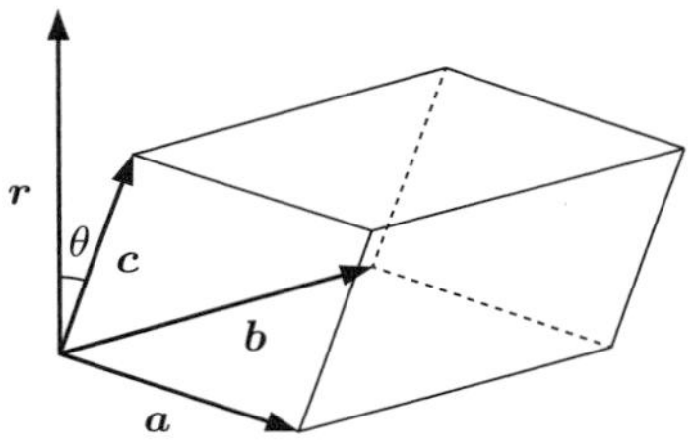

図 2.14

$\langle \boldsymbol{a} \times \boldsymbol{b}, \boldsymbol{c} \rangle$ を**スカラー三重積**という．

注意 2.3 3 つのベクトルはそれらのスカラー三重積が 0 でないとき，またそのときに限り 1 次独立である．これは，1 つのベクトルは他の 2 つのベクトルの 1 次結合として表示できないことを意味する．

問題 2.17　3 つのベクトル $\boldsymbol{a} = \begin{pmatrix} 3 \\ 2 \\ 1 \end{pmatrix}, \boldsymbol{b} = \begin{pmatrix} 1 \\ 2 \\ 3 \end{pmatrix}, \boldsymbol{c} = \begin{pmatrix} 1 \\ 0 \\ 1 \end{pmatrix}$ でつくられる平行六面体の体積を求めよ．

ベクトル三重積と呼ばれる三重積

$$\boldsymbol{a} \times (\boldsymbol{b} \times \boldsymbol{c})$$

もある．ベクトル三重積には，

$$\boldsymbol{a} \times (\boldsymbol{b} \times \boldsymbol{c}) = \langle \boldsymbol{a}, \boldsymbol{c} \rangle \boldsymbol{b} - \langle \boldsymbol{a}, \boldsymbol{b} \rangle \boldsymbol{c}$$

などの性質がある．

空間内の 2 つのベクトル $\boldsymbol{a} = \begin{pmatrix} a_1 \\ a_2 \\ a_3 \end{pmatrix}, \boldsymbol{b} = \begin{pmatrix} b_1 \\ b_2 \\ b_3 \end{pmatrix}$ に直交するベクトル $\boldsymbol{x} = \begin{pmatrix} x_1 \\ x_2 \\ x_3 \end{pmatrix}$ は内積

$\langle \boldsymbol{a}, \boldsymbol{x} \rangle = 0$, $\langle \boldsymbol{b}, \boldsymbol{x} \rangle = 0$ をみたすものである．したがって，これは次の連立1次方程式を解く問題に帰着できる．

$$\begin{cases} a_1x_1 + a_2x_2 + a_3x_3 = 0 \\ b_1x_1 + b_2x_2 + b_3x_3 = 0. \end{cases} \tag{2.29}$$

逆に，連立1次方程式 (2.29) の解の1つは外積を用いて求めることができるともいえる．

例題 2.19　3点 A$(0,1,0)$, B$(0,0,1)$, C$(1,-1,0)$ を通る平面の方程式を求めよ．

解答　例題2.12の別解として外積を用いて平面の方程式を求めてみよう．$\overrightarrow{\mathrm{AB}} = \begin{pmatrix} 0 \\ -1 \\ 1 \end{pmatrix}$, $\overrightarrow{\mathrm{AC}} = \begin{pmatrix} 1 \\ -2 \\ 0 \end{pmatrix}$ なので，これらの外積 $\overrightarrow{\mathrm{AB}} \times \overrightarrow{\mathrm{AC}} = \begin{pmatrix} 2 \\ 1 \\ 1 \end{pmatrix}$ は A, B, C を通る平面 Π の法線ベクトルである．平面 Π 上の点を X(x,y,z) とすれば，$\overrightarrow{\mathrm{AX}} = \begin{pmatrix} x \\ y-1 \\ z \end{pmatrix}$ と $\overrightarrow{\mathrm{AB}} \times \overrightarrow{\mathrm{AC}}$ は直交する．したがって，$\langle \overrightarrow{\mathrm{AX}}, \overrightarrow{\mathrm{AB}} \times \overrightarrow{\mathrm{AC}} \rangle = 2x + y - 1 + z = 0$. ∎

力学への応用

図2.15のように，点Qに作用する力 $\boldsymbol{F}$ の点Pのまわりのモーメント m は，点Qまでの位置ベクトル $\boldsymbol{r}$ と，$\boldsymbol{F}$ と $\boldsymbol{r}$ のなす角 θ を用いて

$$m = |\boldsymbol{r}||\boldsymbol{F}| \sin\theta$$

と定義される．$|\boldsymbol{r}||\boldsymbol{F}| \sin\theta$ は $\boldsymbol{r}$ と $\boldsymbol{F}$ のつくる平行四辺形の面積であるから $m = |\boldsymbol{r} \times \boldsymbol{F}|$ である．$\boldsymbol{r} \times \boldsymbol{F}$ を**モーメントベクトル**という．

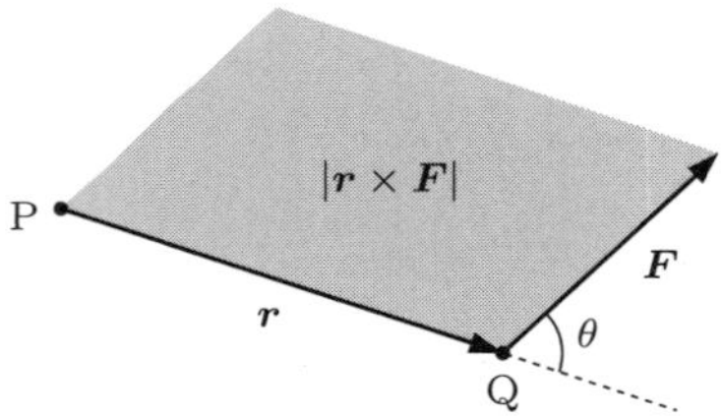

図 2.15

2.8　平面上のいろいろな変換

ベクトルの応用をこの節では説明する．たとえば，平面内の**図形の変形**には縮小・拡大・回転・鏡映・ずれなどいろいろなものがある．このような図形の変形を表現する方法を考える．

そこで，新たに言葉を定義する．n 個の実数を成分とするベクトルを **n 次元ベクトル**という．n 次元ベクトルを m 次元ベクトルに対応させる規則を**写像**という．たとえば，実数を実数に対応させる関数も写像の 1 つである．写像 f がベクトル $\boldsymbol{x}$ をベクトル $\boldsymbol{x}'$ に対応させるとき，そのことを関数と同様に $\boldsymbol{x}' = f(\boldsymbol{x})$ のように表す．また，$\boldsymbol{x}$ と $\boldsymbol{x}'$ がともに n 次元ベクトルであるとき，この写像を特に**変換**という．この節では平面における変換を扱う．

平面ベクトルの回転

図 2.16 のように位置ベクトル $\boldsymbol{x} = \begin{pmatrix} x \\ y \end{pmatrix}$ を，原点を中心に反時計回り (正の向き) に θ だけ回転させたベクトル $\boldsymbol{x}' = \begin{pmatrix} x' \\ y' \end{pmatrix}$ に対応させる変換を考える．ベクトル $\boldsymbol{x}$ と x 軸とのなす角を α とすれば，$x = |\boldsymbol{x}|\cos\alpha$，$y = |\boldsymbol{x}|\sin\alpha$，$x' = |\boldsymbol{x}|\cos(\alpha+\theta)$，$y' = |\boldsymbol{x}|\sin(\alpha+\theta)$．三角関数の加法定理より，

$$
\begin{aligned}
x' &= |\boldsymbol{x}|\cos\alpha\cos\theta - |\boldsymbol{x}|\sin\alpha\sin\theta = x\cos\theta - y\sin\theta \\
y' &= |\boldsymbol{x}|\sin\alpha\cos\theta + |\boldsymbol{x}|\cos\alpha\sin\theta = x\sin\theta + y\cos\theta
\end{aligned}
\tag{2.30}
$$

となる．

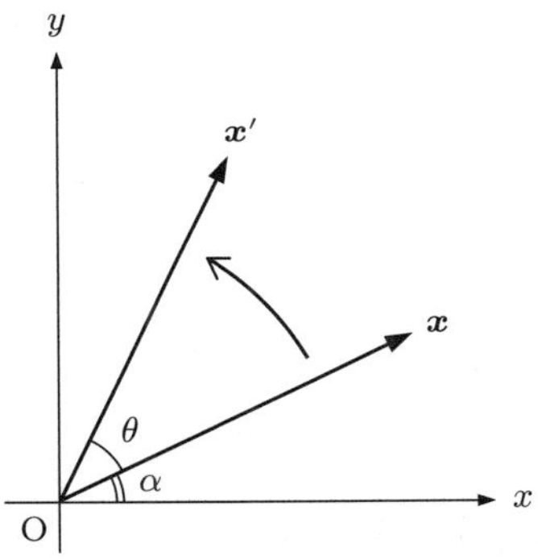

図 2.16

これを簡潔に表示するため，行列を用いる．$\begin{pmatrix} a & b \\ c & d \end{pmatrix}$ を 2 行 2 列の**行列**または 2×2 行列，$(a\ b)$, $(c\ d)$ をそれぞれ 1 行目，2 行目，また $\begin{pmatrix} a \\ c \end{pmatrix}$, $\begin{pmatrix} b \\ d \end{pmatrix}$ をそれぞれ 1 列目，2 列目という．また，並べられた 1 つひとつの数を，その行列の成分という．次に行列とベクトルの積を

$$
\begin{pmatrix} a & b \\ c & d \end{pmatrix}\begin{pmatrix} e \\ f \end{pmatrix} = \begin{pmatrix} ae+bf \\ ce+df \end{pmatrix} \tag{2.31}
$$

と定義する[6]．これにより，ベクトルの回転は (2.30) から

$$\begin{pmatrix} x' \\ y' \end{pmatrix} = \begin{pmatrix} \cos\theta & -\sin\theta \\ \sin\theta & \cos\theta \end{pmatrix} \begin{pmatrix} x \\ y \end{pmatrix} \tag{2.32}$$

と表示される．

一般に，変換 f について，

$$\begin{pmatrix} x \\ y \end{pmatrix} \xrightarrow{f} \begin{pmatrix} x' \\ y' \end{pmatrix}$$

なる対応があるとき，行列 A が

$$\begin{pmatrix} x' \\ y' \end{pmatrix} = A \begin{pmatrix} x \\ y \end{pmatrix}$$

をみたすならば，行列 A を変換 f の**表現行列**という．したがって，位置ベクトルを原点を中心に反時計回りに θ 回転させる変換の表現行列は

$$\begin{pmatrix} \cos\theta & -\sin\theta \\ \sin\theta & \cos\theta \end{pmatrix} \tag{2.33}$$

となる．また，$\boldsymbol{x}$ を $\boldsymbol{x}$ 自身に対応させる変換を**恒等変換**という．このとき，表現行列は (2.33) で $\theta = 0$ とすることにより $\begin{pmatrix} 1 & 0 \\ 0 & 1 \end{pmatrix}$ であり，この行列を**単位行列**といい，E とかく．

すべての成分が零の行列を零行列といい，O とかく．また，2つの 2×2 行列 $\begin{pmatrix} a & b \\ c & d \end{pmatrix}$ と $\begin{pmatrix} e & f \\ g & h \end{pmatrix}$ が等しいとは，$a = e$, $b = f$, $c = g$, $d = h$ が成り立つときである．

行列とベクトルの積について，次の演算法則が成り立つ．

定理 2.4　A を 2×2 行列，$\boldsymbol{p}$ と $\boldsymbol{q}$ を2次元ベクトル，k を実数とする．

(1)　$A(\boldsymbol{p} + \boldsymbol{q}) = A\boldsymbol{p} + A\boldsymbol{q}$

(2)　$A(k\boldsymbol{p}) = k(A\boldsymbol{p}) = (kA)\boldsymbol{p}$

例題 2.20 (折り返し)　x 軸に関して位置ベクトルの折り返しを表す表現行列を求めよ．

解答　$\boldsymbol{x} = \begin{pmatrix} x \\ y \end{pmatrix}$ を x 軸に関して折り返したベクトル $\boldsymbol{x}'$ は $\begin{pmatrix} x \\ -y \end{pmatrix}$ である．これを行列とベクトルの積を用いて表すと

$$\begin{pmatrix} x \\ -y \end{pmatrix} = \begin{pmatrix} 1 & 0 \\ 0 & -1 \end{pmatrix} \begin{pmatrix} x \\ y \end{pmatrix}$$

[6] 1.2 節ですでに定義しているので参照されたい．

となる．したがって，表現行列は $\begin{pmatrix} 1 & 0 \\ 0 & -1 \end{pmatrix}$ である． ▮

折り返しの変換 f は 2 回繰り返すと元のベクトルに戻る．このことは f の表現行列 A が $A^2 = E$ をみたすことに対応している[7]．

例題 2.21 (対称移動) 直線 $\ell : y = \dfrac{1}{2}x + \dfrac{1}{2}$ を x 軸に関して，対称に移動して得られる図形を求めよ．

解答 直線 ℓ はパラメータ t を用いて，$\begin{pmatrix} x \\ y \end{pmatrix} = \begin{pmatrix} t \\ \dfrac{1}{2}t + \dfrac{1}{2} \end{pmatrix}$ とベクトル表示されるので，これを x 軸に関して対称に移動すると，例題 2.20 を用いて，

$$\begin{pmatrix} x' \\ y' \end{pmatrix} = \begin{pmatrix} 1 & 0 \\ 0 & -1 \end{pmatrix}\begin{pmatrix} x \\ y \end{pmatrix} = \begin{pmatrix} 1 & 0 \\ 0 & -1 \end{pmatrix}\begin{pmatrix} t \\ \dfrac{1}{2}t + \dfrac{1}{2} \end{pmatrix} = \begin{pmatrix} t \\ -\dfrac{1}{2}t - \dfrac{1}{2} \end{pmatrix}.$$

となる．$x' = t$, $y' = -\dfrac{1}{2}t - \dfrac{1}{2}$ より $y' = -\dfrac{1}{2}x' - \dfrac{1}{2}$ を得る．よって，移動後の図形は直線 $y = -\dfrac{1}{2}x - \dfrac{1}{2}$ である． ▮

表現行列 (2.33) の応用として，次の例題を考えよう．

例題 2.22 位置ベクトルを原点を通る直線 $\ell : y = ax$ に関して対称に移動する変換の表現行列を求めよ．

解答 原点 O と平面上の点 X について，$\overrightarrow{\mathrm{OX}} = \boldsymbol{x} = \begin{pmatrix} x \\ y \end{pmatrix}$ とする．$\overrightarrow{\mathrm{OX}}$ と x 軸とのなす角を α，$|\boldsymbol{x}| = d\,(\neq 0)$ とすると $\begin{pmatrix} x \\ y \end{pmatrix} = \begin{pmatrix} d\cos\alpha \\ d\sin\alpha \end{pmatrix}$ と表せる．点 X を原点を中心に θ だけ回転させて直線 ℓ 上に移動した点 P について，$|\overrightarrow{\mathrm{OP}}| = d$ より $\overrightarrow{\mathrm{OP}} = \dfrac{d}{\sqrt{1+a^2}}\begin{pmatrix} 1 \\ a \end{pmatrix}$ となる．

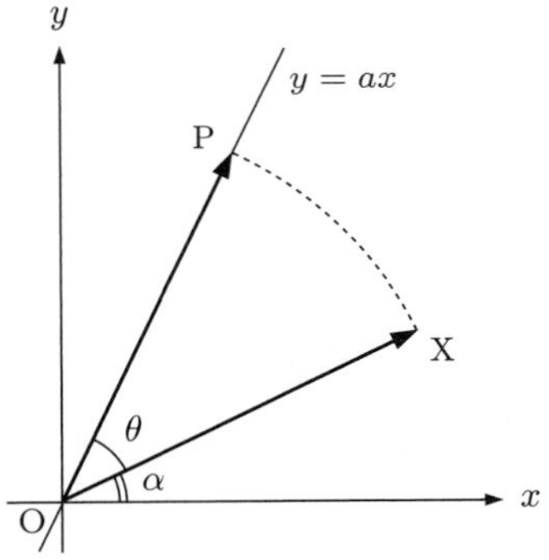

図 2.17

一方，回転の表現行列 (2.33) を用いて $\overrightarrow{\mathrm{OX}}$ を原点を中心に θ だけ回転させると $\overrightarrow{\mathrm{OP}}$ になるので

$$\begin{pmatrix} \cos\theta & -\sin\theta \\ \sin\theta & \cos\theta \end{pmatrix}\begin{pmatrix} d\cos\alpha \\ d\sin\alpha \end{pmatrix} = \frac{d}{\sqrt{1+a^2}}\begin{pmatrix} 1 \\ a \end{pmatrix}$$

[7] 2×2 行列の積は 2.10 節で扱う．

が成り立つ．これより，

$$\cos\theta = \frac{a\sin\alpha + \cos\alpha}{\sqrt{1+a^2}}, \quad \sin\theta = \frac{a\cos\alpha - \sin\alpha}{\sqrt{1+a^2}} \tag{2.34}$$

を得る．$\overrightarrow{\mathrm{OP}}$ を原点を中心に θ だけ回転させると求めたい変換になる．つまり，この変換を 2 回繰り返すと直線 ℓ に関して対称な点に移動するので，関係式 (2.34) を使うと，

$$\begin{aligned}\begin{pmatrix}\cos\theta & -\sin\theta \\ \sin\theta & \cos\theta\end{pmatrix}\frac{d}{\sqrt{1+a^2}}\begin{pmatrix}1 \\ a\end{pmatrix} &= \frac{d}{1+a^2}\begin{pmatrix}a\sin\alpha + \cos\alpha - a^2\cos\alpha + a\sin\alpha \\ a\cos\alpha - \sin\alpha + a^2\sin\alpha + a\cos\alpha\end{pmatrix} \\ &= \frac{1}{1+a^2}\begin{pmatrix}1-a^2 & 2a \\ 2a & a^2-1\end{pmatrix}\begin{pmatrix}d\cos\alpha \\ d\sin\alpha\end{pmatrix}.\end{aligned}$$

したがって，表現行列は $\dfrac{1}{1+a^2}\begin{pmatrix}1-a^2 & 2a \\ 2a & a^2-1\end{pmatrix}$ である．▮

別解　平面上の点 $\mathrm{X}\,(x, y)$ が変換により点 $\mathrm{X}'\,(x', y')$ に移されるとする．このとき 2 点 X, X′ を結ぶ線分を m とする．その中点が直線 ℓ 上にあるので

$$a\frac{x+x'}{2} = \frac{y+y'}{2}.$$

直線 ℓ と線分 m の直交条件より

$$a\frac{y'-y}{x'-x} = -1.$$

したがって，

$$x' = \frac{1}{1+a^2}((1-a^2)x + 2ay),$$

$$y' = \frac{1}{1+a^2}(2ax - (1-a^2)y).$$

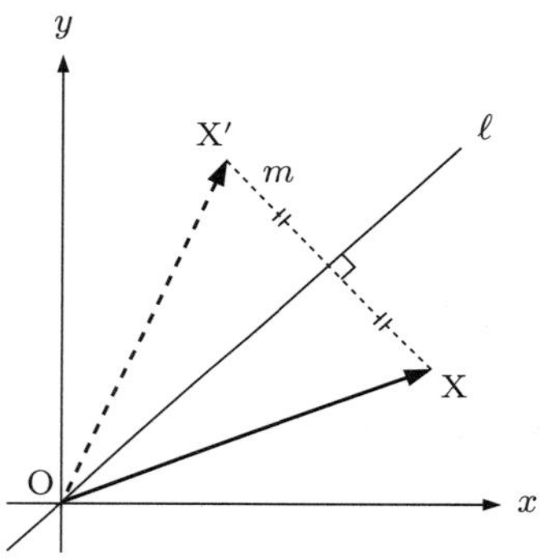

図 2.18

$$\begin{pmatrix}x' \\ y'\end{pmatrix} = \frac{1}{1+a^2}\begin{pmatrix}1-a^2 & 2a \\ 2a & a^2-1\end{pmatrix}\begin{pmatrix}x \\ y\end{pmatrix}$$

から上と同じ表現行列が得られる．▮

問題 2.18　ベクトル $\boldsymbol{a} = \begin{pmatrix}1 \\ 2\end{pmatrix}$ とするとき，各問に答えよ．

(1)　$\boldsymbol{a}$ を原点を中心に $\dfrac{\pi}{4}$ 回転させたベクトルを求めよ．

(2)　$\boldsymbol{a}$ を x 軸に関して対称に折り返したベクトルを求めよ．

(3)　$\boldsymbol{a}$ を直線 $y = \dfrac{1}{2}x$ に関して対称に移動したベクトルを求めよ．

2.9　1 次変換の行列表示

これまで，個別のケースについて変換の表現行列をみてきた．この節では，2 次元ベクトルについて，より一般の変換に関する行列表示を考える．n 次元ベクトルの場合は第 5 章で扱うことにする．変換 f が次の条件をみたすとき，**1 次変換**という：

任意の実数 α, β と任意のベクトル $\boldsymbol{p}$, $\boldsymbol{q}$ について

$$f(\alpha\boldsymbol{p}+\beta\boldsymbol{q})=\alpha f(\boldsymbol{p})+\beta f(\boldsymbol{q}) \tag{2.35}$$

が成り立つ．

また，この条件をみたす f は**線形性**をもつという．

注意 2.4　1 次変換 f について，$f(\boldsymbol{0})=\boldsymbol{0}$ が成り立つ．

例題 2.23　平面内の点 (x,y) を x 軸に関して対称な点 (x',y') に移動する変換 f は 1 次変換であることを示せ．

解答　この変換により，$x'=x$, $y'=-y$ となるので $f\left(\begin{pmatrix} x \\ y \end{pmatrix}\right)=\begin{pmatrix} x \\ -y \end{pmatrix}$ と表現できる．実数 α,β とベクトル $\boldsymbol{p}=\begin{pmatrix} x \\ y \end{pmatrix}$, $\boldsymbol{q}=\begin{pmatrix} u \\ v \end{pmatrix}$ について，$\alpha\boldsymbol{p}+\beta\boldsymbol{q}=\begin{pmatrix} \alpha x+\beta u \\ \alpha y+\beta v \end{pmatrix}$. したがって，

$$f(\alpha\boldsymbol{p}+\beta\boldsymbol{q})=\begin{pmatrix} \alpha x+\beta u \\ -\alpha y-\beta v \end{pmatrix}=\alpha\begin{pmatrix} x \\ -y \end{pmatrix}+\beta\begin{pmatrix} u \\ -v \end{pmatrix}=\alpha f(\boldsymbol{p})+\beta f(\boldsymbol{q}).$$ ∎

例題 2.23 の 1 次変換 f の表現行列は，例題 2.20 より

$$\begin{pmatrix} 1 & 0 \\ 0 & -1 \end{pmatrix}$$

となり，一般に 1 次変換を表す行列の存在が示唆される．

そこで，2 次元ベクトルについての 1 次変換 f の**表現行列**を求める．

2 次元ベクトル $\boldsymbol{p}=\begin{pmatrix} p_1 \\ p_2 \end{pmatrix}$ は標準基底 $\boldsymbol{e}_1=\begin{pmatrix} 1 \\ 0 \end{pmatrix}$, $\boldsymbol{e}_2=\begin{pmatrix} 0 \\ 1 \end{pmatrix}$ を用いて，

$$\boldsymbol{p}=p_1\boldsymbol{e}_1+p_2\boldsymbol{e}_2$$

と表示できる．$f(\boldsymbol{p})=\boldsymbol{p}'$ について，f は 1 次変換だから

$$\boldsymbol{p}'=f(\boldsymbol{p})=p_1 f(\boldsymbol{e}_1)+p_2 f(\boldsymbol{e}_2).$$

一方，$f(\boldsymbol{e}_1)$ と $f(\boldsymbol{e}_2)$ も 2 次元ベクトルより，

$$f(\boldsymbol{e}_1)=\begin{pmatrix} a \\ c \end{pmatrix},\ f(\boldsymbol{e}_2)=\begin{pmatrix} b \\ d \end{pmatrix} \tag{2.36}$$

とできるので，

$$\boldsymbol{p}' = p_1 f(\boldsymbol{e}_1) + p_2 f(\boldsymbol{e}_2) = p_1 \begin{pmatrix} a \\ c \end{pmatrix} + p_2 \begin{pmatrix} b \\ d \end{pmatrix} = \begin{pmatrix} ap_1 + bp_2 \\ cp_1 + dp_2 \end{pmatrix}$$

$$= \begin{pmatrix} a & b \\ c & d \end{pmatrix} \begin{pmatrix} p_1 \\ p_2 \end{pmatrix} = A\boldsymbol{p}.$$

したがって，1 次変換 f の表現行列 A は $f(\boldsymbol{e}_1)$，$f(\boldsymbol{e}_2)$ を列ベクトルとして，行列

$$A = (f(\boldsymbol{e}_1)\ f(\boldsymbol{e}_2)) \tag{2.37}$$

で与えられる．

逆に，行列 A に対して，$\boldsymbol{p}' = A\boldsymbol{p}$ で与えられる変換 f，すなわち $\boldsymbol{p}' = f(\boldsymbol{p})$ は線形性をもつ．

例題 2.24　平面の標準基底 $\{\boldsymbol{e}_1, \boldsymbol{e}_2\}$ について，1 次変換 f が次の条件をみたすとき，f の表現行列 A を求めよ．

$$f(2\boldsymbol{e}_1 - \boldsymbol{e}_2) = 5\boldsymbol{e}_1 + 8\boldsymbol{e}_2, \quad f(\boldsymbol{e}_1 + 2\boldsymbol{e}_2) = 5\boldsymbol{e}_1 + 9\boldsymbol{e}_2$$

解答　$f(2\boldsymbol{e}_1 - \boldsymbol{e}_2) = 2f(\boldsymbol{e}_1) - f(\boldsymbol{e}_2) = 5\boldsymbol{e}_1 + 8\boldsymbol{e}_2$，$f(\boldsymbol{e}_1 + 2\boldsymbol{e}_2) = f(\boldsymbol{e}_1) + 2f(\boldsymbol{e}_2) = 5\boldsymbol{e}_1 + 9\boldsymbol{e}_2$ より，$f(\boldsymbol{e}_1) = 3\boldsymbol{e}_1 + 5\boldsymbol{e}_2 = \begin{pmatrix} 3 \\ 5 \end{pmatrix}$，$f(\boldsymbol{e}_2) = \boldsymbol{e}_1 + 2\boldsymbol{e}_2 = \begin{pmatrix} 1 \\ 2 \end{pmatrix}$．したがって，$f$ の表現行列 A は $A = (f(\boldsymbol{e}_1)\ f(\boldsymbol{e}_2)) = \begin{pmatrix} 3 & 1 \\ 5 & 2 \end{pmatrix}$．　■

問題 2.19　1 次変換 f が次の条件をみたすとき，f の表現行列 A を求めよ．

$$f(3\boldsymbol{e}_1 - 2\boldsymbol{e}_2) = \boldsymbol{e}_1 + \boldsymbol{e}_2, \quad f(-\boldsymbol{e}_1 + 3\boldsymbol{e}_2) = -\boldsymbol{e}_1 - \boldsymbol{e}_2$$

例題 2.25　A を 2×2 行列とする．2 次元ベクトル $\boldsymbol{p}$ と $\boldsymbol{q}$ でつくられる平行四辺形を，1 次変換 $f(\boldsymbol{x}) = A\boldsymbol{x}$ で移したとき，面積が $|\det A|$ 倍されることを示せ．

解答　$A = \begin{pmatrix} a & b \\ c & d \end{pmatrix}$，2 つのベクトルを $\boldsymbol{p} = \begin{pmatrix} p_1 \\ p_2 \end{pmatrix}$，$\boldsymbol{q} = \begin{pmatrix} q_1 \\ q_2 \end{pmatrix}$ とする．例題 2.3 と同様にすると (空間ベクトルの場合であるが，例題 2.8 も参照)，$\boldsymbol{p}$ と $\boldsymbol{q}$ でつくられる平行四辺形の面積 S は

$$S = \sqrt{|\boldsymbol{p}|^2|\boldsymbol{q}|^2 - \langle \boldsymbol{p}, \boldsymbol{q} \rangle^2} = \sqrt{(p_1q_2 - p_2q_1)^2} = |p_1q_2 - p_2q_1|$$

である．一方，$\boldsymbol{p}$ と $\boldsymbol{q}$ を 1 次変換で移したベクトルはそれぞれ $f(\boldsymbol{p}) = A\boldsymbol{p} = \begin{pmatrix} ap_1 + bp_2 \\ cp_1 + dp_2 \end{pmatrix}$，

$f(\boldsymbol{q}) = A\boldsymbol{q} = \begin{pmatrix} aq_1 + bq_2 \\ cq_1 + dq_2 \end{pmatrix}$ であり，$f(\boldsymbol{p})$ と $f(\boldsymbol{q})$ がつくる平行四辺形の面積 S' は

$$\begin{aligned} S' &= \sqrt{|f(\boldsymbol{p})|^2|f(\boldsymbol{q})|^2 - \langle f(\boldsymbol{p}), f(\boldsymbol{q})\rangle^2} \\ &= |(ap_1 + bp_2)(cq_1 + dq_2) - (cp_1 + dp_2)(aq_1 + bq_2)| \\ &= |(ad - bc)(p_1q_2 - p_2q_1)| = |\det A|S \end{aligned}$$

である．∎

2.10　1 次変換の合成

これまで，いろいろな 1 次変換をみてきたが，ある変換をした後に，別の変換をする場合も考えられる．そのような連続した変換は行列表示が可能であろうか．

例題 2.26　原点を中心にベクトルを $\dfrac{\pi}{3}$ と $-\dfrac{\pi}{4}$ 回転させる 1 次変換 f, g について，各問に答えよ．

(1)　1 次変換 f と g の表現行列 A, B を求めよ．

(2)　原点を中心にベクトルを $\dfrac{\pi}{12}$ 回転させる変換の表現行列 C を求めよ．

解答　(1) (2.33) より，

$$A = \begin{pmatrix} \cos\dfrac{\pi}{3} & -\sin\dfrac{\pi}{3} \\ \sin\dfrac{\pi}{3} & \cos\dfrac{\pi}{3} \end{pmatrix} = \frac{1}{2}\begin{pmatrix} 1 & -\sqrt{3} \\ \sqrt{3} & 1 \end{pmatrix}$$

$$B = \begin{pmatrix} \cos\left(-\dfrac{\pi}{4}\right) & -\sin\left(-\dfrac{\pi}{4}\right) \\ \sin\left(-\dfrac{\pi}{4}\right) & \cos\left(-\dfrac{\pi}{4}\right) \end{pmatrix} = \frac{1}{\sqrt{2}}\begin{pmatrix} 1 & 1 \\ -1 & 1 \end{pmatrix}$$

(2) この変換は，1 次変換 g を行った後に 1 次変換 f を行う変換の合成に対応している．ベクトル $\begin{pmatrix} x \\ y \end{pmatrix}$ が 1 次変換 g でベクトル $\begin{pmatrix} x' \\ y' \end{pmatrix}$ に移るとすると，これは

$$\begin{pmatrix} x' \\ y' \end{pmatrix} = B\begin{pmatrix} x \\ y \end{pmatrix} = \begin{pmatrix} \dfrac{1}{\sqrt{2}}x + \dfrac{1}{\sqrt{2}}y \\ -\dfrac{1}{\sqrt{2}}x + \dfrac{1}{\sqrt{2}}y \end{pmatrix} \tag{2.38}$$

とかくことができる．一方，ベクトル $\begin{pmatrix} x' \\ y' \end{pmatrix}$ が 1 次変換 f でベクトル $\begin{pmatrix} x'' \\ y'' \end{pmatrix}$ に移るとすると，

$$\begin{pmatrix} x'' \\ y'' \end{pmatrix} = A\begin{pmatrix} x' \\ y' \end{pmatrix} = \begin{pmatrix} \dfrac{1}{2}x' - \dfrac{\sqrt{3}}{2}y' \\ \dfrac{\sqrt{3}}{2}x' + \dfrac{1}{2}y' \end{pmatrix} \tag{2.39}$$

となる．したがって，(2.38) を (2.39) に代入すると，

$$\begin{aligned}\begin{pmatrix} x'' \\ y'' \end{pmatrix} = A\begin{pmatrix} x' \\ y' \end{pmatrix} = AB\begin{pmatrix} x \\ y \end{pmatrix} &= \begin{pmatrix} \left(\frac{1}{2\sqrt{2}}+\frac{\sqrt{3}}{2\sqrt{2}}\right)x+\left(\frac{1}{2\sqrt{2}}-\frac{\sqrt{3}}{2\sqrt{2}}\right)y \\ \left(\frac{\sqrt{3}}{2\sqrt{2}}-\frac{1}{2\sqrt{2}}\right)x+\left(\frac{\sqrt{3}}{2\sqrt{2}}+\frac{1}{2\sqrt{2}}\right)y \end{pmatrix} \\ &= \begin{pmatrix} \frac{1}{2\sqrt{2}}+\frac{\sqrt{3}}{2\sqrt{2}} & \frac{1}{2\sqrt{2}}-\frac{\sqrt{3}}{2\sqrt{2}} \\ \frac{\sqrt{3}}{2\sqrt{2}}-\frac{1}{2\sqrt{2}} & \frac{\sqrt{3}}{2\sqrt{2}}+\frac{1}{2\sqrt{2}} \end{pmatrix}\begin{pmatrix} x \\ y \end{pmatrix} = C\begin{pmatrix} x \\ y \end{pmatrix}\end{aligned} \tag{2.40}$$

となるので，原点を中心にベクトルを $\dfrac{\pi}{12}$ 回転させる1次変換の表現行列 C は

$$\frac{1}{2\sqrt{2}}\begin{pmatrix} 1+\sqrt{3} & 1-\sqrt{3} \\ \sqrt{3}-1 & \sqrt{3}+1 \end{pmatrix}$$

である．

$\sin\dfrac{\pi}{12}$ と $\cos\dfrac{\pi}{12}$ の値を三角関数の加法定理から求めて (2.33) に代入しても同じ結果が得られる．∎

上の例題をもう少し詳しくみてみよう．1次変換 g と f を組み合わせた $\begin{pmatrix} x \\ y \end{pmatrix}$ を $\begin{pmatrix} x'' \\ y'' \end{pmatrix}$ に移す変換を g と f の**合成変換**といい，$f \circ g$ とかく．(2.40) から $f \circ g$ の表現行列は行列 A と B の積 AB で表されることに気付くだろう．合成変換 $f \circ g$ は，表現行列 AB をもつことから1次変換であることがわかる[8)]．

(2.31) の行列と列ベクトルの積をもとにして，2×2 行列 $A = \begin{pmatrix} a_{11} & a_{12} \\ a_{21} & a_{22} \end{pmatrix}$ と $B = \begin{pmatrix} b_{11} & b_{12} \\ b_{21} & b_{22} \end{pmatrix}$ の積 AB を次のように定義する．

$$AB = \begin{pmatrix} a_{11} & a_{12} \\ a_{21} & a_{22} \end{pmatrix}\begin{pmatrix} b_{11} & b_{12} \\ b_{21} & b_{22} \end{pmatrix} = \begin{pmatrix} a_{11}b_{11}+a_{12}b_{21} & a_{11}b_{12}+a_{12}b_{22} \\ a_{21}b_{11}+a_{22}b_{21} & a_{21}b_{12}+a_{22}b_{22} \end{pmatrix} \tag{2.41}$$

実際，この定義に従って計算すると，先ほどの合成変換の表現行列は

$$AB = \begin{pmatrix} \frac{1}{2} & -\frac{\sqrt{3}}{2} \\ \frac{\sqrt{3}}{2} & \frac{1}{2} \end{pmatrix}\begin{pmatrix} \frac{1}{\sqrt{2}} & \frac{1}{\sqrt{2}} \\ -\frac{1}{\sqrt{2}} & \frac{1}{\sqrt{2}} \end{pmatrix} = \begin{pmatrix} \frac{1}{2\sqrt{2}}+\frac{\sqrt{3}}{2\sqrt{2}} & \frac{1}{2\sqrt{2}}-\frac{\sqrt{3}}{2\sqrt{2}} \\ \frac{\sqrt{3}}{2\sqrt{2}}-\frac{1}{2\sqrt{2}} & \frac{\sqrt{3}}{2\sqrt{2}}+\frac{1}{2\sqrt{2}} \end{pmatrix} = C$$

となり，(2.40) と一致する．

[8)] 1次変換 f, g について，その合成変換 $f \circ g, g \circ f$ は1次変換である (例題 5.12 参照).

注意 2.5 行列の積については，交換法則が成り立つとは限らない．実際，$A=\begin{pmatrix}1 & 0\\ 0 & 2\end{pmatrix}$，$B=\begin{pmatrix}0 & 1\\ 1 & 0\end{pmatrix}$ のとき，$AB=\begin{pmatrix}0 & 1\\ 2 & 0\end{pmatrix}$，$BA=\begin{pmatrix}0 & 2\\ 1 & 0\end{pmatrix}$ だから，$AB \neq BA$ である．

また，2×2 行列の和，スカラー倍を次のように定める．

$$A+B=\begin{pmatrix}a_{11} & a_{12}\\ a_{21} & a_{22}\end{pmatrix}+\begin{pmatrix}b_{11} & b_{12}\\ b_{21} & b_{22}\end{pmatrix}=\begin{pmatrix}a_{11}+b_{11} & a_{12}+b_{12}\\ a_{21}+b_{21} & a_{22}+b_{22}\end{pmatrix}$$

$$kA=k\begin{pmatrix}a_{11} & a_{12}\\ a_{21} & a_{22}\end{pmatrix}=\begin{pmatrix}ka_{11} & ka_{12}\\ ka_{21} & ka_{22}\end{pmatrix} \qquad (k \text{ は実数})$$

行列の和とスカラー倍について，次の演算法則が成り立つ．

定理 2.5 A, B, C を 2×2 行列，k, l を実数とする．

(1) $A+B=B+A$

(2) $A+(B+C)=(A+B)+C$　($A+B+C$ ともかく．)

(3) $k(A+B)=kA+kB$

(4) $(k+l)A=kA+lA$

(5) $(kl)A=k(lA)$　(klA ともかく．)

(6) $1A=A$

行列の積について，次の演算法則が成り立つ．

定理 2.6 A, B, C を 2×2 行列，k を実数とする．

(1) $A(BC)=(AB)C$　(ABC ともかく．)

(2) $A(B+C)=AB+AC$

(3) $(A+B)C=AC+BC$

(4) $(kA)B=A(kB)=k(AB)$　(kAB ともかく．)

問題 2.20 原点を中心にベクトルを α, β 回転させる 1 次変換をそれぞれ f, g とし，ベクトルを $\alpha+\beta$ 回転させる 1 次変換を h とする．$f\circ g=h$ であることを利用して，三角関数の加法定理

$$\sin(\alpha+\beta)=\sin\alpha\cos\beta+\cos\alpha\sin\beta, \quad \cos(\alpha+\beta)=\cos\alpha\cos\beta-\sin\alpha\sin\beta$$

を導け．

問題 2.21 $A=\begin{pmatrix}-1 & 0\\ 3 & 2\end{pmatrix}$，$B=\begin{pmatrix}3 & -1\\ -2 & 0\end{pmatrix}$ について，次を計算せよ．

(1) $-2A+3B$　　(2) AB　　(3) BA

2.11　逆変換

原点を中心にベクトルを θ 回転させた後に，$-\theta$ 回転させると元のベクトルに戻る．θ 回転させる1次変換の表現行列は $\begin{pmatrix} \cos\theta & -\sin\theta \\ \sin\theta & \cos\theta \end{pmatrix}$ であり，$-\theta$ 回転させる1次変換の表現行列は $\begin{pmatrix} \cos\theta & \sin\theta \\ -\sin\theta & \cos\theta \end{pmatrix}$ である．よって，この2つの1次変換の合成は恒等変換となり表現行列についての関係式

$$\begin{pmatrix} \cos\theta & \sin\theta \\ -\sin\theta & \cos\theta \end{pmatrix}\begin{pmatrix} \cos\theta & -\sin\theta \\ \sin\theta & \cos\theta \end{pmatrix} = \begin{pmatrix} 1 & 0 \\ 0 & 1 \end{pmatrix}$$

が成り立つ．一般に，1次変換 f と g の合成変換が恒等変換となるとき，1次変換 g を f の**逆変換**という．同じことであるが，1次変換 f を g の逆変換とみなすこともできる．

上の例でみたように，ある1次変換の表現行列 A とその逆変換の表現行列 B の積 AB は単位行列 E になる．表現行列 A が $A = \begin{pmatrix} a & b \\ c & d \end{pmatrix}$ のとき，具体的にその逆変換の表現行列 B を求めてみよう．$B = \begin{pmatrix} p & q \\ r & s \end{pmatrix}$ とおくと，$AB = E$ より

$$\begin{pmatrix} a & b \\ c & d \end{pmatrix}\begin{pmatrix} p & q \\ r & s \end{pmatrix} = \begin{pmatrix} 1 & 0 \\ 0 & 1 \end{pmatrix}.$$

行列の積を計算すると，

$$\begin{cases} ap + br = 1 \\ aq + bs = 0 \\ cp + dr = 0 \\ cq + ds = 1 \end{cases}$$

より，$ad - bc \neq 0$ のとき，

$$p = \frac{d}{ad-bc},\ q = \frac{-b}{ad-bc},\ r = \frac{-c}{ad-bc},\ s = \frac{a}{ad-bc}$$

が得られる．よって，逆変換の表現行列は $B = \dfrac{1}{ad-bc}\begin{pmatrix} d & -b \\ -c & a \end{pmatrix}$ となる．また，$BA = E$ もみたすことが確認できる．

A と B を 2×2 行列とし，E を単位行列とするとき，

$$AB = BA = E$$

をみたす行列 B を A の**逆行列**といい，A^{-1} とかく．$A = \begin{pmatrix} a & b \\ c & d \end{pmatrix}$ のとき，

$$A^{-1} = \frac{1}{ad - bc} \begin{pmatrix} d & -b \\ -c & a \end{pmatrix}$$

となる．

注意 2.6　$ad - bc$ は行列 A の行列式 $|A|$ である．逆行列 A^{-1} の具体的な表現からわかるように，$ad - bc = 0$ のとき，A の逆行列は存在しない．これは $|A| = 0$ となるとき，その逆行列は存在しないことを意味している．行列式の値と逆行列の存在・非存在は密接に関係していることは第 4 章でみる．

問題 2.22　次の行列の逆行列は存在するか．存在する場合はそれを求めよ．

(1) $\begin{pmatrix} 3 & 1 \\ -2 & 3 \end{pmatrix}$　　(2) $\begin{pmatrix} -1 & 1 \\ -2 & 2 \end{pmatrix}$

例題 2.27　$A = \begin{pmatrix} 2 & 5 \\ 1 & 3 \end{pmatrix}$, $B = \begin{pmatrix} -1 & 2 \\ 3 & 0 \end{pmatrix}$, $q = \begin{pmatrix} -1 \\ 1 \end{pmatrix}$ とするとき，次の各問に答えよ．

(1)　$XA = B$ となる 2×2 行列 X を求めよ．

(2)　$AY = B$ となる 2×2 行列 Y を求めよ．

(3)　$A\boldsymbol{p} = \boldsymbol{q}$ となる 2 次元ベクトル $\boldsymbol{p}$ を求めよ．

解答　A の逆行列は存在し，$A^{-1} = \begin{pmatrix} 3 & -5 \\ -1 & 2 \end{pmatrix}$ である．

(1) $XA = B$ の両辺に右から A^{-1} を掛けると，$XAA^{-1} = BA^{-1}$ となる．ここで左辺は，$XAA^{-1} = XE = X$ であり[9)]，$X = BA^{-1}$ がわかる．したがって，

$$X = \begin{pmatrix} -1 & 2 \\ 3 & 0 \end{pmatrix} \begin{pmatrix} 3 & -5 \\ -1 & 2 \end{pmatrix} = \begin{pmatrix} -5 & 9 \\ 9 & -15 \end{pmatrix}.$$

(2) $AY = B$ の両辺に左から A^{-1} を掛けると，$A^{-1}AY = A^{-1}B$．左辺は $A^{-1}AY = EY = Y$ なので，$Y = A^{-1}B$ がわかる．よって，

$$Y = \begin{pmatrix} 3 & -5 \\ -1 & 2 \end{pmatrix} \begin{pmatrix} -1 & 2 \\ 3 & 0 \end{pmatrix} = \begin{pmatrix} -18 & 6 \\ 7 & -2 \end{pmatrix}.$$

(3) $A\boldsymbol{p} = \boldsymbol{q}$ の両辺に左から A^{-1} を掛けると，$A^{-1}A\boldsymbol{p} = A^{-1}\boldsymbol{q}$．左辺は $A^{-1}A\boldsymbol{p} = E\boldsymbol{p} = \boldsymbol{p}$ な

---

9) 単位行列 E は行列の積において何の影響も与えない．つまり，$XE = EX = X$ である．

ので，$\boldsymbol{p} = A^{-1}\boldsymbol{q}$ がわかる．よって，

$$\boldsymbol{p} = \begin{pmatrix} 3 & -5 \\ -1 & 2 \end{pmatrix} \begin{pmatrix} -1 \\ 1 \end{pmatrix} = \begin{pmatrix} -8 \\ 3 \end{pmatrix}.$$

■

2.12　行列の固有値・固有ベクトル

この節では 1 次変換 f の重要な性質を調べる．変換 f によって移されるベクトルのうち，その方向を変えない特別なものの存在である．言いかえると，$f(\boldsymbol{x}) = \lambda\boldsymbol{x}$ であり，f の表現行列である 2×2 行列 A について，

$$A\boldsymbol{x} = \lambda\boldsymbol{x}$$

をみたす λ と零ベクトルでない 2 次元ベクトル $\boldsymbol{x}$ を求めることである．このとき，λ を**固有値**，$\boldsymbol{x}$ を**固有ベクトル**という．$\boldsymbol{x}$ が固有ベクトルならば，定数 k 倍 (ただし $k \neq 0$) した $k\boldsymbol{x}$ も固有ベクトルとなるので，固有ベクトルは無数に存在する．より一般の $n \times n$ 行列については第 6 章で詳しく説明する．

固有値と固有ベクトルの幾何的な意味としては，1 次変換 f の表現行列が A であるとき，固有ベクトル $\boldsymbol{x}$ をその変換で移したとしても，その方向は変えないが，倍率は固有値 λ 倍されて移される．具体例としては，例題 2.20 で述べたものを考える．x 軸に関して位置ベクトルを折り返す変換の表現行列は $A = \begin{pmatrix} 1 & 0 \\ 0 & -1 \end{pmatrix}$ である．このとき，

$$\begin{pmatrix} 1 & 0 \\ 0 & -1 \end{pmatrix} \begin{pmatrix} 1 \\ 0 \end{pmatrix} = \begin{pmatrix} 1 \\ 0 \end{pmatrix}, \quad \begin{pmatrix} 1 & 0 \\ 0 & -1 \end{pmatrix} \begin{pmatrix} 0 \\ 1 \end{pmatrix} = -1 \begin{pmatrix} 0 \\ 1 \end{pmatrix}$$

が成り立つ．したがって，1 は行列 A の固有値であり，$\boldsymbol{e}_1 = \begin{pmatrix} 1 \\ 0 \end{pmatrix}$ は固有値 1 に対応する固有ベクトルの 1 つである．また，-1 も行列 A の固有値であり，$\boldsymbol{e}_2 = \begin{pmatrix} 0 \\ 1 \end{pmatrix}$ は固有値 -1 に対応する固有ベクトルの 1 つである．このことから，固有ベクトル $\boldsymbol{e}_1$ を変換 f で移した場合，同じベクトルに移される．一方，固有ベクトル $\boldsymbol{e}_2$ を変換 f で移した場合，ベクトルは -1 倍され，逆向きになることがわかる．ここでは逆向きも，(向きは変わるが) 方向を変えないという．幾何学的な観点からこの結論を理解してほしい．

それではもう少し詳しく固有値と固有ベクトルの求め方をみていくことにしよう．

> **例題 2.28**　行列 $A = \begin{pmatrix} 2 & 1 \\ 3 & 4 \end{pmatrix}$ の固有値と固有ベクトルを求めよ．

解答　$\begin{pmatrix} 2 & 1 \\ 3 & 4 \end{pmatrix} \begin{pmatrix} x \\ y \end{pmatrix} = \lambda \begin{pmatrix} x \\ y \end{pmatrix}$ をみたす λ とベクトル $\begin{pmatrix} x \\ y \end{pmatrix}$ を探す．これは連立 1 次方

程式

$$\begin{cases} 2x + \ \ y = \lambda x \\ 3x + 4y = \lambda y \end{cases}$$

を解くことに帰着される．第 1 式から

$$y = (\lambda - 2)x \tag{2.42}$$

が得られ，これを第 2 式に代入すると

$$(3 + (4 - \lambda)(\lambda - 2))x = 0 \tag{2.43}$$

を得る．(2.43) において，もし $x = 0$ ならば，(2.42) から $y = 0$ となる．求める固有ベクトル $\begin{pmatrix} x \\ y \end{pmatrix}$ は零ベクトルではないのでこれは不適．したがって, (2.43) において, $3+(4-\lambda)(\lambda-2) = 0$ でなければならないことがわかる．これを解くと，$\lambda = 1, 5$ となり，固有値が得られる．

次に，固有値 $\lambda = 1$ と $\lambda = 5$ に対応する固有ベクトルをそれぞれ求める．$\lambda = 1$ に対応する固有ベクトルを求めるには $\begin{pmatrix} 2 & 1 \\ 3 & 4 \end{pmatrix}\begin{pmatrix} x \\ y \end{pmatrix} = 1\begin{pmatrix} x \\ y \end{pmatrix}$ を解けばよい．つまり，連立 1 次方程式

$$\begin{cases} 2x + \ \ y = x \\ 3x + 4y = y \end{cases}$$

を解くことに帰着される．この 2 つの式はともに $x + y = 0$ となるので，これをみたすともに零でないすべての (x, y) の組が解となり，$\begin{pmatrix} x \\ y \end{pmatrix} = k\begin{pmatrix} 1 \\ -1 \end{pmatrix}$ が求めるものである．ここで k は 0 以外の任意定数である．

$\lambda = 5$ に対応する固有ベクトルも同様に，$\begin{pmatrix} 2 & 1 \\ 3 & 4 \end{pmatrix}\begin{pmatrix} x \\ y \end{pmatrix} = 5\begin{pmatrix} x \\ y \end{pmatrix}$ を解くことで求めることができる．この連立 1 次方程式から $3x - y = 0$ が得られる．固有ベクトルは $\begin{pmatrix} x \\ y \end{pmatrix} = k\begin{pmatrix} 1 \\ 3 \end{pmatrix}$ となる．ここで k は 0 以外の任意定数である．∎

例題 2.28 をもう少し深く考察してみよう．問題は連立 1 次方程式 $\begin{cases} 2x + \ \ y = \lambda x \\ 3x + 4y = \lambda y \end{cases}$ を解くことに帰着された．これを行列とベクトルの形で表すと，$\begin{pmatrix} 2 - \lambda & 1 \\ 3 & 4 - \lambda \end{pmatrix}\begin{pmatrix} x \\ y \end{pmatrix} = \begin{pmatrix} 0 \\ 0 \end{pmatrix}$ となる．ここで，$B = \begin{pmatrix} 2 - \lambda & 1 \\ 3 & 4 - \lambda \end{pmatrix}$, $\boldsymbol{x} = \begin{pmatrix} x \\ y \end{pmatrix}$ とおく．もし B が逆行列 B^{-1} をもつならば，$B\boldsymbol{x} = \boldsymbol{0}$ より，$\boldsymbol{x} = B^{-1}\boldsymbol{0} = \boldsymbol{0}$ となる．したがって，$\boldsymbol{x}$ は零ベクトルとなり，固有ベクトルの定義に反する．したがって，$\boldsymbol{x} \neq \boldsymbol{0}$ ならば，B が逆行列をもたないということがわかる．

注意 2.6 より，$|B|=0$ であり，行列式を計算すると $(2-\lambda)(4-\lambda)-3=0$ が得られる．この方程式を解くことによって固有値が求まる．この方程式を**固有方程式**という．

問題 2.23　次の行列の固有値と固有ベクトルを求めよ．

(1) $\begin{pmatrix} 3 & 2 \\ 4 & 1 \end{pmatrix}$　　(2) $\begin{pmatrix} 2 & -2 \\ -2 & 5 \end{pmatrix}$　　(3) $\begin{pmatrix} 4 & 1 \\ -1 & 2 \end{pmatrix}$

定理 2.7　$A=\begin{pmatrix} a & b \\ c & d \end{pmatrix}$，$O$ を零行列とする．このとき，

$$A^2-(a+d)A+(ad-bc)E=O$$

が成り立つ．

この定理は，**ケイリー・ハミルトンの定理**と呼ばれる．証明は単純に計算をすればよいので省略する．

例題 2.29　$A=\begin{pmatrix} 3 & -2 \\ -1 & 4 \end{pmatrix}$ のとき，A^3 を求めよ．

解答　素直に A^3 を計算してもよいが，ここではケイリー・ハミルトンの定理を利用する方法を紹介する．ケイリー・ハミルトンの定理より，$A^2=7A-10E$ がわかる．このとき，

$$A^3=A(7A-10E)=7A^2-10A=7(7A-10E)-10A=39A-70E.$$

よって，

$$A^3=39\begin{pmatrix} 3 & -2 \\ -1 & 4 \end{pmatrix}-70\begin{pmatrix} 1 & 0 \\ 0 & 1 \end{pmatrix}=\begin{pmatrix} 47 & -78 \\ -39 & 86 \end{pmatrix}.$$ ∎

章末問題

2.1　ベクトル $\boldsymbol{a}=\begin{pmatrix} 1 \\ 5 \end{pmatrix}$，$\boldsymbol{b}=\begin{pmatrix} 3 \\ 2 \end{pmatrix}$ について，$|\boldsymbol{a}+t\boldsymbol{b}|$ の値を最小にする t の値を求めよ．

2.2　ベクトル $\boldsymbol{a}=\begin{pmatrix} -1 \\ 2 \end{pmatrix}$, $\boldsymbol{b}=\begin{pmatrix} 2 \\ -2 \end{pmatrix}$, $\boldsymbol{c}=\begin{pmatrix} u \\ -3 \end{pmatrix}$ について，各問に答えよ．

(1) $\boldsymbol{a}$ と $\boldsymbol{c}$ が直交するときの u の値を求めよ．

(2) (1) で求めた u について，$\boldsymbol{b}$ と $\boldsymbol{c}$ のなす角を θ とするとき，$\sin\theta$ の値を求めよ．

2.3　2 つの直線 $2x+7y=1$ と $x-y=5$ について，各問に答えよ．

(1) 2 つの直線を 13 ページの式 (2.5) の形にベクトル表示せよ．

(2) 2 つの直線のなす角 θ $(0 \leqq \theta \leqq \pi)$ について，$\cos\theta$ の値を求めよ．

2.4 平面において，$\{\boldsymbol{e}_1, \boldsymbol{e}_2\}$ 以外の基底を求めよ．

2.5 ベクトル $\boldsymbol{a} = \begin{pmatrix} -2 \\ 3 \end{pmatrix}$，$\boldsymbol{b} = \begin{pmatrix} 4 \\ -5 \end{pmatrix}$ について，各問に答えよ．

(1) $\{\boldsymbol{a}, \boldsymbol{b}\}$ が 1 次独立であることを示せ．

(2) 平面上の直線 $x - y = -1$ を，$\{\boldsymbol{a}, \boldsymbol{b}\}$ を基底とする座標 (s, t) でみると，どのように表されるか調べよ．すなわち，s と t の関係式を求めよ．

2.6 ベクトル $\boldsymbol{a} = \begin{pmatrix} 2 \\ 1 \\ 3 \end{pmatrix}$，$\boldsymbol{b} = \begin{pmatrix} 3 \\ -2 \\ 1 \end{pmatrix}$ について，各問に答えよ．

(1) 内積 $\langle \boldsymbol{a}, \boldsymbol{b} \rangle$，および $\boldsymbol{a}$ と $\boldsymbol{b}$ のなす角 θ を求めよ．

(2) $\boldsymbol{a}$ と $\boldsymbol{b}$ でつくられる平行四辺形の面積 S を求めよ．

2.7 空間内の 3 点 $\mathrm{A}\,(1, -1, 2)$，$\mathrm{B}\,(2, 3, -3)$，$\mathrm{C}\,(x, y, -8)$ が同一直線上にあるように定数 x と y の値を定めよ．

2.8 空間内の 2 平面 $\Pi_1 : 4x - 2y - 2z = 0$，$\Pi_2 : x - 2y + z = 4$ のなす角 θ と，その 2 平面の交線 ℓ の方程式を求めよ．交線とは 2 平面の共通部分であり，2 平面のなす角とは，交線に垂直な断面に現れる 2 直線がつくる角である．

2.9 空間内の 3 点 $\mathrm{A}\,(1, -1, 0)$，$\mathrm{B}\,(3, -2, -1)$，$\mathrm{C}\,(0, 4, 2)$ を通る平面を Π とする．このとき，各問に答えよ．

(1) 2 点 A, B を通る直線のベクトル表示とその方程式を求めよ．

(2) 平面 Π に直交する単位ベクトルをすべて求めよ．

(3) 平面 Π のベクトル表示と平面の方程式 (21 ページの式 (2.19)) を求めよ．

2.10 点 $\mathrm{P}\,(1, -1, 2)$ を中心とする半径 3 の球面 S と球面上の点 $\mathrm{U}\,(2, 1, 4)$ での接平面 Π について，各問に答えよ．

(1) 球面 S の方程式を求めよ．

(2) 接平面 Π の方程式を求めよ．

(3) 接平面 Π と平面 $\Sigma : -x + y + 4z = 3$ との交線 ℓ を求めよ．

2.11 次のベクトルの組が 1 次独立か，1 次従属か判定せよ．

(1) $\begin{pmatrix} 1 \\ -1 \\ 2 \end{pmatrix}, \begin{pmatrix} 3 \\ 1 \\ 0 \end{pmatrix}, \begin{pmatrix} 5 \\ 3 \\ -2 \end{pmatrix}$　　(2) $\begin{pmatrix} 1 \\ 2 \\ 3 \end{pmatrix}, \begin{pmatrix} 0 \\ 4 \\ 5 \end{pmatrix}, \begin{pmatrix} 0 \\ 0 \\ 6 \end{pmatrix}$

2.12 次の 2 つのベクトルに直交する単位ベクトルをすべて求めよ．

(1) $\boldsymbol{a} = \begin{pmatrix} 1 \\ 1 \\ 0 \end{pmatrix}$，$\boldsymbol{b} = \begin{pmatrix} 0 \\ 1 \\ 1 \end{pmatrix}$　　(2) $\boldsymbol{a} = \begin{pmatrix} 4 \\ 3 \\ -1 \end{pmatrix}$，$\boldsymbol{b} = \begin{pmatrix} 2 \\ -6 \\ -3 \end{pmatrix}$

2.13　ベクトル $\boldsymbol{a} = \begin{pmatrix} x \\ -1 \\ -1 \end{pmatrix}$ と $\boldsymbol{b} = \begin{pmatrix} x \\ x \\ 2 \end{pmatrix}$ が直交するように x の値を定めよ．

2.14　空間内の4点 A$(1,0,1)$, B$(-1,1,2)$, C$(0,1,3)$, D$(1,2,0)$ でつくられる四面体ABCDの体積 V を求めよ．

2.15　ベクトル $\boldsymbol{a} = (-1,3,2)$, $\boldsymbol{b} = (1,1,-1)$ について，$\boldsymbol{a} \times \boldsymbol{x} = \boldsymbol{b}$ をみたす位置ベクトル $\boldsymbol{x}$ の終点の集合が直線となることを示せ．

2.16　直線 $\ell : y = -2x + 3$ について，各問に答えよ．

(1) 直線 ℓ をベクトル表示せよ．

(2) 直線 ℓ を，x 軸に関して対称に移動した図形を表す方程式を求めよ．

(3) 直線 ℓ を，原点を中心に $\dfrac{\pi}{3}$ 回転した図形を表す方程式を求めよ．

2.17　次の変換 f が1次変換であるか調べ，1次変換ならばその表現行列を求めよ．

(1) $f\left(\begin{pmatrix} x \\ y \end{pmatrix}\right) = \begin{pmatrix} 2x \\ y \end{pmatrix}$　　(2) $f\left(\begin{pmatrix} x \\ y \end{pmatrix}\right) = \begin{pmatrix} x^2 \\ y \end{pmatrix}$

(3) $f\left(\begin{pmatrix} x \\ y \end{pmatrix}\right) = \begin{pmatrix} x \\ y+1 \end{pmatrix}$　　(4) $f\left(\begin{pmatrix} x \\ y \end{pmatrix}\right) = \begin{pmatrix} 2x+y \\ x-y \end{pmatrix}$

2.18　平面上の点を原点対称な点に移す変換を f とするとき，各問に答えよ．

(1) f の表現行列 A を求めよ．

(2) 直線 $y = -x + 1$ を変換 f で移せ．

2.19　平面の標準基底 $\{\boldsymbol{e}_1, \boldsymbol{e}_2\}$ について，1次変換 f が

$$f(-\boldsymbol{e}_1 + 3\boldsymbol{e}_2) = 5\boldsymbol{e}_1 - 8\boldsymbol{e}_2, \quad f(2\boldsymbol{e}_1 - \boldsymbol{e}_2) = 6\boldsymbol{e}_2$$

をみたすとき，各問に答えよ．

(1) 変換 f の表現行列 A を求めよ．

(2) $f(4\boldsymbol{e}_1 - \boldsymbol{e}_2)$ を $\boldsymbol{e}_1$ と $\boldsymbol{e}_2$ の1次結合で表せ．

(3) 表現行列 A の固有値と固有ベクトルをすべて求めよ．

2.20　ベクトル $\boldsymbol{a} = \begin{pmatrix} -1 \\ 3 \\ 2 \end{pmatrix}$, $\boldsymbol{b} = \begin{pmatrix} 1 \\ 1 \\ -1 \end{pmatrix}$ について，$\boldsymbol{a} \times \boldsymbol{x} = \boldsymbol{b}$ をみたすベクトル $\boldsymbol{x} = \begin{pmatrix} x \\ y \\ z \end{pmatrix}$ をすべて求めよ．

3

ベクトルと行列

この章では，線形代数の学習で必要となるベクトルと行列の定義とその基本的性質をまとめておく．

3.1　ベクトル

n 個の実数からなるベクトル $\boldsymbol{a}$ は**列ベクトル** $\boldsymbol{a} = \begin{pmatrix} a_1 \\ \vdots \\ a_n \end{pmatrix}$ または，**行ベクトル** $\boldsymbol{a} = (a_1 \ \cdots \ a_n)$ で表し，$\boldsymbol{n}$ **次元ベクトル**という．簡単に $\boldsymbol{a} = (a_i)$ と表すこともある．$a_i \, (i = 1, \ldots, n)$ を**ベクトルの成分**という．行ベクトル $\boldsymbol{a}$ の成分を一列に並べた列ベクトルを ${}^t\boldsymbol{a}$ または $\boldsymbol{a}^T$ とかき，$\boldsymbol{a}$ の**転置**という．すなわち，$\boldsymbol{a} = (a_1 \ \cdots \ a_n)$ のとき，${}^t\boldsymbol{a} = \begin{pmatrix} a_1 \\ \vdots \\ a_n \end{pmatrix}$．同様に，列ベクトルの転置は行ベクトルになる．$n$ 次元ベクトルに対しても，$\boldsymbol{a}$ の長さ (大きさ)[1]を $|\boldsymbol{a}|$ と表し，

$$|\boldsymbol{a}| = \sqrt{\sum_{i=1}^{n} {a_i}^2}$$

とする．長さが 1 となるベクトルを**単位ベクトル**，長さ 0 のベクトルを**零ベクトル**という．以下，ベクトルは主に列ベクトルを扱うが，行ベクトルについても同様である．

ベクトルの演算

$\boldsymbol{a} = \begin{pmatrix} a_1 \\ \vdots \\ a_n \end{pmatrix} = (a_i)$，$\boldsymbol{b} = \begin{pmatrix} b_1 \\ \vdots \\ b_n \end{pmatrix} = (b_i)$ とするとき，

---

[1] 平面内の位置ベクトル $\boldsymbol{a} = (a_1 \ a_2)$ について，$|\boldsymbol{a}|$ は $\boldsymbol{a}$ の終点 P と原点 O との距離に等しい．

(1)　**加法**：

$$\boldsymbol{a}+\boldsymbol{b}=\begin{pmatrix} a_1+b_1 \\ \vdots \\ a_n+b_n \end{pmatrix}=(a_i+b_i)$$

(2)　**スカラー倍**：

$$k\boldsymbol{a}=\begin{pmatrix} ka_1 \\ \vdots \\ ka_n \end{pmatrix}=(ka_i) \qquad (k\text{ は実数})$$

(3)　**内積**：n 次元ベクトル $\boldsymbol{a},\boldsymbol{b}$ について，次の実数

$$\langle \boldsymbol{a},\boldsymbol{b}\rangle=\sum_{i=1}^{n} a_i b_i \tag{3.1}$$

を $\boldsymbol{a}$ と $\boldsymbol{b}$ の**内積**という．また，内積を $\boldsymbol{a}\cdot\boldsymbol{b}$ と表示することもある．

零ベクトルでない2つのベクトル $\boldsymbol{a},\boldsymbol{b}$ の位置関係は，それらの「なす角」によって特徴付けられる．その角 $\theta\,(0\leqq\theta\leqq\pi)$ は，関係式

$$\cos\theta=\frac{\langle \boldsymbol{a},\boldsymbol{b}\rangle}{|\boldsymbol{a}||\boldsymbol{b}|} \tag{3.2}$$

をみたす．

2つのベクトル $\boldsymbol{a}$ と $\boldsymbol{b}$ のなす角が $\dfrac{\pi}{2}$ のとき，$\boldsymbol{a}$ と $\boldsymbol{b}$ は**直交**しているといい，$\boldsymbol{a}\perp\boldsymbol{b}$ と表す．(3.2) より，$\boldsymbol{a}\perp\boldsymbol{b}$ のとき $\langle \boldsymbol{a},\boldsymbol{b}\rangle=0$ である．このとき，片方はもう1つのベクトルの定数倍として表示できない．すなわち，$\boldsymbol{a}=k\boldsymbol{b}$ をみたす $k\ (k\neq 0)$ は存在しない．このように，内積は2つのベクトルの位置関係を示す量である．次に，多数のベクトルの位置関係を特徴付けるものを定義する．

m 個の n 次元ベクトルの組 $\{\boldsymbol{a}_i\}_{i=1}^{m}$ [2)] に対して，

$$k_1\boldsymbol{a}_1+k_2\boldsymbol{a}_2+\cdots+k_m\boldsymbol{a}_m=\boldsymbol{0} \tag{3.3}$$

をみたす m 個の定数 $k_i\ (i=1,\ldots,m)$ がすべて0に限られるとき，ベクトルの組 $\{\boldsymbol{a}_i\}_{i=1}^{m}$ は**1次独立**であるという．一方，$k_1,\ldots,k_m$ のうち少なくとも1つが0でなくても (3.3) が成り立つとき，$\{\boldsymbol{a}_i\}_{i=1}^{m}$ は**1次従属**であるという．

例題 3.1　ベクトル $\boldsymbol{a},\boldsymbol{b},\boldsymbol{c}$ を

$$\boldsymbol{a}=\begin{pmatrix} 1 \\ 2 \\ 3 \\ 4 \end{pmatrix},\quad \boldsymbol{b}=\begin{pmatrix} -1 \\ -2 \\ 2 \\ 1 \end{pmatrix},\quad \boldsymbol{c}=\begin{pmatrix} 0 \\ 0 \\ 10 \\ 10 \end{pmatrix}$$

2) $\{\boldsymbol{a}_i\}_{i=1}^{m}=\{\boldsymbol{a}_1,\boldsymbol{a}_2,\ldots,\boldsymbol{a}_m\}$ とする．

とするとき，各問に答えよ．

(1) ベクトル $\boldsymbol{a}$ と $\boldsymbol{b}$ は 1 次独立か 1 次従属か調べよ．

(2) ベクトル $\boldsymbol{a}, \boldsymbol{b}, \boldsymbol{c}$ は 1 次独立か 1 次従属か調べよ．

解答 (1) $k_1\boldsymbol{a} + k_2\boldsymbol{b} = \boldsymbol{0}$ を解けばよい．$k_1 - k_2 = 0$，$2k_1 - 2k_2 = 0$，$3k_1 + 2k_2 = 0$，$4k_1 + k_2 = 0$ をみたす k_1, k_2 は $k_1 = k_2 = 0$ のみである．よって，ベクトル $\boldsymbol{a}$ と $\boldsymbol{b}$ は 1 次独立である．

(2) $k_1\boldsymbol{a} + k_2\boldsymbol{b} + k_3\boldsymbol{c} = \boldsymbol{0}$ を解けばよい．$k_1 - k_2 = 0$，$2k_1 - 2k_2 = 0$，$3k_1 + 2k_2 + 10k_3 = 0$，$4k_1 + k_2 + 10k_3 = 0$ の第 1 式または第 2 式より $k_1 = k_2$ がわかり，これを第 3 式または第 4 式に代入すると，$5k_1 + 10k_3 = 0$ を得る．よって，$k_1 = k_2$ かつ $5k_1 + 10k_3 = 0$ をみたす k_1, k_2, k_3 が解となる．たとえば，$k_1 = k_2 = 2, k_3 = -1$ は解である．よって，k_1, k_2, k_3 が 0 以外の定数でも成り立つので，ベクトル $\boldsymbol{a}, \boldsymbol{b}, \boldsymbol{c}$ は 1 次従属である． ∎

問題 3.1 ベクトル $\boldsymbol{a} = \begin{pmatrix} 1 \\ 0 \\ -1 \end{pmatrix}$, $\boldsymbol{b} = \begin{pmatrix} 3 \\ 2 \\ -1 \end{pmatrix}$, $\boldsymbol{c} = \begin{pmatrix} 4 \\ -2 \\ \alpha \end{pmatrix}$ について，各問に答えよ．

(1) ベクトル $\boldsymbol{a}$ と $\boldsymbol{b}$ は 1 次独立か 1 次従属か調べよ．

(2) ベクトル $\boldsymbol{a}$, $\boldsymbol{b}$, $\boldsymbol{c}$ が 1 次従属となるように α を定めよ．

3.2 行列

n 個の m 次元列ベクトル $\boldsymbol{a}_1, \ldots, \boldsymbol{a}_n$ に対して，各 $\boldsymbol{a}_i$ を $\boldsymbol{a}_i = \begin{pmatrix} a_{1i} \\ \vdots \\ a_{mi} \end{pmatrix}$ と成分表示し，$m \times n$ 個の数の組

$$A = (\boldsymbol{a}_1 \ \cdots \ \boldsymbol{a}_n) = \begin{pmatrix} a_{11} & \cdots & a_{1n} \\ \vdots & \ddots & \vdots \\ a_{m1} & \cdots & a_{mn} \end{pmatrix}$$

をつくる．あるいは，m 個の n 次元行ベクトルを縦に並べたものを A としてもよい．これを **m 行 n 列の行列**または **$m \times n$ 行列**といい，a_{ij} を行列 A の **i 行 j 列成分**という．また，$A = (a_{ij})$ と表すこともある．$m \times n$ 行列 $A = (a_{ij})$ について，$m = n$ のとき，A を **n 次正方行列**という．n 次正方行列 A に対して，$a_{ij} = 0 \quad (i > j)$ のとき**上三角行列**，$a_{ij} = 0 \quad (i < j)$ のとき**下三角行列**という．また a_{ii} $(i = 1, \ldots, n)$ を A の**対角成分**，それ以外を**非対角成分**という．正方行列 A の各成分が $a_{ij} = 0$ $(i \neq j)$ をみたすとき，A を**対角行列**という．したがって，対角行列は上かつ下三角行列である．また，

$$a_{ij} = \begin{cases} 0 & (i \neq j) \\ 1 & (i = j) \end{cases}$$

である n 次正方行列を **n 次単位行列**といい，E または E_n とかく．したがって，単位行列 E_n の第 i 番目の列成分は，i 番目の成分が 1，その他の成分が 0 となる列ベクトル

$$\boldsymbol{e}_i = \begin{pmatrix} 0 \\ \vdots \\ 1 \\ \vdots \\ 0 \end{pmatrix} < i \tag{3.4}$$

となり，単位行列 E_n は $E_n = (\boldsymbol{e}_1 \ \cdots \ \boldsymbol{e}_n)$ と表示される．ベクトル $\boldsymbol{e}_1, \boldsymbol{e}_2, \ldots, \boldsymbol{e}_n$ を**標準ベクトル**という．また，成分がすべて零の行列を零行列という．

2つの行列 A, B の行および列の数が等しい，すなわち A と B がともに $m \times n$ 行列であるとき，**同じ型の行列**であるという．

行列の演算

(0)　**相等**：同じ型の行列 $A = (a_{ij}), B = (b_{ij})$ について，対応する成分がそれぞれ等しい $(a_{ij} = b_{ij})$ とき，A と B は等しいといい，$A = B$ とかく．

(1)　**加法**：同じ型の行列 $A = (\boldsymbol{a}_1 \ \cdots \ \boldsymbol{a}_n) = (a_{ij})$，$B = (\boldsymbol{b}_1 \ \cdots \ \boldsymbol{b}_n) = (b_{ij})$ について

$$A + B = (\boldsymbol{a}_1 + \boldsymbol{b}_1 \ \cdots \ \boldsymbol{a}_n + \boldsymbol{b}_n) = (a_{ij} + b_{ij})$$

(2)　**スカラー倍**：$A = (\boldsymbol{a}_1 \ \cdots \ \boldsymbol{a}_n) = (a_{ij})$ のとき，

$$kA = (k\boldsymbol{a}_1 \ \cdots \ k\boldsymbol{a}_n) = (ka_{ij}) \qquad (k \text{ は実数})$$

$(-1)A$ を $-A$ と表すことにする．また $A + (-1)B$ を $A - B$ と表し，**減法**という．

(3)　**乗法**：n 次元列ベクトル $\boldsymbol{a}_1, \ldots, \boldsymbol{a}_m$ と $\boldsymbol{b}_1, \ldots, \boldsymbol{b}_\ell$ を用いて，$m \times n$ 行列 A と $n \times \ell$ 行列 B が

$$A = \begin{pmatrix} {}^t\boldsymbol{a}_1 \\ \vdots \\ {}^t\boldsymbol{a}_m \end{pmatrix}, \quad B = (\boldsymbol{b}_1 \ \cdots \ \boldsymbol{b}_\ell) \tag{3.5}$$

と表示されるとき，A と B の積 C を

$$C = AB = \begin{pmatrix} \langle \boldsymbol{a}_1, \boldsymbol{b}_1 \rangle & \cdots & \langle \boldsymbol{a}_1, \boldsymbol{b}_\ell \rangle \\ \vdots & \ddots & \vdots \\ \langle \boldsymbol{a}_m, \boldsymbol{b}_1 \rangle & \cdots & \langle \boldsymbol{a}_m, \boldsymbol{b}_\ell \rangle \end{pmatrix} = (\langle \boldsymbol{a}_i, \boldsymbol{b}_j \rangle) = (c_{ij}) \tag{3.6}$$

で定義する．ここで，$\langle \cdot, \cdot \rangle$ は (3.1) で定義された内積である．すなわち，${}^t\boldsymbol{a}_i = (a_{i1} \ \cdots \ a_{in}), \boldsymbol{b}_j = \begin{pmatrix} b_{1j} \\ \vdots \\ b_{nj} \end{pmatrix}$ とするとき，

$$C = (c_{ij}) = (\langle \boldsymbol{a}_i, \boldsymbol{b}_j \rangle) = (a_{i1}b_{1j} + \cdots + a_{in}b_{nj}) \tag{3.7}$$

である．また，行列 C は $m \times \ell$ 行列となる．(3.6) からわかるように行列の積は

$$AB = A(\boldsymbol{b}_1 \ \cdots \ \boldsymbol{b}_\ell) = (A\boldsymbol{b}_1 \ \cdots \ A\boldsymbol{b}_\ell)$$

と考えることもできる．ここで $A\boldsymbol{b}_i$ は行列 A と列ベクトル $\boldsymbol{b}_i$ の積である．

例題 3.2　$A = \begin{pmatrix} 1 & 2 \\ 3 & 1 \end{pmatrix}, B = \begin{pmatrix} -1 & 1 \\ 0 & -2 \end{pmatrix}, C = \begin{pmatrix} -1 & 0 \\ 0 & 2 \\ 2 & -1 \end{pmatrix}$ について，次の計算をせよ．

(1) $2A - 3B$　　(2) CB

解答　(1) $2A - 3B = \begin{pmatrix} 2 & 4 \\ 6 & 2 \end{pmatrix} - \begin{pmatrix} -3 & 3 \\ 0 & -6 \end{pmatrix} = \begin{pmatrix} 5 & 1 \\ 6 & 8 \end{pmatrix}$.

$$(2)\ CB = \begin{pmatrix} -1 & 0 \\ 0 & 2 \\ 2 & -1 \end{pmatrix}\begin{pmatrix} -1 & 1 \\ 0 & -2 \end{pmatrix} = \begin{pmatrix} (-1)\times(-1)+0\times 0 & (-1)\times 1+0\times(-2) \\ 0\times(-1)+2\times 0 & 0\times 1+2\times(-2) \\ 2\times(-1)+(-1)\times 0 & 2\times 1+(-1)\times(-2) \end{pmatrix}$$

$$= \begin{pmatrix} 1 & -1 \\ 0 & -4 \\ -2 & 4 \end{pmatrix}.$$

▮

問題 3.2　$A = \begin{pmatrix} -2 & 6 \\ 4 & 1 \\ 2 & -3 \end{pmatrix}, B = \begin{pmatrix} 3 & -4 \\ 2 & 4 \end{pmatrix}$ のとき，AB, BA を求めることができるか．できるならばその計算をし，できないならばその理由を述べよ．

定理 3.1　行列 A, B, C について，行列の和と積が定義できるとき，以下が成り立つ．

(1)　$(A+B)+C = A+(B+C)$

(2)　$A+B = B+A$

(3)　$(AB)C = A(BC)$

(4)　$A(B+C) = AB+AC$

注意 3.1　行列の積 AB と BA がともに定義できたとしても，$AB = BA$ がいつも成り立つとは限らない．

問題 3.3　$AB \neq BA$ となる 2 次正方行列 A, B の例を示せ．

注意 3.2　n 次正方行列 A と単位行列 E_n について，

$$AE_n = E_n A = A \tag{3.8}$$

が成り立つ．

また，すべての n 次正方行列 A に対して，

$$AX = XA = A \tag{3.9}$$

をみたす n 次正方行列 X を**単位行列**と定義してもよい．(3.9) をみたす行列 X はただ1つ存在するため，(3.8) より $X = E_n$ となる．

次に，行列の積と単位行列が定義できたので，第1章で述べた逆行列もここで定義する．

n 次正方行列 A に対して，ある n 次正方行列 X が存在して

$$AX = XA = E_n \tag{3.10}$$

が成り立つとき，X を A の**逆行列**といい，A^{-1} とかく．また，逆行列をもつものを**正則行列**という．

問題 3.4　(3.10) をみたす行列 X はただ1つ存在することを示せ．

実数 a が逆数 a^{-1} をもつための条件は $a \neq 0$ である．これと同様に行列にも

> n 次正方行列 A が逆行列 A^{-1} をもつための条件はなにか？

⇒ 第4章へ続く

問題 3.5　次のことが成り立つことを示せ．

(1)　A が正則行列ならば，その逆行列 A^{-1} も正則行列であり，$(A^{-1})^{-1} = A$ が成り立つ．

(2)　n 次正則行列 A, B について，AB もまた n 次正則行列であり，$(AB)^{-1} = B^{-1}A^{-1}$ が成り立つ．

行列 A について各行ベクトルを各列ベクトルにかきかえた行列を A の**転置行列**といい ${}^tA$ または A^T とかく．したがって，$m \times n$ 行列 A の転置行列 ${}^tA$ は $n \times m$ 行列となる．たとえば，

$$A = \begin{pmatrix} a & b \\ c & d \\ e & f \end{pmatrix} \quad のとき，\quad {}^tA = \begin{pmatrix} a & c & e \\ b & d & f \end{pmatrix}.$$

定理 3.2　次のことが成り立つ．

(1)　${}^t({}^tA) = A$

(2)　A, B が同じ型の行列のとき，${}^t(A+B) = {}^tA + {}^tB$

(3)　行列の積 AB が定義できるとき，${}^t(AB) = {}^tB\,{}^tA$.

証明　(1), (2) は転置行列の定義より求まる．

(3) (3.6) より，$AB = (\langle \boldsymbol{a}_i, \boldsymbol{b}_j \rangle)$，${}^t(AB) = (\langle \boldsymbol{a}_j, \boldsymbol{b}_i \rangle)$. ${}^tB = \begin{pmatrix} {}^t\boldsymbol{b}_1 \\ \vdots \\ {}^t\boldsymbol{b}_\ell \end{pmatrix}$, ${}^tA = (\boldsymbol{a}_1 \ \cdots \ \boldsymbol{a}_m)$ となるので，$\langle \boldsymbol{b}_i, \boldsymbol{a}_j \rangle = \langle \boldsymbol{a}_j, \boldsymbol{b}_i \rangle$ より，${}^tB\,{}^tA = (\langle \boldsymbol{b}_i, \boldsymbol{a}_j \rangle) = {}^t(AB)$. ∎

例題 3.3 行列 $A = \begin{pmatrix} 1 & -1 \\ -1 & 2 \\ 3 & -2 \end{pmatrix}$, $B = \begin{pmatrix} 3 & 2 & -1 \\ 2 & 1 & 1 \end{pmatrix}$ について，${}^t(AB)$ と ${}^tB\,{}^tA$ をそれぞれ計算し，${}^t(AB) = {}^tB\,{}^tA$ が成り立つことを確認せよ.

解答 $AB = \begin{pmatrix} 1 & 1 & -2 \\ 1 & 0 & 3 \\ 5 & 4 & -5 \end{pmatrix}$ より ${}^t(AB) = \begin{pmatrix} 1 & 1 & 5 \\ 1 & 0 & 4 \\ -2 & 3 & -5 \end{pmatrix}$.

${}^tB\,{}^tA = \begin{pmatrix} 3 & 2 \\ 2 & 1 \\ -1 & 1 \end{pmatrix} \begin{pmatrix} 1 & -1 & 3 \\ -1 & 2 & -2 \end{pmatrix} = \begin{pmatrix} 1 & 1 & 5 \\ 1 & 0 & 4 \\ -2 & 3 & -5 \end{pmatrix}$. よって，${}^t(AB) = {}^tB\,{}^tA$. ∎

n 次正方行列 A, B について，${}^tA = A, {}^tB = -B$ となるものを，それぞれ**対称行列**，**交代行列**という．定義より，交代行列の対角成分はすべて 0 である.

例題 3.4 任意の n 次正方行列 C は対称行列 A と交代行列 B を用いて $C = A + B$ と表示できることを示せ.

解答 $A = \dfrac{1}{2}(C + {}^tC), B = \dfrac{1}{2}(C - {}^tC)$ とおくと，${}^tA = \dfrac{1}{2}({}^tC + C) = A$, ${}^tB = \dfrac{1}{2}({}^tC - C) = -B$ であり，また $A + B = C$ をみたす. ∎

問題 3.6 $A = \begin{pmatrix} 1 & 3 & -1 \\ -2 & 1 & 2 \\ 0 & -1 & 0 \end{pmatrix}$ について，次の各問に答えよ.

(1) ${}^tA$ を求めよ.　(2) ${}^tAA - A{}^tA$ を計算し，対称行列であることを示せ.

n 次正方行列 U について，${}^tUU = U{}^tU = E_n$ となるものを**直交行列**という．たとえば，ベクトルを回転させる変換の表現行列 (2.33) は直交行列である.

例題 3.5 直交行列 U の各行ベクトル，または列ベクトルは互いに直交することを示せ.

解答 $\boldsymbol{u}_i$ を行列 U の i 行目の行ベクトルとする．(3.6) より，$U{}^tU$ の i 行 j 列成分 v_{ij} は内

積で表示されるので，U は直交行列であるから $v_{ij} = \langle \boldsymbol{u}_i, \boldsymbol{u}_j \rangle = \delta_{ij} = \begin{cases} 1 & (i = j) \\ 0 & (i \neq j) \end{cases}$ となる[3]．また，列ベクトルについても同様に示される． ■

章末問題

3.1　次の計算をせよ．

(1) $\begin{pmatrix} 1 & 0 \\ 2 & -1 \end{pmatrix} + 2\begin{pmatrix} 0 & 1 \\ -1 & 0 \end{pmatrix}$　　(2) $2\begin{pmatrix} 2 & 1 \\ 1 & 3 \end{pmatrix} - 4\begin{pmatrix} 1 & -1 \\ -2 & 3 \end{pmatrix}$

(3) $\begin{pmatrix} 2 & 1 \\ 3 & -2 \end{pmatrix}\begin{pmatrix} 3 & 1 \\ 2 & 2 \end{pmatrix}$　　(4) $\begin{pmatrix} 2 & 1 \\ 0 & 3 \\ 5 & 4 \end{pmatrix}\begin{pmatrix} 1 \\ -1 \end{pmatrix}$

(5) $\begin{pmatrix} 2 & 1 & 3 \\ 4 & 1 & 0 \end{pmatrix}\begin{pmatrix} 1 & -1 \\ 1 & 2 \\ 0 & 1 \end{pmatrix}$　　(6) $\begin{pmatrix} 1 & 0 & 0 & 2 \\ 0 & 1 & 0 & 1 \\ 0 & 0 & 1 & 0 \\ 1 & -1 & 1 & 0 \end{pmatrix}\begin{pmatrix} 1 & 1 & 4 & 1 \\ 1 & 3 & 1 & 1 \\ 2 & 1 & 1 & 0 \\ 1 & 1 & 0 & 1 \end{pmatrix}$

3.2　次の等式が成り立つように，u, v, x, y の値を求めよ．

$$\begin{pmatrix} 1 & x \\ 2 & 1 \end{pmatrix}\begin{pmatrix} 2 & 1 \\ y & 1 \end{pmatrix} = \begin{pmatrix} u & 3 \\ 5 & v \end{pmatrix}$$

3.3　次の関係式をベクトルと行列で表せ．

$$\begin{cases} u = 3x - 4y \\ v = 5x + 7y \end{cases}$$

3.4　$ad - bc \neq 0$ のとき行列 $A = \begin{pmatrix} a & b \\ c & d \end{pmatrix}$ について，各問に答えよ．

(1) $A^2 - (a+d)A + (ad-bc)E = O$ が成り立つことを示せ(これをケーリー・ハミルトンの定理という)．

(2) (1) を用いて $A^{-1} = \dfrac{1}{ad-bc}\begin{pmatrix} d & -b \\ -c & a \end{pmatrix}$ となることを示せ．

(3) ${}^t(A^{-1}) = ({}^tA)^{-1}$ を示せ．

3.5　3つのベクトル $\begin{pmatrix} 1 \\ -1 \\ 2 \end{pmatrix}, \begin{pmatrix} 2 \\ 2 \\ -6 \end{pmatrix}, \begin{pmatrix} 4 \\ 2 \\ k \end{pmatrix}$ の組が1次従属となるように，k の値を定めよ．

---

3) δ_{ij} をクロネッカーのデルタという．

3.6 行列 $A = \dfrac{1}{\sqrt{2}}\begin{pmatrix} -1 & 1 \\ -1 & -1 \end{pmatrix}$ について，各問に答えよ．

(1) A が直交行列であることを示せ．

(2) $\boldsymbol{y} = A\boldsymbol{x}$ で表示される 1 次変換はベクトルの回転であることを示せ．

3.7 n 次正方行列 A について，${}^tAA - A{}^tA$ が対称行列になることを示せ．

4

連立1次方程式の解法

線形代数の理論を学ぶ上で重要な例として連立1次方程式の解法がある．これまで習ってきた解法として，代入法と消去法がある．

$$\begin{cases} 2x + 3y = 4 & \cdots ① \\ 5x + 6y = 7 & \cdots ② \end{cases}$$

に対して，その2つを復習する．

代入法は ① を $y = -\frac{2}{3}x + \frac{4}{3}$ と変形し，これを ② に代入することで $x = -1$ が求まり，これを ① または ② に代入することで $y = 2$ が得られる．

一方，消去法は ① を2倍したものを ② から引く (以降このような計算を ② $-\ 2 \times$ ① のようにかくことにする) と $x = -1$ が得られる．これを ① または ② に代入すると $y = 2$ が求まる．

このように連立1次方程式の解法にはいくつかのものがあるが，たとえば3元連立1次方程式を解く際，代入法を利用すれば計算が非常に煩わしくなることは明らかである．一般に消去法を用いる方が計算回数が少なくて済む．この消去法を一般の連立1次方程式に適用することができる．

4.1　掃き出し法

連立1次方程式の解法として様々なものがある (4.5 節参照)．ここではまず一般の連立1次方程式にも適用できる掃き出し法を説明する．これは簡単な四則演算を繰り返すことにより方程式を解く方法である．そのためプログラミングが容易であり，計算機の利用も可能になる．

例題 4.1　次の連立1次方程式を解け．

$$\begin{cases} x + 2y + 3z = 0 \\ x + 3y + 4z = 0 \\ 2x + 5y + 8z = -1 \end{cases}$$

解答 まず，左側の連立 1 次方程式の式変形を確認してほしい．

$$\begin{cases} x+2y+3z=\ \ 0 & \cdots\ ① \\ x+3y+4z=\ \ 0 & \cdots\ ② \\ 2x+5y+8z=-1 & \cdots\ ③ \end{cases} \qquad \left(\begin{array}{ccc|c} 1 & 2 & 3 & 0 \\ 1 & 3 & 4 & 0 \\ 2 & 5 & 8 & -1 \end{array}\right)$$

②−①，③−2×①により，②と③から x の項を消去する

$$\downarrow\ ②-①,\ ③-2\times①$$

$$\begin{cases} x+2y+3z=\ \ 0 & \cdots\ ① \\ \qquad y+\ \ z=\ \ 0 & \cdots\ ④ \\ \qquad y+2z=-1 & \cdots\ ⑤ \end{cases} \qquad \left(\begin{array}{ccc|c} 1 & 2 & 3 & 0 \\ 0 & 1 & 1 & 0 \\ 0 & 1 & 2 & -1 \end{array}\right)$$

⑤−④により，⑤から y の項を消去する

$$\downarrow\ ⑤-④$$

$$\begin{cases} x+2y+3z=\ \ 0 & \cdots\ ① \\ \qquad y+\ \ z=\ \ 0 & \cdots\ ④ \\ \qquad\qquad z=-1 & \cdots\ ⑥ \end{cases} \qquad \left(\begin{array}{ccc|c} 1 & 2 & 3 & 0 \\ 0 & 1 & 1 & 0 \\ 0 & 0 & 1 & -1 \end{array}\right)$$

① − 3 × ⑥ と ④ − ⑥ より，① と ④ から z の項を消去する

$$\downarrow\ ①-3\times⑥,\ ④-⑥$$

$$\begin{cases} x+2y\ \ =\ \ 3 & \cdots\ ⑦ \\ \qquad y\ \ =\ \ 1 & \cdots\ ⑧ \\ \qquad\ z=-1 & \cdots\ ⑥ \end{cases} \qquad \left(\begin{array}{ccc|c} 1 & 2 & 0 & 3 \\ 0 & 1 & 0 & 1 \\ 0 & 0 & 1 & -1 \end{array}\right)$$

⑦ − 2 × ⑧ から ⑦ より，y の項を消去する

$$\downarrow\ ⑦-2\times⑧$$

$$\begin{cases} x=\ \ 1 \\ y=\ \ 1 \\ z=-1 \end{cases} \qquad \left(\begin{array}{ccc|c} 1 & 0 & 0 & 1 \\ 0 & 1 & 0 & 1 \\ 0 & 0 & 1 & -1 \end{array}\right)$$ ▮

以上の連立 1 次方程式の変形について，方程式の左辺の係数と右辺の数のみを取り出した形での行列表示を右側にかいておく．その行列に着目すると，手順としてまず変形により左側の 3×3 行列を上三角行列にする．これを**前進過程**と呼ぶ．つづいて変形により上三角行列を対角行列にすればよい．この手続きを**後進過程**または**後退代入**と呼ぶ．このように連立 1 次方程式の係数のみを取り出した行列表示に対して，行に関する変形によって解を求めることができる．しかしながらこの手続きが必ずしもうまくいくとは限らない．次の例を考えよう．

例題 4.2 次の連立 1 次方程式を解け.

$$\begin{cases} x-2y+\ z=0 \\ -2x+4y+\ z=1 \\ 3x-5y+2z=1 \end{cases}$$

解答 行列に関する変形を用いて解く. この問題で重要な点は, 2 つの行を入れかえる必要があることである. この操作は方程式の順序を入れかえることであり, 解に影響を与えない. 以降, 丸数字は行番号を表すことにする.

$$\left(\begin{array}{ccc|c} 1 & -2 & 1 & 0 \\ -2 & 4 & 1 & 1 \\ 3 & -5 & 2 & 1 \end{array}\right) \xrightarrow[③-3\times①]{②+2\times①} \left(\begin{array}{ccc|c} 1 & -2 & 1 & 0 \\ 0 & 0 & 3 & 1 \\ 0 & 1 & -1 & 1 \end{array}\right) \xrightarrow{②\leftrightarrow③} \left(\begin{array}{ccc|c} 1 & -2 & 1 & 0 \\ 0 & 1 & -1 & 1 \\ 0 & 0 & 3 & 1 \end{array}\right)$$

$$\xrightarrow{\frac{1}{3}\times③} \left(\begin{array}{ccc|c} 1 & -2 & 1 & 0 \\ 0 & 1 & -1 & 1 \\ 0 & 0 & 1 & \frac{1}{3} \end{array}\right) \xrightarrow[②+③]{①-③} \left(\begin{array}{ccc|c} 1 & -2 & 0 & -\frac{1}{3} \\ 0 & 1 & 0 & \frac{4}{3} \\ 0 & 0 & 1 & \frac{1}{3} \end{array}\right) \xrightarrow{①+2\times②} \left(\begin{array}{ccc|c} 1 & 0 & 0 & \frac{7}{3} \\ 0 & 1 & 0 & \frac{4}{3} \\ 0 & 0 & 1 & \frac{1}{3} \end{array}\right)$$

また, 極力分数の計算を減らすために次のように計算してもよい.

$$\left(\begin{array}{ccc|c} 1 & -2 & 1 & 0 \\ 0 & 1 & -1 & 1 \\ 0 & 0 & 3 & 1 \end{array}\right) \xrightarrow{①+2\times②} \left(\begin{array}{ccc|c} 1 & 0 & -1 & 2 \\ 0 & 1 & -1 & 1 \\ 0 & 0 & 3 & 1 \end{array}\right) \xrightarrow{\frac{1}{3}\times③} \left(\begin{array}{ccc|c} 1 & 0 & -1 & 2 \\ 0 & 1 & -1 & 1 \\ 0 & 0 & 1 & \frac{1}{3} \end{array}\right)$$

$$\xrightarrow[②+③]{①+③} \left(\begin{array}{ccc|c} 1 & 0 & 0 & \frac{7}{3} \\ 0 & 1 & 0 & \frac{4}{3} \\ 0 & 0 & 1 & \frac{1}{3} \end{array}\right)$$

これより, $x=\dfrac{7}{3},\ y=\dfrac{4}{3},\ z=\dfrac{1}{3}.$ ■

このような連立 1 次方程式の解法を**掃き出し法**という. 掃き出し法は, 連立 1 次方程式の左辺の係数を取り出した行列を以下に示す行の基本変形によって単位行列にすることが目標となる. このときの右側の列ベクトルが解となる.

行列の行に関する基本変形[1)]

(1)　2 つの行を入れかえる.
(2)　ある行を定数倍する.
(3)　ある行に他の行の定数倍したものを加える.

---

1) この 3 つの操作は独立ではない. たとえば, 基本変形 (1) は他の 2 つの変形を組み合わせて表現できる.

問題 4.1 次の連立 1 次方程式を掃き出し法により解け．

(1) $\begin{cases} x+y+z=4 \\ 2x-y-z=2 \\ x+2y+3z=11 \end{cases}$ (2) $\begin{cases} 3x+5y-z=12 \\ 2x-y+3z=25 \\ x+2y-z=0 \end{cases}$

計算結果が合っているかどうかは，得られた解が元の連立 1 次方程式をみたすかどうかをチェックすればよい．

これまでのことを，一般の連立 1 次方程式の解法の手順としてまとめる．

m 元連立 1 次方程式

$$\begin{cases} a_{11}x_1+a_{12}x_2+\cdots+a_{1n}x_n=b_1 \\ \cdots \\ a_{m1}x_1+a_{m2}x_2+\cdots+a_{mn}x_n=b_m \end{cases} \tag{4.1}$$

は $m\times n$ 行列 $A=(a_{ij})$，m 次元ベクトル $\boldsymbol{b}=(b_i)$ と n 次元ベクトル $\boldsymbol{x}=(x_i)$ を用いて

$$A\boldsymbol{x}=\boldsymbol{b}$$

と表示される．このとき A, $m\times(n+1)$ 行列 $(A\mid\boldsymbol{b})$ をそれぞれ**係数行列**，**拡大係数行列**という．

掃き出し法とは，係数行列 A を行に関する基本変形により単位行列かまたはそれに近い形の行列に変形することで連立 1 次方程式を解く方法である．特に，A が n 次正方行列のとき，行に関する基本変形を用いて

$$(A\mid\boldsymbol{b})\longrightarrow(E_n\mid\boldsymbol{c})$$

とできれば，$A\boldsymbol{x}=\boldsymbol{b}$ の解は $\boldsymbol{x}=\boldsymbol{c}$ により与えられる．E_n は単位行列である．このように，ある一定のアルゴリズムで連立 1 次方程式の解を求めることができるため，掃き出し法はコンピュータでの計算において非常に強力な方法である．しかし，係数行列 A が正方行列であっても，いつも単位行列に変形できるとは限らない[2)]．

例題 4.3 次の連立 1 次方程式を解け．

$$\begin{cases} x-y+2z=4 \\ 2x-2y+z=2 \\ -x+y+3z=6 \end{cases}$$

[2)] 4.2 節で詳しく説明する．

解答　拡大係数行列に対する行に関する基本変形により

$$\left(\begin{array}{rrr|r} 1 & -1 & 2 & 4 \\ 2 & -2 & 1 & 2 \\ -1 & 1 & 3 & 6 \end{array}\right) \xrightarrow[③+①]{②-2\times①} \left(\begin{array}{rrr|r} 1 & -1 & 2 & 4 \\ 0 & 0 & -3 & -6 \\ 0 & 0 & 5 & 10 \end{array}\right) \xrightarrow{-\frac{1}{3}\times②} \left(\begin{array}{rrr|r} 1 & -1 & 2 & 4 \\ 0 & 0 & 1 & 2 \\ 0 & 0 & 5 & 10 \end{array}\right)$$

$$\xrightarrow[③-5\times②]{①-2\times②} \left(\begin{array}{rrr|r} 1 & -1 & 0 & 0 \\ 0 & 0 & 1 & 2 \\ 0 & 0 & 0 & 0 \end{array}\right)$$

上段の 2 行より $x-y=0$ すなわち $x=y$ と，$z=2$ を得る．3 行目は，$0\cdot x+0\cdot y+0\cdot z=0$ を意味しているが，あらゆる x，y，z がこれをみたす．つまり $x=y$ をみたすすべての x，y と $z=2$ が解である．そこで，t を任意定数とすれば，解は $x=y=t, z=2$ となる．したがって，この解をベクトル表示すると，

$$\begin{pmatrix} x \\ y \\ z \end{pmatrix} = \begin{pmatrix} 0 \\ 0 \\ 2 \end{pmatrix} + t\begin{pmatrix} 1 \\ 1 \\ 0 \end{pmatrix}.$$

■

例題 4.3 の場合，連立 1 次方程式の解は一意に定まらず，1 つの任意定数を含む式で表示される．すなわち，この連立 1 次方程式の解は無数に存在することになる．

連立 1 次方程式 $A\boldsymbol{x}=\boldsymbol{b}$ の解 $\boldsymbol{x}$ が $\boldsymbol{x}=\boldsymbol{u}+t\boldsymbol{v}$ と任意定数 t を含む場合，各ベクトル $\boldsymbol{u}, \boldsymbol{v}$ は $A\boldsymbol{u}=\boldsymbol{b}, A\boldsymbol{v}=\boldsymbol{0}$ をみたす．これは，$\boldsymbol{b}=A(\boldsymbol{u}+t\boldsymbol{v})=A\boldsymbol{u}+tA\boldsymbol{v}$ と t が任意定数であることから示される．

例題 4.4　次の連立 1 次方程式を解け．

$$\begin{cases} x-\ \ y+2z=4 \\ 2x-2y+\ \ z=2 \\ -x+\ \ y+3z=7 \end{cases}$$

解答　拡大係数行列に対する基本変形により，

$$\left(\begin{array}{rrr|r} 1 & -1 & 2 & 4 \\ 2 & -2 & 1 & 2 \\ -1 & 1 & 3 & 7 \end{array}\right) \xrightarrow[③+①]{②-2\times①} \left(\begin{array}{rrr|r} 1 & -1 & 2 & 4 \\ 0 & 0 & -3 & -6 \\ 0 & 0 & 5 & 11 \end{array}\right) \xrightarrow{-\frac{1}{3}\times②} \left(\begin{array}{rrr|r} 1 & -1 & 2 & 4 \\ 0 & 0 & 1 & 2 \\ 0 & 0 & 5 & 11 \end{array}\right)$$

$$\xrightarrow[③-5\times②]{①-2\times②} \left(\begin{array}{rrr|r} 1 & -1 & 0 & 0 \\ 0 & 0 & 1 & 2 \\ 0 & 0 & 0 & 1 \end{array}\right)$$

上段の 2 行から，$x=y$，$z=2$ となるが，第 3 式が $0\cdot x+0\cdot y+0\cdot z=1$ となり，これをみたす x, y, z は存在しない．よって，解は存在しない．

■

問題 4.2 次の連立 1 次方程式を掃き出し法により解け．

(1) $\begin{cases} x + y - z = 7 \\ 2x + 3y - 4z = 19 \\ 3x + y + z = 11 \end{cases}$ (2) $\begin{cases} 5x + 2y + 2z = -16 \\ 2x + y + z = -9 \\ x - y - z = -6 \end{cases}$

これまでの例は n 個の未知数をもつ n 元連立 1 次方程式，つまり係数行列が n 次正方行列となる場合であった．(4.1) のような一般的な場合では，係数行列が必ずしも正方行列になるとは限らない．そのような連立 1 次方程式の解法をみてみよう．

例題 4.5 次の連立 1 次方程式を解け．

$$\begin{cases} x + 2y + 3z = 1 \\ -x + y - 2z = 2 \end{cases}$$

解答 拡大係数行列に対する行の基本変形により，

$$\left(\begin{array}{ccc|c} 1 & 2 & 3 & 1 \\ -1 & 1 & -2 & 2 \end{array}\right) \xrightarrow{②+①} \left(\begin{array}{ccc|c} 1 & 2 & 3 & 1 \\ 0 & 3 & 1 & 3 \end{array}\right) \xrightarrow{\frac{1}{3}\times ②} \left(\begin{array}{ccc|c} 1 & 2 & 3 & 1 \\ 0 & 1 & \frac{1}{3} & 1 \end{array}\right)$$

$$\xrightarrow{①-2\times②} \left(\begin{array}{ccc|c} 1 & 0 & \frac{7}{3} & -1 \\ 0 & 1 & \frac{1}{3} & 1 \end{array}\right).$$

したがって，$x + \frac{7}{3}z = -1$, $y + \frac{1}{3}z = 1$ をみたす x, y, z が解となる．そこで，$z = t$ とおくと，$x = -1 - \frac{7}{3}t$, $y = 1 - \frac{1}{3}t$ となり，この解をベクトル表示すると，

$$\begin{pmatrix} x \\ y \\ z \end{pmatrix} = \begin{pmatrix} -1 \\ 1 \\ 0 \end{pmatrix} + t\begin{pmatrix} -\frac{7}{3} \\ -\frac{1}{3} \\ 1 \end{pmatrix}.$$ ■

例題 4.5 のように係数行列が正方行列とならない場合でも掃き出し法で解を求めることが可能である．実は，例題 4.3 は本質的には例題 4.5 と同じである．なぜなら，例題 4.3 の第 1 式を $\frac{7}{3}$ 倍したものと第 2 式を $-\frac{5}{3}$ 倍したものを足せば，第 3 式になる．これは実質，第 1 式と第 2 式からなる 3 個の未知数をもつ 2 元連立 1 次方程式を解いていることに他ならない．したがって，必要最小限の式は第 1 式と第 2 式の 2 つであり，これを 3 つの式の中で独立な式という．これについては次節で詳しく説明する．

以上のことから，連立 1 次方程式の解は次の 3 つの場合に分類することができる．

連立1次方程式の解の分類

n 個の未知数をもつ m 元連立1次方程式は,

(1)　解はただ1つ存在する

(2)　解は無数に存在する

(3)　解は存在しない

の3つの場合に分類できる.

問題 4.3　次の連立1次方程式を掃き出し法により解け.

$$\begin{cases} 3x_1 - 6x_2 - x_3 - 7x_4 = 5 \\ -2x_1 + 4x_2 + x_3 + 5x_4 = -4 \\ x_1 - 2x_2 + x_3 - x_4 = -1 \end{cases}$$

4.2　階数

前節でまとめた, m 元連立1次方程式 (4.1) の解の分類に関する条件, 特に (2) についてより詳しくみてみよう.

例題 4.6　次の連立1次方程式を解け.

$$\begin{cases} x_1 - 3x_2 - x_3 + 2x_4 = 3 \\ -x_1 + 3x_2 + 2x_3 - 2x_4 = 1 \\ -x_1 + 3x_2 + 4x_3 - 2x_4 = 9 \\ 2x_1 - 6x_2 - 5x_3 + 4x_4 = -6 \end{cases}$$

解答　拡大係数行列に対する基本変形により,

$$\left(\begin{array}{cccc|c} 1 & -3 & -1 & 2 & 3 \\ -1 & 3 & 2 & -2 & 1 \\ -1 & 3 & 4 & -2 & 9 \\ 2 & -6 & -5 & 4 & -6 \end{array}\right) \xrightarrow[\substack{③+① \\ ④-2\times①}]{②+①} \left(\begin{array}{cccc|c} 1 & -3 & -1 & 2 & 3 \\ 0 & 0 & 1 & 0 & 4 \\ 0 & 0 & 3 & 0 & 12 \\ 0 & 0 & -3 & 0 & -12 \end{array}\right)$$

$$\xrightarrow[④+3\times②]{③-3\times②} \left(\begin{array}{cccc|c} 1 & -3 & -1 & 2 & 3 \\ 0 & 0 & 1 & 0 & 4 \\ 0 & 0 & 0 & 0 & 0 \\ 0 & 0 & 0 & 0 & 0 \end{array}\right) \xrightarrow{①+②} \left(\begin{array}{cccc|c} 1 & -3 & 0 & 2 & 7 \\ 0 & 0 & 1 & 0 & 4 \\ 0 & 0 & 0 & 0 & 0 \\ 0 & 0 & 0 & 0 & 0 \end{array}\right)$$

となる. したがって, $x_1 - 3x_2 + 2x_4 = 7$, $x_3 = 4$ が得られる. $x_2 = s$, $x_4 = t$ とすれば,

$x_1 = 3s - 2t + 7$ となり，これをベクトル表示すると，

$$\begin{pmatrix} x_1 \\ x_2 \\ x_3 \\ x_4 \end{pmatrix} = \begin{pmatrix} 7 \\ 0 \\ 4 \\ 0 \end{pmatrix} + s\begin{pmatrix} 3 \\ 1 \\ 0 \\ 0 \end{pmatrix} + t\begin{pmatrix} -2 \\ 0 \\ 0 \\ 1 \end{pmatrix}. \qquad ■$$

いまの場合，係数行列 A は単位行列に変形できない．最終的に得られた拡大係数行列は次のような形をしている．

$$\left(\begin{array}{llllllll} 1 & * & \cdots & & & & & \\ \hline 0 & \cdots & 0 & \multicolumn{1}{|l}{1} & * & \cdots & & \\ \cline{4-8} 0 & \cdots & & & 0 & \multicolumn{1}{|l}{1 \quad *} & \cdots & \\ \cline{6-8} 0 & \cdots & & & & & 0 & \multicolumn{1}{|l}{1 \quad * \quad \cdots} \\ \cline{8-8} & & & \mathbf{0} & & & & \end{array}\right)$$

これを**階段行列**という．各行について，左からみてはじめに現れる 0 以外のものは，1 である．その位置を**ピボット**と呼ぶ．上の行のピボットの位置より下の行のそれの方がより右にある．すなわち，左からみてはじめて 0 以外の数が現れるのは上段の行より右になる．このとき，零ベクトルでない行ベクトルの数を行列 A の**階数**と呼び，$\mathrm{rank}\, A$ または $r(A)$ とかく．

どんな行列でも基本変形により階段行列に変形できるのか？ $\Longrightarrow$ YES[3)]

階段行列において，行に関する基本変形をさらに用いることで，“ピボットを含む列に対し，ピボットを除くすべての成分が 0 となる行列” に変形することができる．このような行列の変形を**簡約化**という．

例題 4.7　行列 $\begin{pmatrix} 1 & 2 & 2 \\ 2 & 3 & 4 \\ -1 & 1 & -2 \\ 3 & 0 & 6 \end{pmatrix}$ の階数を求めよ．また，この行列を簡約化せよ．

解答　基本変形により，

$$\begin{pmatrix} 1 & 2 & 2 \\ 2 & 3 & 4 \\ -1 & 1 & -2 \\ 3 & 0 & 6 \end{pmatrix} \xrightarrow[\substack{③ + ① \\ ④ - 3 \times ①}]{② - 2 \times ①} \begin{pmatrix} 1 & 2 & 2 \\ 0 & -1 & 0 \\ 0 & 3 & 0 \\ 0 & -6 & 0 \end{pmatrix} \xrightarrow{-1 \times ②} \begin{pmatrix} 1 & 2 & 2 \\ 0 & 1 & 0 \\ 0 & 3 & 0 \\ 0 & -6 & 0 \end{pmatrix}$$

3) 帰納法により示すことができる．

$$\xrightarrow[\text{④}+6\times\text{②}]{\text{③}-3\times\text{②}} \begin{pmatrix} 1 & 2 & 2 \\ 0 & 1 & 0 \\ 0 & 0 & 0 \\ 0 & 0 & 0 \end{pmatrix}$$

したがって，階数は2である．この階段行列に対し，行に関する基本変形をさらに用いることで次のように行列を簡約化できる．

$$\begin{pmatrix} 1 & 2 & 2 \\ 0 & 1 & 0 \\ 0 & 0 & 0 \\ 0 & 0 & 0 \end{pmatrix} \xrightarrow{\text{①}-2\times\text{②}} \begin{pmatrix} 1 & 0 & 2 \\ 0 & 1 & 0 \\ 0 & 0 & 0 \\ 0 & 0 & 0 \end{pmatrix}$$

■

問題 4.4　次の行列の階数を求めよ．

(1) $\begin{pmatrix} 1 & 2 & 5 & 6 & 3 \\ 1 & 2 & 7 & 10 & 1 \\ 2 & 4 & 7 & 6 & 9 \end{pmatrix}$　(2) $\begin{pmatrix} 5 & 2 & 3 \\ 4 & 1 & 3 \\ 1 & 0 & 1 \end{pmatrix}$　(3) $\begin{pmatrix} 1 & -4 & 0 & 1 \\ 2 & -8 & -1 & 2 \\ 2 & -6 & -2 & 6 \\ -1 & 4 & 2 & -1 \end{pmatrix}$

連立1次方程式の解法における前進過程は，拡大係数行列の係数行列を階段行列 F に変形することに帰着される．

$$(A|\ \boldsymbol{b}) \xrightarrow{\text{基本変形}} (F|\ \boldsymbol{c})$$

例題 4.6 の場合，階段行列を連立1次方程式の形で表示すると，

$$\begin{cases} x_1 - 3x_2 + \quad 2x_4 = 7 \\ \qquad\qquad x_3 \qquad = 4. \end{cases}$$

4つの未知数に対して式は2つであるから，解の表示には2つの任意定数が必要となる．一般に，解が存在する場合

未知数の個数 − 階数 = 任意定数の個数

である[4]．

例題 4.4 ですでに示しているが，解が存在しない例を挙げる．

---

[4] 5.6節で詳しく説明する．

例題 4.8 次の連立 1 次方程式を解け.

$$\begin{cases} 5x_1 + 2x_2 + 2x_3 - x_4 = 2 \\ 2x_1 + x_2 + 2x_3 = 1 \\ 3x_1 + x_2 - x_4 = 0 \\ 2x_1 + x_2 + x_3 = -1 \end{cases}$$

解答 拡大係数行列に対する基本変形により,

$$\left(\begin{array}{cccc|c} 5 & 2 & 2 & -1 & 2 \\ 2 & 1 & 2 & 0 & 1 \\ 3 & 1 & 0 & -1 & 0 \\ 2 & 1 & 1 & 0 & -1 \end{array}\right) \xrightarrow{①-2\times②} \left(\begin{array}{cccc|c} 1 & 0 & -2 & -1 & 0 \\ 2 & 1 & 2 & 0 & 1 \\ 3 & 1 & 0 & -1 & 0 \\ 2 & 1 & 1 & 0 & -1 \end{array}\right)$$

$$\xrightarrow[\substack{③-3\times①\\④-2\times①}]{②-2\times①} \left(\begin{array}{cccc|c} 1 & 0 & -2 & -1 & 0 \\ 0 & 1 & 6 & 2 & 1 \\ 0 & 1 & 6 & 2 & 0 \\ 0 & 1 & 5 & 2 & -1 \end{array}\right) \xrightarrow[④-②]{③-②} \left(\begin{array}{cccc|c} 1 & 0 & -2 & -1 & 0 \\ 0 & 1 & 6 & 2 & 1 \\ 0 & 0 & 0 & 0 & -1 \\ 0 & 0 & -1 & 0 & -2 \end{array}\right)$$

$$\xrightarrow{③\leftrightarrow④} \left(\begin{array}{cccc|c} 1 & 0 & -2 & -1 & 0 \\ 0 & 1 & 6 & 2 & 1 \\ 0 & 0 & -1 & 0 & -2 \\ 0 & 0 & 0 & 0 & -1 \end{array}\right) \xrightarrow{-1\times③} \left(\begin{array}{cccc|c} 1 & 0 & -2 & -1 & 0 \\ 0 & 1 & 6 & 2 & 1 \\ 0 & 0 & 1 & 0 & 2 \\ 0 & 0 & 0 & 0 & -1 \end{array}\right)$$

これにより,

$$\begin{cases} x_1 - 2x_3 - x_4 = 0 \\ x_2 + 6x_3 + 2x_4 = 1 \\ x_3 = 2 \\ 0 = -1. \end{cases}$$

この場合, 第 4 式は矛盾であるから, 連立 1 次方程式の解は存在しない. ∎

この係数行列と拡大係数行列の階数はそれぞれ 3 と 4 である. すなわち

解は存在しない $\Longleftrightarrow$ 係数行列の階数 $\neq$ 拡大係数行列の階数

以上のことから, 係数行列と拡大係数行列の階数を計算することで連立 1 次方程式の解を分類できる.

階数による連立1次方程式の解の分類

n 個の未知数をもつ m 元連立1次方程式は,

(1) $n=m$ であり, 係数行列の階数が n のとき, 解はただ1つ存在する.

(2) 係数行列の階数と拡大係数行列の階数がともに $\ell\,(\ell<n)$ のとき, 解は無数に存在する. 解の表示に必要な任意定数の個数は $n-\ell$ である.

(3) 係数行列の階数と拡大係数行列の階数が等しくないとき, 解は存在しない.

問題 4.5　次の連立1次方程式が解をもつように a の値を定め, そのときの解を求めよ.

$$\begin{cases} 4x_1 + x_2 - 2x_3 + x_4 + 3x_5 = 6 \\ x_1 - 2x_2 - x_3 + 2x_4 + 2x_5 = 1 \\ 2x_1 + 5x_2 - x_4 - x_5 = 6 \\ 3x_1 + 3x_2 - x_3 - 3x_4 + x_5 = a \end{cases}$$

4.3　同次連立1次方程式

連立1次方程式 $A\boldsymbol{x}=\boldsymbol{b}$ において, ベクトル $\boldsymbol{b}$ が零ベクトルである場合,

$$A\boldsymbol{x}=\boldsymbol{0} \tag{4.2}$$

を**同次方程式**, $\boldsymbol{b}\neq\boldsymbol{0}$ のとき, **非同次方程式**という. (4.2) について, $\boldsymbol{x}=\boldsymbol{0}$ は常に解となり, これを**自明解**という. そこで, 自明解以外の解 (**非自明解**という) を求めることを考える. 4.2 節で解を求めるために拡大係数行列の階数を計算した. $\boldsymbol{b}=\boldsymbol{0}$ のとき, 拡大係数行列の右の列の成分はすべて0となるため, 掃き出し法の基本変形において変化しない. そこで, 4.2 節で説明したように係数行列の階数を求め, 未知数の個数 $>$ 階数 であれば非自明解が存在することになる.

同次連立1次方程式の解の分類

(4.2) について係数行列 A が $m\times n$ 行列とする.

(1) $n\leqq \operatorname{rank}A$ のとき, 自明解のみである.

(2) $n>\operatorname{rank}A$ のとき, 非自明解が存在し, 解は $d=n-\operatorname{rank}A$ 個の任意定数を含む.

注意 4.1　n 次正方行列 A について, (4.2) が非自明解をもつことと, A が正則でないこととは同値である.

例題 4.9　$\boldsymbol{a},\boldsymbol{b}$ が (4.2) の解であれば, それらの1次結合も解であることを示せ.

解答　$A\boldsymbol{a}=\boldsymbol{0}$, $A\boldsymbol{b}=\boldsymbol{0}$ である. k, $\ell\in\mathbb{R}$ のとき, $A(k\boldsymbol{a}+\ell\boldsymbol{b})=A(k\boldsymbol{a})+A(\ell\boldsymbol{b})=kA\boldsymbol{a}+\ell A\boldsymbol{b}=\boldsymbol{0}$. これより, $k\boldsymbol{a}+\ell\boldsymbol{b}$ は解である. ∎

例題 4.10 次の連立 1 次方程式を解け．

$$\begin{cases} 5x_1 + 2x_2 + 2x_3 - x_4 = 0 \\ 2x_1 + \ \ x_2 + 2x_3 \qquad\ \ = 0 \\ 3x_1 + \ \ x_2 \qquad\ \ - x_4 = 0 \\ \ \ x_1 + \ \ x_2 + 4x_3 + x_4 = 0 \end{cases}$$

解答 基本変形により係数行列は

$$\begin{pmatrix} 5 & 2 & 2 & -1 \\ 2 & 1 & 2 & 0 \\ 3 & 1 & 0 & -1 \\ 1 & 1 & 4 & 1 \end{pmatrix} \xrightarrow{①-2\times②} \begin{pmatrix} 1 & 0 & -2 & -1 \\ 2 & 1 & 2 & 0 \\ 3 & 1 & 0 & -1 \\ 1 & 1 & 4 & 1 \end{pmatrix} \xrightarrow[④-①]{\substack{②-2\times① \\ ③-3\times①}} \begin{pmatrix} 1 & 0 & -2 & -1 \\ 0 & 1 & 6 & 2 \\ 0 & 1 & 6 & 2 \\ 0 & 1 & 6 & 2 \end{pmatrix}$$

$$\xrightarrow[④-②]{③-②} \begin{pmatrix} 1 & 0 & -2 & -1 \\ 0 & 1 & 6 & 2 \\ 0 & 0 & 0 & 0 \\ 0 & 0 & 0 & 0 \end{pmatrix}.$$

未知数の個数 − 階数 $= 4 - 2 = 2$ より，解の表示に 2 つの任意定数が含まれる．$x_3 = s, x_4 = t$ とすれば，$x_1 = 2s + t$，$x_2 = -6s - 2t$ となる．ベクトル表示では，

$$\begin{pmatrix} x_1 \\ x_2 \\ x_3 \\ x_4 \end{pmatrix} = s \begin{pmatrix} 2 \\ -6 \\ 1 \\ 0 \end{pmatrix} + t \begin{pmatrix} 1 \\ -2 \\ 0 \\ 1 \end{pmatrix}.$$

∎

問題 4.6 次の連立 1 次方程式を解け．

(1) $\begin{cases} 2x - 5y + \ \ z = 0 \\ 4x + 3y - 5z = 0 \\ 3x - \ \ y - 2z = 0 \end{cases}$　(2) $\begin{cases} 2x_1 + 7x_2 + 3x_3 + \ \ x_4 = 0 \\ 3x_1 + 5x_2 + 2x_3 + 2x_4 = 0 \\ 9x_1 + 4x_2 + \ \ x_3 + 7x_4 = 0 \end{cases}$

4.4 逆行列による解法

連立 1 次方程式 (4.1) において，$n = m$ のとき，3.2 節で定義した逆行列を用いて解くことができる．もし，A が正則行列ならば，連立 1 次方程式 $A\boldsymbol{x} = \boldsymbol{b}$ の解 $\boldsymbol{x}$ は

$$\boldsymbol{x} = E_n\,\boldsymbol{x} = A^{-1}A\,\boldsymbol{x} = A^{-1}\,\boldsymbol{b} \quad (E_n\text{は単位行列}) \tag{4.3}$$

と表示される．逆行列 A^{-1} が計算できる場合，連立 1 次方程式の解を求める方法として使うことができる．これまでに述べてきた連立 1 次方程式の解法を利用して，行列 A の逆行列 A^{-1} を求めることが可能である．

逆行列 A^{-1} の求め方

n 次正方行列 A の逆行列 A^{-1} と単位行列 E_n を，列ベクトルを用いて $A^{-1} = (\boldsymbol{a}_1{}' \ \cdots \ \boldsymbol{a}_n{}')$, $E_n = (\boldsymbol{e}_1 \ \cdots \ \boldsymbol{e}_n)$ と表示する．

$$AA^{-1} = A(\boldsymbol{a}_1{}' \ \cdots \ \boldsymbol{a}_n{}') = (A\boldsymbol{a}_1{}' \ \cdots \ A\boldsymbol{a}_n{}') = (\boldsymbol{e}_1 \ \cdots \ \boldsymbol{e}_n) = E_n$$

より，A^{-1} を求めることは，各 i $(i = 1, \ldots, n)$ について，

$$A\boldsymbol{a}_i{}' = \boldsymbol{e}_i$$

なる連立 1 次方程式を解く問題に帰着される．ここで，すべての i について，同じ基本変形により

$$(A \mid \boldsymbol{e}_i) \longrightarrow (E_n \mid \boldsymbol{a}_i{}') \quad (i = 1, \ldots, n)$$

となる．基本変形は行ごとの変形であるから，並列に表記することができ，逆行列は

$$(A \mid E_n) = (A \mid \boldsymbol{e}_1 \ \cdots \ \boldsymbol{e}_n) \longrightarrow (E_n \mid \boldsymbol{a}_1{}' \ \cdots \ \boldsymbol{a}_n{}') = (E_n \mid A^{-1})$$

として求めることができる．

例題 4.11　$A = \begin{pmatrix} 1 & 2 & 3 \\ 1 & 3 & 4 \\ 2 & 5 & 8 \end{pmatrix}$ の逆行列を求めよ．

解答　$(A \mid E_3) = \left(\begin{array}{ccc|ccc} 1 & 2 & 3 & 1 & 0 & 0 \\ 1 & 3 & 4 & 0 & 1 & 0 \\ 2 & 5 & 8 & 0 & 0 & 1 \end{array}\right) \xrightarrow[③ - 2 \times ①]{② - ①} \left(\begin{array}{ccc|ccc} 1 & 2 & 3 & 1 & 0 & 0 \\ 0 & 1 & 1 & -1 & 1 & 0 \\ 0 & 1 & 2 & -2 & 0 & 1 \end{array}\right)$

$\xrightarrow[③ - ②]{① - 2 \times ②} \left(\begin{array}{ccc|ccc} 1 & 0 & 1 & 3 & -2 & 0 \\ 0 & 1 & 1 & -1 & 1 & 0 \\ 0 & 0 & 1 & -1 & -1 & 1 \end{array}\right) \xrightarrow[② - ③]{① - ③} \left(\begin{array}{ccc|ccc} 1 & 0 & 0 & 4 & -1 & -1 \\ 0 & 1 & 0 & 0 & 2 & -1 \\ 0 & 0 & 1 & -1 & -1 & 1 \end{array}\right)$

$= (E_3 \mid A^{-1})$

より

$$A^{-1} = \begin{pmatrix} 4 & -1 & -1 \\ 0 & 2 & -1 \\ -1 & -1 & 1 \end{pmatrix}.$$

∎

問題 4.7　次の行列の逆行列を求めよ．

(1) $\begin{pmatrix} 1 & 3 & 3 \\ -1 & 1 & 4 \\ 1 & 2 & 1 \end{pmatrix}$　(2) $\begin{pmatrix} 1 & 1 & 2 \\ 2 & 3 & 1 \\ 1 & 2 & 1 \end{pmatrix}$　(3) $\begin{pmatrix} 1 & 0 & 0 & -5 \\ 0 & 1 & 0 & 4 \\ -1 & 0 & 1 & 0 \\ 1 & 1 & 0 & 0 \end{pmatrix}$

求めた行列が逆行列になっているかをチェックするには，得られた行列と元の行列とを掛けて単位行列になることを確かめればよい．

逆行列の求め方は，この他に余因子を用いる方法もある (4.7 節参照)．

例題 4.12　次の連立 1 次方程式を解け．

$$\begin{cases} x+2y+3z=0 \\ x+3y+4z=0 \\ 2x+5y+8z=-1 \end{cases}$$

解答　例題 4.11 と (4.3) より

$$\begin{pmatrix} x \\ y \\ z \end{pmatrix} = A^{-1}\begin{pmatrix} 0 \\ 0 \\ -1 \end{pmatrix} = \begin{pmatrix} 4 & -1 & -1 \\ 0 & 2 & -1 \\ -1 & -1 & 1 \end{pmatrix}\begin{pmatrix} 0 \\ 0 \\ -1 \end{pmatrix} = \begin{pmatrix} 1 \\ 1 \\ -1 \end{pmatrix}.$$

■

問題 4.8　次の連立 1 次方程式について，各問に答えよ．

$$\begin{cases} -3x-y+z=-1 \\ 2x+y=2 \\ -5x-y+z=-3 \end{cases}$$

(1)　係数行列 A の逆行列を求めよ．

(2)　(1) を用いて，連立 1 次方程式を解け．

4.5　行列式とクラメルの公式

注意 2.6 で 2 次正方行列 A の逆行列が存在するための必要十分条件は A の行列式が $|A| \neq 0$ であることを述べた．また，(4.3) より，逆行列の存在により連立 1 次方程式の解を求めることができる．これまでは行列の基本変形を用いて連立 1 次方程式の解を求めたが，ここでは解を行列式を用いて表示する．

次の 2 元連立 1 次方程式を解く．

$$\begin{cases} a_{11}x+a_{12}y=b_1 & \cdots ① \\ a_{21}x+a_{22}y=b_2 & \cdots ② \end{cases}$$

消去法より，

$a_{22}\times ① - a_{12}\times ②$ ：$(a_{11}a_{22}-a_{21}a_{12})x = b_1a_{22}-b_2a_{12}$　より $a_{11}a_{22}-a_{21}a_{12}\neq 0$ ならば

$$x = \frac{b_1a_{22}-b_2a_{12}}{a_{11}a_{22}-a_{21}a_{12}}$$

$a_{21} \times ① - a_{11} \times ②$ ：$(a_{21}a_{12} - a_{11}a_{22})y = b_1a_{21} - b_2a_{11}$　より $a_{11}a_{22} - a_{21}a_{12} \neq 0$ ならば

$$y = \frac{b_2a_{11} - b_1a_{21}}{a_{11}a_{22} - a_{21}a_{12}}$$

一方，

$$A = \begin{pmatrix} a_{11} & a_{12} \\ a_{21} & a_{22} \end{pmatrix}, \quad \boldsymbol{x} = \begin{pmatrix} x \\ y \end{pmatrix}, \quad \boldsymbol{b} = \begin{pmatrix} b_1 \\ b_2 \end{pmatrix}$$

とすれば，この連立 1 次方程式は

$$A\boldsymbol{x} = \boldsymbol{b}$$

と表示できる．

2.7 節ですでに述べたが，2 次正方行列 $A = \begin{pmatrix} a_{11} & a_{12} \\ a_{21} & a_{22} \end{pmatrix}$ について，

$$a_{11}a_{22} - a_{12}a_{21}$$

を A の**行列式**といい，$|A|$, $\begin{vmatrix} a_{11} & a_{12} \\ a_{21} & a_{22} \end{vmatrix}$ または $\det A$ とかく．

$\boldsymbol{a}_1 = \begin{pmatrix} a_{11} \\ a_{21} \end{pmatrix}, \boldsymbol{a}_2 = \begin{pmatrix} a_{12} \\ a_{22} \end{pmatrix}$ として，行列 A を $A = (\boldsymbol{a}_1 \ \boldsymbol{a}_2)$ と表示すると，A の行列式は $|A| = |\boldsymbol{a}_1 \ \boldsymbol{a}_2| = \det(\boldsymbol{a}_1 \ \boldsymbol{a}_2)$ である．このとき，さきほどの 2 元連立 1 次方程式の解は

$$x = \frac{\begin{vmatrix} b_1 & a_{12} \\ b_2 & a_{22} \end{vmatrix}}{\begin{vmatrix} a_{11} & a_{12} \\ a_{21} & a_{22} \end{vmatrix}} = \frac{|\boldsymbol{b} \ \boldsymbol{a}_2|}{|\boldsymbol{a}_1 \ \boldsymbol{a}_2|}, \quad y = \frac{\begin{vmatrix} a_{11} & b_1 \\ a_{21} & b_2 \end{vmatrix}}{\begin{vmatrix} a_{11} & a_{12} \\ a_{21} & a_{22} \end{vmatrix}} = \frac{|\boldsymbol{a}_1 \ \boldsymbol{b}|}{|\boldsymbol{a}_1 \ \boldsymbol{a}_2|}$$

となる．これを，**クラメルの公式**という．この例からわかるように，2 元連立 1 次方程式がただ 1 つ解をもつ条件は係数行列の行列式の値が 0 ではないことである．

次に，$A = (a_{ij}) = (\boldsymbol{a}_1 \ \boldsymbol{a}_2 \ \boldsymbol{a}_3)$ を 3 次正方行列，$\boldsymbol{a}_i \, (i = 1, 2, 3)$ を 3 次元列ベクトルとする．また，$\boldsymbol{x} = \begin{pmatrix} x_1 \\ x_2 \\ x_3 \end{pmatrix}, \boldsymbol{b} = \begin{pmatrix} b_1 \\ b_2 \\ b_3 \end{pmatrix}$ とすれば，3 元連立 1 次方程式は

$$A\boldsymbol{x} = \boldsymbol{b} \tag{4.4}$$

と表示される．

3 次正方行列 $A=(a_{ij})$ について，その行列式を

$$\det A = |A| = a_{11}a_{22}a_{33} + a_{12}a_{23}a_{31} + a_{13}a_{21}a_{32} - (a_{13}a_{22}a_{31} + a_{12}a_{21}a_{33} + a_{11}a_{23}a_{32})$$

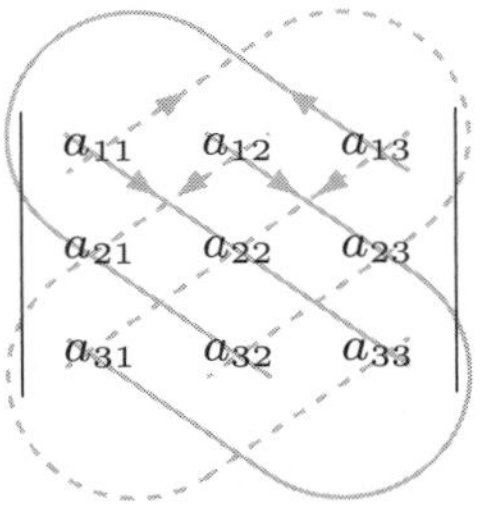

と定義する．これを**サラスの法則**[5)]という．各項中，a_{ij} の第 1 と第 2 の添字は重複することはない (付録参照)．このとき，2 次正方行列の行列式を用いると，

$$\begin{aligned} |A| &= a_{11}(a_{22}a_{33} - a_{23}a_{32}) - a_{12}(a_{21}a_{33} - a_{23}a_{31}) + a_{13}(a_{21}a_{32} - a_{22}a_{31}) \\ &= a_{11}\begin{vmatrix} a_{22} & a_{23} \\ a_{32} & a_{33} \end{vmatrix} - a_{12}\begin{vmatrix} a_{21} & a_{23} \\ a_{31} & a_{33} \end{vmatrix} + a_{13}\begin{vmatrix} a_{21} & a_{22} \\ a_{31} & a_{32} \end{vmatrix} \end{aligned} \tag{4.5}$$

とかける．ここで，行列 A から i 行と j 列を除いた行列を A_{ij} とかくことにする．このとき，$\Delta_{ij} = (-1)^{i+j}|A_{ij}|$ を $\boldsymbol{A}$ **の** $\boldsymbol{(i,j)}$ **余因子**という．この記号を用いると，(4.5) は

$$|A| = a_{11}\Delta_{11} + a_{12}\Delta_{12} + a_{13}\Delta_{13}$$

となる．$(a_{11}\ a_{12}\ a_{13})$ は行列 A の 1 行目なので，これを行列 A の 1 行目による**余因子展開**という．各項は $a_{1i}\Delta_{1i}$ $(i=1,2,3)$ の形である．また，他の行または列についても余因子展開が可能であり，

$$|A| = \begin{cases} a_{i1}\Delta_{i1} + a_{i2}\Delta_{i2} + a_{i3}\Delta_{i3} & (i\text{ 行目による余因子展開}) \\ a_{1k}\Delta_{1k} + a_{2k}\Delta_{2k} + a_{3k}\Delta_{3k} & (k\text{ 列目による余因子展開}) \end{cases} \tag{4.6}$$

である[6)]．一般の行列の行列式の定義は 4.7 節で述べるが，余因子展開を用いて帰納的に定義する方法などがある．

> **例題 4.13**　$A = \begin{pmatrix} -2 & 4 & -6 \\ 1 & -3 & 5 \\ -1 & 4 & -2 \end{pmatrix}$ の行列式の値を 1 行目および 2 列目による余因子展開を用いて求めよ．

解答　1 行目による展開：$|A| =$

$$(-2)\times(-1)^2\underbrace{\begin{vmatrix} -3 & 5 \\ 4 & -2 \end{vmatrix}}_{=|A_{11}|} + 4\times(-1)^3\underbrace{\begin{vmatrix} 1 & 5 \\ -1 & -2 \end{vmatrix}}_{=|A_{12}|} + (-6)\times(-1)^4\underbrace{\begin{vmatrix} 1 & -3 \\ -1 & 4 \end{vmatrix}}_{=|A_{13}|} = 10.$$

---

5) この法則は 3 次正方行列の場合に限定された表示であることに注意する．

6) すべての行および列に関する余因子展開の値が等しいことが知られている．例題 4.13 および (4.6) を参照．

2列目による展開：$|A| =$

$$4 \times (-1)^3 \underbrace{\begin{vmatrix} 1 & 5 \\ -1 & -2 \end{vmatrix}}_{|A_{12}|} + (-3) \times (-1)^4 \underbrace{\begin{vmatrix} -2 & -6 \\ -1 & -2 \end{vmatrix}}_{|A_{22}|} + 4 \times (-1)^5 \underbrace{\begin{vmatrix} -2 & -6 \\ 1 & 5 \end{vmatrix}}_{|A_{32}|} = 10.$$

問題 4.9　次の行列の行列式の値を求めよ．

(1) $\begin{pmatrix} 2 & 3 & 1 \\ 2 & 2 & -3 \\ 0 & 1 & 3 \end{pmatrix}$　　(2) $\begin{pmatrix} 1 & 3 & 0 \\ 2 & 6 & 4 \\ -1 & 0 & 2 \end{pmatrix}$

$|A| = |\boldsymbol{a}_1\ \boldsymbol{a}_2\ \boldsymbol{a}_3| \neq 0$ のとき，連立1次方程式 (4.4) の解は，行列式を用いて

$$x_1 = \frac{|\boldsymbol{b}\ \boldsymbol{a}_2\ \boldsymbol{a}_3|}{|\boldsymbol{a}_1\ \boldsymbol{a}_2\ \boldsymbol{a}_3|}, \quad x_2 = \frac{|\boldsymbol{a}_1\ \boldsymbol{b}\ \boldsymbol{a}_3|}{|\boldsymbol{a}_1\ \boldsymbol{a}_2\ \boldsymbol{a}_3|}, \quad x_3 = \frac{|\boldsymbol{a}_1\ \boldsymbol{a}_2\ \boldsymbol{b}|}{|\boldsymbol{a}_1\ \boldsymbol{a}_2\ \boldsymbol{a}_3|}$$

と表され，これも**クラメルの公式**という．一般の場合については定理 4.5 で述べる．

例題 4.14　クラメルの公式を用いて，次の連立1次方程式を解け．

$$\begin{cases} -2x + 4y - 6z = -2 \\ x - 3y + 5z = 0 \\ -x + 4y - 2z = -9 \end{cases}$$

解答　係数行列は $A = \begin{pmatrix} -2 & 4 & -6 \\ 1 & -3 & 5 \\ -1 & 4 & -2 \end{pmatrix}$ となり，例題 4.13 と同じである．

$$x = \frac{\begin{vmatrix} -2 & 4 & -6 \\ 0 & -3 & 5 \\ -9 & 4 & -2 \end{vmatrix}}{|A|} = \frac{10}{10} = 1, \quad y = \frac{\begin{vmatrix} -2 & -2 & -6 \\ 1 & 0 & 5 \\ -1 & -9 & -2 \end{vmatrix}}{|A|} = \frac{-30}{10} = -3,$$

$$z = \frac{\begin{vmatrix} -2 & 4 & -2 \\ 1 & -3 & 0 \\ -1 & 4 & -9 \end{vmatrix}}{|A|} = \frac{-20}{10} = -2.$$

4.6 行列式の図形的性質

この節では，2 次正方行列の行列式の幾何的性質を調べよう．

2 つの平面ベクトル $\boldsymbol{a} = \begin{pmatrix} a_1 \\ a_2 \end{pmatrix}$, $\boldsymbol{b} = \begin{pmatrix} b_1 \\ b_2 \end{pmatrix}$ を 2 辺とする平行四辺形の面積 A を求める．$\boldsymbol{a}$ と $\boldsymbol{b}$ のなす角 $\theta\,(0 < \theta < \pi)$ を用いて，$A = |\boldsymbol{a}||\boldsymbol{b}|\sin\theta$ となる．一方，$\cos\theta = \dfrac{\langle \boldsymbol{a}, \boldsymbol{b} \rangle}{|\boldsymbol{a}||\boldsymbol{b}|}$ より

$$A = |\boldsymbol{a}||\boldsymbol{b}|\sqrt{1-\cos^2\theta} = \sqrt{|\boldsymbol{a}|^2|\boldsymbol{b}|^2 - \langle \boldsymbol{a}, \boldsymbol{b} \rangle^2} = \sqrt{({a_1}^2 + {a_2}^2)({b_1}^2 + {b_2}^2) - (a_1b_1 + a_2b_2)^2}$$

$$= \sqrt{(a_1b_2 - a_2b_1)^2} = |a_1b_2 - a_2b_1| = \left\| \begin{matrix} a_1 & b_1 \\ a_2 & b_2 \end{matrix} \right\| = \|\boldsymbol{a}\ \boldsymbol{b}\|.$$

平行四辺形の面積と行列式

2 つの平面ベクトルからつくられる平行四辺形の面積は，各ベクトルを列ベクトルとして並べた 2 次正方行列の行列式の絶対値に一致する．

問題 4.10 平面上の 2 点 A$\,(1, 2)$，B$\,(-2, 1)$ と原点 O について，OA，OB を 2 辺とする平行四辺形の面積を求めよ．

3 次正方行列の行列式に関しても上と類似の幾何的性質がある．

3 つの空間ベクトル $\boldsymbol{a} = \begin{pmatrix} a_1 \\ a_2 \\ a_3 \end{pmatrix}$, $\boldsymbol{b} = \begin{pmatrix} b_1 \\ b_2 \\ b_3 \end{pmatrix}$, $\boldsymbol{c} = \begin{pmatrix} c_1 \\ c_2 \\ c_3 \end{pmatrix}$ を 3 辺とする平行六面体の体積 V を求める．第 2 章例題 2.18 から $V = |\langle \boldsymbol{a} \times \boldsymbol{b}, \boldsymbol{c} \rangle|$ となる．$\boldsymbol{a} \times \boldsymbol{b} = \begin{pmatrix} \begin{vmatrix} a_2 & b_2 \\ a_3 & b_3 \end{vmatrix} \\ \begin{vmatrix} a_3 & b_3 \\ a_1 & b_1 \end{vmatrix} \\ \begin{vmatrix} a_1 & b_1 \\ a_2 & b_2 \end{vmatrix} \end{pmatrix}$ より，

$$V = \left| \begin{vmatrix} a_2 & b_2 \\ a_3 & b_3 \end{vmatrix} c_1 + \begin{vmatrix} a_3 & b_3 \\ a_1 & b_1 \end{vmatrix} c_2 + \begin{vmatrix} a_1 & b_1 \\ a_2 & b_2 \end{vmatrix} c_3 \right| = \left\| \begin{matrix} a_1 & b_1 & c_1 \\ a_2 & b_2 & c_2 \\ a_3 & b_3 & c_3 \end{matrix} \right\|$$

$$= \|\boldsymbol{a}\ \boldsymbol{b}\ \boldsymbol{c}\|.$$

平行六面体の体積と行列式

3 つの空間ベクトルを 3 辺とする平行六面体の体積は，各ベクトルを列ベクトルとして並べた 3 次正方行列の行列式の絶対値に一致する．

問題 4.11　次の3つのベクトルを3辺とする平行六面体の体積を求めよ．

(1) $\begin{pmatrix} -1 \\ 1 \\ 0 \end{pmatrix}, \begin{pmatrix} 1 \\ 0 \\ 2 \end{pmatrix}, \begin{pmatrix} 0 \\ 2 \\ -1 \end{pmatrix}$　(2) $\begin{pmatrix} 1 \\ 3 \\ -2 \end{pmatrix}, \begin{pmatrix} 1 \\ 1 \\ 3 \end{pmatrix}, \begin{pmatrix} -3 \\ 3 \\ 1 \end{pmatrix}$

4.7　行列式の基本性質

この節では n 次正方行列の行列式の定義とその性質について考える．

n 次元列ベクトル $\boldsymbol{a}_i = \begin{pmatrix} a_{1i} \\ \vdots \\ a_{ni} \end{pmatrix}$ に対して，n 次正方行列 A を $A = (\boldsymbol{a}_1 \ \cdots \ \boldsymbol{a}_n)$，その行列式 $|A|$ を $|A| = |\boldsymbol{a}_1 \ \cdots \ \boldsymbol{a}_n|$ と表示する．また，行列 A から i 行と j 列を除いた $(n-1)$ 次正方行列を A_{ij} とかくことにする．このとき，$\Delta_{ij} = (-1)^{i+j}|A_{ij}|$ を **$\boldsymbol{A}$ の $(\boldsymbol{i}, \boldsymbol{j})$ 余因子**という．

(4.6) と同様に，n 次正方行列 A について，**帰納的**に次の形で行列式を定義する[7]．

$$|A| = \begin{cases} a_{i1}\Delta_{i1} + a_{i2}\Delta_{i2} + \cdots + a_{in}\Delta_{in} = \displaystyle\sum_{j=1}^{n} a_{ij}\Delta_{ij} & (i \text{ 行目による余因子展開}) \\ a_{1k}\Delta_{1k} + a_{2k}\Delta_{2k} + \cdots + a_{nk}\Delta_{nk} = \displaystyle\sum_{j=1}^{n} a_{jk}\Delta_{jk} & (k \text{ 列目による余因子展開}) \end{cases} \tag{4.7}$$

ただし，2次正方行列の行列式は (2.27) で定義する．

定理 4.1　行列式の列に関して次の関係式が成り立つ (付録 A.1 参照)．

(1)　列に関する加法性：

$$|\boldsymbol{a}_1 \ \cdots \ (\boldsymbol{a}_i{}' + \boldsymbol{a}_i{}'') \ \cdots \ \boldsymbol{a}_n| = |\boldsymbol{a}_1 \ \cdots \ \boldsymbol{a}_i{}' \ \cdots \ \boldsymbol{a}_n| + |\boldsymbol{a}_1 \ \cdots \ \boldsymbol{a}_i{}'' \ \cdots \ \boldsymbol{a}_n| \tag{4.8}$$

(2)　列に関するスカラー倍：

$$|\boldsymbol{a}_1 \ \cdots \ (\lambda\boldsymbol{a}_i) \ \cdots \ \boldsymbol{a}_n| = \lambda|\boldsymbol{a}_1 \ \cdots \ \boldsymbol{a}_i \ \cdots \ \boldsymbol{a}_n| \tag{4.9}$$

(3)　列の入れかえ：行列 A の i 列目と j 列目 $(i \neq j)$ を交換した行列を $\widehat{A}_{ij}$ とするとき，

$$|\boldsymbol{a}_1 \ \cdots \ \boldsymbol{a}_j \ \cdots \ \boldsymbol{a}_i \ \cdots \ \boldsymbol{a}_n| = |\widehat{A}_{ij}| = -|A| = -|\boldsymbol{a}_1 \ \cdots \ \boldsymbol{a}_i \ \cdots \ \boldsymbol{a}_j \ \cdots \ \boldsymbol{a}_n| \tag{4.10}$$

(4)　i 列目と j 列目 $(i \neq j)$ が等しいとき：

$$|\boldsymbol{a}_1 \ \cdots \ \boldsymbol{a}_i \ \cdots \ \boldsymbol{a}_i \ \cdots \ \boldsymbol{a}_n| = |A| = 0 \tag{4.11}$$

(5)　i 列目に j 列目 $(i \neq j)$ の λ 倍を加える：

$$|\boldsymbol{a}_1 \ \cdots \ (\boldsymbol{a}_i + \lambda\boldsymbol{a}_j) \ \cdots \ \boldsymbol{a}_j \ \cdots \ \boldsymbol{a}_n| = |\boldsymbol{a}_1 \ \cdots \ \boldsymbol{a}_i \ \cdots \ \boldsymbol{a}_j \ \cdots \ \boldsymbol{a}_n| = |A| \tag{4.12}$$

(6)　行列とその転置行列について

$$|A| = |{}^tA| \tag{4.13}$$

[7] 行または列による余因子展開が同じであることの証明は，線形代数の専門書を参照してほしい．また，行列式の定義は他に，互換および交代性をもつ多重線形関数を用いた流儀などがあり，付録 A.2 で述べる．

(6) より，(1)〜(5) と同様のことが行についても成り立つことがわかる．

行列式を計算するときは，上記の行列式の性質を用いてから余因子展開をした方が計算量が少なくて済む．

例題 4.15 行列 $A = \begin{pmatrix} 1 & -1 & 2 \\ 1 & 2 & 3 \\ 0 & 1 & 2 \end{pmatrix}$ の行列式の値を求めよ．

解答 $$|A| = \begin{vmatrix} 1 & -1 & 2 \\ 1 & 2 & 3 \\ 0 & 1 & 2 \end{vmatrix} \overset{②-①}{=} \begin{vmatrix} 1 & -1 & 2 \\ 0 & 3 & 1 \\ 0 & 1 & 2 \end{vmatrix} = 1 \times \begin{vmatrix} 3 & 1 \\ 1 & 2 \end{vmatrix} = 5$$ ∎

また，上三角行列や下三角行列の行列式は，余因子展開を用いることで，対角成分の積で表されることがわかる．

上三角行列の行列式：

$$\begin{vmatrix} a_{11} & & * \\ & \ddots & \\ \mathbf{0} & & a_{nn} \end{vmatrix} = (-1)^{1+1} a_{11} \underbrace{\begin{vmatrix} a_{22} & & * \\ & \ddots & \\ \mathbf{0} & & a_{nn} \end{vmatrix}}_{= |A_{11}|} = a_{11}a_{22} \begin{vmatrix} a_{33} & & * \\ & \ddots & \\ \mathbf{0} & & a_{nn} \end{vmatrix}$$

$$= \cdots = a_{11}a_{22}\cdots a_{nn}$$

下三角行列の行列式：

$$\begin{vmatrix} a_{11} & & \mathbf{0} \\ & \ddots & \\ * & & a_{nn} \end{vmatrix} = a_{11} \cdots a_{nn}$$

注意 4.2 単位行列 E_n について，$|E_n| = 1$ である．

問題 4.12 次の行列の行列式の値を求めよ．

(1) $\begin{pmatrix} 1 & 5 & 3 & 6 \\ 1 & 4 & 1 & 0 \\ -1 & 5 & 2 & 3 \\ 0 & 2 & -1 & -2 \end{pmatrix}$ (2) $\begin{pmatrix} 7 & 5 & 9 & 12 \\ 3 & 4 & 6 & 7 \\ 4 & -10 & 2 & 5 \\ 5 & -7 & -10 & 16 \end{pmatrix}$

定理 4.2 n 次正方行列 A, B について，積 AB もまた n 次正方行列となり

$$|AB| = |A||B|$$

証明　$n=2$ の場合についてのみ示す．$A=(a_{ij})$, $B=(b_{ij})$, $c_1=a_{11}b_{12}+a_{12}b_{22}$, $c_2=a_{21}b_{12}+a_{22}b_{22}$ とすれば，行列式の基本性質 (1), (2), (3), (4) を用いて，

$$
\begin{aligned}
|AB| &= \begin{vmatrix} a_{11}b_{11}+a_{12}b_{21} & a_{11}b_{12}+a_{12}b_{22} \\ a_{21}b_{11}+a_{22}b_{21} & a_{21}b_{12}+a_{22}b_{22} \end{vmatrix} \overset{(1)}{=} \begin{vmatrix} a_{11}b_{11} & c_1 \\ a_{21}b_{11} & c_2 \end{vmatrix} + \begin{vmatrix} a_{12}b_{21} & c_1 \\ a_{22}b_{21} & c_2 \end{vmatrix} \\
&\overset{(2)}{=} b_{11}\begin{vmatrix} a_{11} & c_1 \\ a_{21} & c_2 \end{vmatrix} + b_{21}\begin{vmatrix} a_{12} & c_1 \\ a_{22} & c_2 \end{vmatrix} \\
&\overset{(2)}{=} b_{11}b_{12}\begin{vmatrix} a_{11} & a_{11} \\ a_{21} & a_{21} \end{vmatrix} + b_{11}b_{22}\begin{vmatrix} a_{11} & a_{12} \\ a_{21} & a_{22} \end{vmatrix} \\
&\qquad\qquad + b_{21}b_{12}\begin{vmatrix} a_{12} & a_{11} \\ a_{22} & a_{21} \end{vmatrix} + b_{21}b_{22}\begin{vmatrix} a_{12} & a_{12} \\ a_{22} & a_{22} \end{vmatrix} \\
&\overset{(3)(4)}{=} (b_{11}b_{22}-b_{21}b_{12})|A| = |B||A|.
\end{aligned}
$$

∎

注意 4.3　直交行列 U について，$|U|=\pm1$ である．なぜなら，$1=|E|=|{}^tUU|=|{}^tU||U|=|U|^2$.

注意 4.4　$|A^{-1}|=\dfrac{1}{|A|}$ が成り立つ．なぜなら，$A^{-1}A=E_n$ となるので定理 4.2 と注意 4.2 より $|A^{-1}||A|=|A^{-1}A|=|E|=1$. $|A|\neq0$ であり，$|A^{-1}|=\dfrac{1}{|A|}$.

したがって，後述する定理 4.4 も考慮すると，次の定理が導かれる．

定理 4.3　n 次正方行列 A が逆行列をもつ (正則行列である) ための必要十分条件は

$$|A|\neq0.$$

注意 4.5　定理 4.3 の対偶より，n 次正方行列 A が逆行列をもたないための必要十分条件は

$$|A|=0.$$

例題 4.16　次の連立1次方程式が自明解以外の解をもつような定数 λ の値をすべて求めよ．

$$
\begin{cases} \lambda x_1 - 2x_3 = 0 \\ -x_1+(1-\lambda)x_2+x_3=0 \\ -x_1 + \lambda x_3 = 0 \end{cases}
$$

解答　係数行列 $A=\begin{pmatrix} \lambda & 0 & -2 \\ -1 & 1-\lambda & 1 \\ -1 & 0 & \lambda \end{pmatrix}$ と列ベクトル $\boldsymbol{x}=\begin{pmatrix} x_1 \\ x_2 \\ x_3 \end{pmatrix}$ を用いて，連立1次方程式は $A\boldsymbol{x}=\boldsymbol{0}$ と表示できる．もし，A が逆行列をもてば，$\boldsymbol{x}=E\boldsymbol{x}=A^{-1}A\boldsymbol{x}=A^{-1}\boldsymbol{0}=\boldsymbol{0}$

より，解は自明解のみである．一方，A^{-1} が存在することと $|A| \neq 0$ は必要十分条件であるから，その対偶である注意 4.5 を用いると，$|A| = 0$ をみたす λ を求めればよいことになる．

$$|A| = \begin{vmatrix} \lambda & 0 & -2 \\ -1 & 1-\lambda & 1 \\ -1 & 0 & \lambda \end{vmatrix} = (1-\lambda)(\lambda-\sqrt{2})(\lambda+\sqrt{2}) = 0$$

より，$\lambda = 1, \pm\sqrt{2}$. ∎

問題 4.13 次の連立 1 次方程式が自明解以外の解をもつような定数 λ の値をすべて求めよ．

$$\begin{cases} (3-\lambda)x + y + z = 0 \\ x + (2-\lambda)y = 0 \\ x + (2-\lambda)z = 0 \end{cases}$$

次に，余因子を用いた逆行列の求め方を紹介しよう．

余因子による逆行列の求め方

n 次正方行列 $A = (a_{ij})$ の行ベクトル $\boldsymbol{a}_i = (a_{i1} \ \cdots \ a_{in})$ と A の (i, j) 余因子 $\varDelta_{ij}$ に対し，列ベクトル $\overline{\varDelta_j} = \begin{pmatrix} \varDelta_{j1} \\ \vdots \\ \varDelta_{jn} \end{pmatrix}$ とする．このとき，$\boldsymbol{a}_i$ と $\overline{\varDelta_j}$ の内積を考えると (4.7), (4.11) より

$$\langle \boldsymbol{a}_i, \ \overline{\varDelta_j} \rangle = \begin{cases} |A| & (i = j) \\ 0 & (i \neq j). \end{cases} \tag{4.14}$$

(4.14) 式で $i \neq j$ の場合，$\langle \boldsymbol{a}_i, \ \overline{\varDelta_j} \rangle$ は，j 行目が i 行目の成分と同じ行列の行列式の j 行目による余因子展開とみなすことができるので，定理 4.1 (4) より $\langle \boldsymbol{a}_i, \ \overline{\varDelta_j} \rangle = 0$ となる．したがって，n 次正方行列 $\varDelta = (\overline{\varDelta_1} \ \cdots \ \overline{\varDelta_n})$ について，

$$A\varDelta = \begin{pmatrix} \boldsymbol{a}_1 \\ \vdots \\ \boldsymbol{a}_n \end{pmatrix} (\overline{\varDelta_1} \ \cdots \ \overline{\varDelta_n}) = \begin{pmatrix} \boldsymbol{a}_1 \\ \vdots \\ \boldsymbol{a}_n \end{pmatrix} \begin{pmatrix} \varDelta_{11} & \cdots & \varDelta_{n1} \\ \vdots & \ddots & \vdots \\ \varDelta_{1n} & \cdots & \varDelta_{nn} \end{pmatrix} = \begin{pmatrix} |A| & & \text{\huge 0} \\ & \ddots & \\ \text{\huge 0} & & |A| \end{pmatrix} = |A|E.$$

これにより，次の定理が成り立つ．

定理 4.4 n 次正則行列 $A = (a_{ij})$ に対して，逆行列は $A^{-1} = \dfrac{1}{|A|}(\varDelta_{ji})$ となる．

例題 4.17 3 次正方行列 $A = \begin{pmatrix} 1 & 2 & 3 \\ 1 & 3 & 4 \\ 2 & 5 & 8 \end{pmatrix}$ の逆行列を，余因子を用いて求めよ．

解答　$|A|=1$,

$$\Delta_{11}=\begin{vmatrix}3&4\\5&8\end{vmatrix}=4,\ \Delta_{12}=-\begin{vmatrix}1&4\\2&8\end{vmatrix}=0,\ \Delta_{13}=\begin{vmatrix}1&3\\2&5\end{vmatrix}=-1,$$

$$\Delta_{21}=-\begin{vmatrix}2&3\\5&8\end{vmatrix}=-1,\ \Delta_{22}=\begin{vmatrix}1&3\\2&8\end{vmatrix}=2,\ \Delta_{23}=-\begin{vmatrix}1&2\\2&5\end{vmatrix}=-1,$$

$$\Delta_{31}=\begin{vmatrix}2&3\\2&4\end{vmatrix}=-1,\ \Delta_{32}=-\begin{vmatrix}1&3\\1&4\end{vmatrix}=-1,\ \Delta_{33}=\begin{vmatrix}1&2\\1&3\end{vmatrix}=1$$

より $A^{-1}=\dfrac{1}{|A|}\begin{pmatrix}\Delta_{11}&\Delta_{21}&\Delta_{31}\\\Delta_{12}&\Delta_{22}&\Delta_{32}\\\Delta_{13}&\Delta_{23}&\Delta_{33}\end{pmatrix}=\begin{pmatrix}4&-1&-1\\0&2&-1\\-1&-1&1\end{pmatrix}$. ■

以上の結果により，4.5節で述べたクラメルの公式を n 元連立1次方程式に拡張することができる．

定理 4.5 (クラメルの公式)　n 次正則行列 $A=(\boldsymbol{a}_1\ \cdots\ \boldsymbol{a}_n)$ と n 次元列ベクトル $\boldsymbol{b}$ について，n 元連立1次方程式 $A\boldsymbol{x}=\boldsymbol{b}$ の解 $\boldsymbol{x}=\begin{pmatrix}x_1\\\vdots\\x_n\end{pmatrix}$ の各成分は

$$x_i=\frac{|\boldsymbol{a}_1\ \cdots\ \boldsymbol{a}_{i-1}\ \boldsymbol{b}\ \boldsymbol{a}_{i+1}\ \cdots\ \boldsymbol{a}_n|}{|A|}\quad(i=1,\ldots,n)$$

で与えられる．

証明　Δ_{ij} を行列 A の (i,j) 余因子とすれば，定理4.4よりその逆行列は $A^{-1}=\dfrac{1}{|A|}(\Delta_{ji})$ である．$\boldsymbol{x}=A^{-1}\boldsymbol{b}$ より $x_i=\dfrac{1}{|A|}\displaystyle\sum_{j=1}^{n}\Delta_{ji}b_j$ となり，総和は行列 $(\boldsymbol{a}_1\ \cdots\ \boldsymbol{a}_{i-1}\ \boldsymbol{b}\ \boldsymbol{a}_{i+1}\ \cdots\ \boldsymbol{a}_n)$ の第 i 列目に関する余因子展開から得られる行列式である． ■

例題 4.18　次の連立1次方程式をクラメルの公式を用いて解け．

$$\begin{cases}x_1+2x_2-x_3+x_4=3\\2x_1+4x_2-x_3+2x_4=3\\5x_1-4x_2+3x_3=-12\\3x_1+6x_2-x_3+4x_4=-2\end{cases}$$

解答　係数行列 $A=\begin{pmatrix}1&2&-1&1\\2&4&-1&2\\5&-4&3&0\\3&6&-1&4\end{pmatrix}=(\boldsymbol{a}_1\ \boldsymbol{a}_2\ \boldsymbol{a}_3\ \boldsymbol{a}_4)$ と $\boldsymbol{b}=\begin{pmatrix}3\\3\\-12\\-2\end{pmatrix}$ について，$|A|=$

14, $|\boldsymbol{b}\ \boldsymbol{a}_2\ \boldsymbol{a}_3\ \boldsymbol{a}_4| = 14$, $|\boldsymbol{a}_1\ \boldsymbol{b}\ \boldsymbol{a}_3\ \boldsymbol{a}_4| = 28$, $|\boldsymbol{a}_1\ \boldsymbol{a}_2\ \boldsymbol{b}\ \boldsymbol{a}_4| = -42$, $|\boldsymbol{a}_1\ \boldsymbol{a}_2\ \boldsymbol{a}_3\ \boldsymbol{b}| = -70$ より

$$x_1 = \frac{14}{14} = 1, \quad x_2 = \frac{28}{14} = 2, \quad x_3 = -\frac{42}{14} = -3, \quad x_4 = -\frac{70}{14} = -5.$$

■

4.8　基本変形の行列表示

ここでは行列の行に関する基本変形が正則行列を掛ける操作で表示できることを示す (4.1 節参照).

$m \times n$ 行列 A に対して，行列 A の行に関する基本変形とは，次の 3 つの操作である．これらは，A に対して，ある m 次正方行列 $P = (p_{ij})$ を左から掛けることで実現される．このような P を**基本行列**という．

(1) ある行を定数倍する (ℓ 行目を c 倍する)：

$$p_{ij} = \begin{cases} 0 & (i \neq j) \\ 1 & (i = j \neq \ell) \\ c & (i = j = \ell) \end{cases}$$

$$\begin{array}{c} \\ \\ \\ \ell\text{行} \\ \\ \\ \\ \end{array}
\overset{\ell\text{列}}{\begin{pmatrix}
1 & & & & & & \\
& \ddots & & & & \mathbf{0} & \\
& & 1 & & & & \\
& & & c & & & \\
& & & & 1 & & \\
& \mathbf{0} & & & & \ddots & \\
& & & & & & 1
\end{pmatrix}}$$

(2) 2 つの行を入れかえる (k 行目と ℓ 行目を入れかえる)：

$$p_{ij} = \begin{cases} 0 & (i = j = k,\ \ell) \\ 1 & (i = k,\ j = \ell) \\ 1 & (i = \ell,\ j = k) \\ 1 & (i = j \neq k,\ \ell) \\ 0 & (\text{その他}) \end{cases}$$

$$\begin{array}{c|ccccc|ccc|c}
 & & & & k\text{列} & & & \ell\text{列} & & \\
 & 1 & & & & & & & & \\
 & & \ddots & & & \mathbf{0} & & & \mathbf{0} & \\
 & & & 1 & & & & & & \\
k\text{行} & & & & 0 & & & 1 & & \\
 & & & & & 1 & & & & \\
 & & \mathbf{0} & & & & \ddots & & \mathbf{0} & \\
 & & & & & & 1 & & & \\
\ell\text{行} & & & & 1 & & & 0 & & \\
 & & & & & & & & 1 & \\
 & & \mathbf{0} & & & \mathbf{0} & & & \ddots & \\
 & & & & & & & & & 1
\end{array}$$

(3) ある行の定数倍を他の行に加える (ℓ 行目の c 倍を k 行目に加える)：

$$p_{ij} = \begin{cases} 1 & (i = j) \\ c & (i = k,\ j = \ell) \\ 0 & (\text{その他}) \end{cases}$$

$$\begin{array}{c|ccccc|ccc|c}
 & & & & k\text{列} & & & \ell\text{列} & & \\
 & 1 & & & & & & & & \\
 & & \ddots & & & \mathbf{0} & & & \mathbf{0} & \\
 & & & 1 & & & & & & \\
k\text{行} & & & & 1 & & & c & & \\
 & & & & & 1 & & & & \\
 & & \mathbf{0} & & & & \ddots & & \mathbf{0} & \\
 & & & & & & 1 & & & \\
\ell\text{行} & & & & 0 & & & 1 & & \\
 & & & & & & & & 1 & \\
 & & \mathbf{0} & & & \mathbf{0} & & & \ddots & \\
 & & & & & & & & & 1
\end{array}$$

問題 4.14　3 次正方行列 A に対して，次の基本変形を実現する基本行列 P を求めよ．

(1) 2 行目の 3 倍を 1 行目に加える．　　(2) 1 行目と 3 行目を入れかえる．

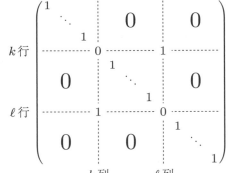

定理 4.6　基本行列 P は正則行列である．

証明　$|P| \neq 0$ を示す．(1) の場合，$|P| = c$. (2) の場合，(4.10) より $|P| = -|E_m| = -1$[8]．(3) の場合，$|P| = 1$. ∎

基本行列を右から掛けるとどうなる？ $\Longrightarrow$ 列による基本変形になる．

章末問題

4.1　次の連立 1 次方程式を解け．

(1) $\begin{cases} x + 2y - \ \ z = 3 \\ 2x + 3y - 5z = 9 \\ 3x + 8y + \ \ z = 7 \end{cases}$　(2) $\begin{cases} \qquad 3y + 3z - 2w = -4 \\ x + \ \ y + 2z + 3w = \ \ 2 \\ x + 2y + 3z + 2w = \ \ 1 \\ 2x + 4y + 6z + 5w = \ \ 1 \end{cases}$

4.2　次の連立 1 次方程式について，各問に答えよ．

$$\begin{cases} x - 3y + 4z = -2 \\ 5x + 2y + 3z = \ \ a \\ 4x - \ \ y + 5z = \ \ 3 \end{cases}$$

(1) 連立 1 次方程式が解をもつように a の値を定めよ．

(2) (1) で求めた a について，連立 1 次方程式を解け．

4.3　次の行列の階数を求めよ．

$$A = \begin{pmatrix} 1 & 1 & 2 \\ -1 & 4 & 1 \\ -2 & 3 & -1 \\ -1 & 9 & 4 \end{pmatrix}$$

4.4　次の連立 1 次方程式について，各問に答えよ．

$$\begin{cases} 2x_1 - \ \ x_2 + ax_3 = \ \ 5 \\ x_1 + 2x_2 - 3x_3 = \ \ 4 \\ 4x_1 - 2x_2 - 3x_3 = 10 \end{cases}$$

(1) 係数行列および拡大係数行列の階数を計算し，連立 1 次方程式が無限個の解をもつように，a の値を定めよ．

(2) (1) で求めた a について，連立 1 次方程式を解け．

[8] 付録 A.1 も参照すること．

4.5 次の連立 1 次方程式について，各問に答えよ．

$$\begin{cases} (2-\lambda)x + y + z = 0 \\ 2x + (3-\lambda)y + 2z = 0 \\ x + y + (2-\lambda)z = 0 \end{cases}$$

(1) 自明解以外の解をもつように，λ の値を定めよ．

(2) (1) で求めた各 λ について，連立 1 次方程式を解け．

4.6 次の連立 1 次方程式について，各問に答えよ．

$$\begin{cases} 2x + y + z = 2 \\ 4x + 2y + 3z = 1 \\ -2x - 2y = -1 \end{cases}$$

(1) 基本変形を用いて，連立 1 次方程式の係数行列の逆行列を求めよ．

(2) 連立 1 次方程式を解け．

4.7 クラメルの公式を用いて，次の連立 1 次方程式を解け．

(1) $\begin{cases} x + 2y + 3z = 20 \\ 7x + 3y + z = 13 \\ x + 6y + 2z = 0 \end{cases}$ (2) $\begin{cases} 3x + 7y + 8z = -13 \\ 2x + 9z = -5 \\ -4x + y - 26z = 2 \end{cases}$

4.8 次の行列式の値を求めよ．

(1) $|A| = \begin{vmatrix} 0 & 2 & -1 \\ 1 & 1 & 1 \\ 1 & -1 & 2 \end{vmatrix}$ (2) $|B| = \begin{vmatrix} 3 & 1 & -1 \\ 4 & 0 & 1 \\ 2 & 1 & 1 \end{vmatrix}$

(3) $|C| = \begin{vmatrix} -1 & 1 & 2 & 0 \\ 0 & 3 & 2 & 1 \\ 1 & 0 & 0 & 2 \\ 3 & 1 & -1 & 2 \end{vmatrix}$ (4) $|D| = \begin{vmatrix} 3 & 2 & 4 & 1 \\ -2 & 1 & -2 & 1 \\ 2 & -2 & 3 & -1 \\ 1 & 1 & 3 & 2 \end{vmatrix}$

4.9 次の行列の逆行列を求めよ．

(1) $\begin{pmatrix} 1 & 2 \\ 2 & 2 \end{pmatrix}$ (2) $\begin{pmatrix} 2 & 1 & 0 \\ 6 & 4 & -1 \\ -5 & -3 & 1 \end{pmatrix}$

4.10 次の連立 1 次方程式について，各問に答えよ．

$$\begin{cases} 2x_1 + 3x_2 + x_3 = 1 \\ x_1 + x_2 - x_3 = -2 \\ 3x_1 + x_2 + x_3 = 4 \end{cases}$$

(1) 基本変形を用いて，連立 1 次方程式を解け．

(2) 余因子を用いて，係数行列 A の逆行列 A^{-1} を求め，それを用いて連立 1 次方程式を解け．

(3) クラメルの公式により，連立1次方程式を解け．

4.11　2つの行列 $A=\begin{pmatrix}-2 & 1 & 4\\ 0 & 3 & -2\\ 2 & -1 & 1\end{pmatrix}$，$B=\begin{pmatrix}1 & 2 & -3\\ -3 & 0 & 2\\ 0 & -1 & 5\end{pmatrix}$ について，各問に答えよ．

(1) 2つの行列の積 AB を計算せよ．

(2) 行列式 $|A|$，$|B|$，$|AB|$ を求め，関係式 $|AB|=|A||B|$ が成り立つことを確かめよ．

4.12　$\begin{vmatrix}1 & 3 & 4 & 2\\ -1 & 1 & 3 & 1\\ 0 & 0 & 1 & -1\\ 0 & 0 & 1 & 2\end{vmatrix}=\begin{vmatrix}1 & 3\\ -1 & 1\end{vmatrix}\begin{vmatrix}1 & -1\\ 1 & 2\end{vmatrix}$ が成り立つことを示せ．

4.13　3つのベクトル $\boldsymbol{u}=\begin{pmatrix}2\\ 1\\ -4\\ 0\end{pmatrix}$，$\boldsymbol{v}=\begin{pmatrix}-1\\ -1\\ 2\\ 2\end{pmatrix}$，$\boldsymbol{w}=\begin{pmatrix}3\\ 2\\ -4\\ 4\end{pmatrix}$ に直交する単位ベクトルをすべて求めよ．

5

ベクトル空間

前章で連立1次方程式の解法を述べてきたが，解全体の構造を理解する上で，さらには線形代数を学ぶ上で重要な概念をこの章で述べる．

5.1 ベクトル空間

集合 V に，2つの演算「加法」と「スカラー倍」が定義されていて，かつ

(1) 加法：$\boldsymbol{a}$, $\boldsymbol{b} \in V$ に対して $\boldsymbol{a}+\boldsymbol{b} \in V$

(2) スカラー倍：$\boldsymbol{a} \in V$ と $\alpha \in \mathbb{R}$ に対して $\alpha\boldsymbol{a} \in V$

が成り立つとき，V は加法とスカラー倍に関して**閉じている**という．ここで，$\boldsymbol{a}$ が集合 V の要素 (元) であるとき $\boldsymbol{a}$ は V に**属する**といい $\boldsymbol{a} \in V$ とかく．また，$\mathbb{R}$ は実数全体の集合である．

第1章で述べたように，集合 V が**ベクトル空間 (線形空間)** であるとは次のことが成り立つ場合である．

[1] $\alpha, \beta \in \mathbb{R}$，$\boldsymbol{x}, \boldsymbol{y}, \boldsymbol{z} \in V$ とするとき，

i) $\boldsymbol{x}+\boldsymbol{y}=\boldsymbol{y}+\boldsymbol{x}$ (交換法則),

ii) $(\boldsymbol{x}+\boldsymbol{y})+\boldsymbol{z}=\boldsymbol{x}+(\boldsymbol{y}+\boldsymbol{z})$ (結合法則),

iii) $\alpha(\boldsymbol{x}+\boldsymbol{y})=\alpha\boldsymbol{x}+\alpha\boldsymbol{y}$, $(\alpha+\beta)\boldsymbol{x}=\alpha\boldsymbol{x}+\beta\boldsymbol{x}$ (スカラー倍の分配法則),

iv) $\alpha(\beta\boldsymbol{x})=(\alpha\beta)\boldsymbol{x}$ (スカラー倍の結合法則),

v) $1\boldsymbol{x}=\boldsymbol{x}$.

[2] すべての $\boldsymbol{x} \in V$ について $\boldsymbol{0}+\boldsymbol{x}=\boldsymbol{x}$ をみたす $\boldsymbol{0} \in V$ がただ1つ存在する．

[3] 各 $\boldsymbol{x} \in V$ について，$\boldsymbol{x}+\boldsymbol{y}=0$ となる $\boldsymbol{y} \in V$ がただ1つ存在する．それを $-\boldsymbol{x}$ とかく．

このとき，集合 V を構成する要素 (元) を**ベクトル**という．また，$\boldsymbol{0}$ を**零ベクトル**，$-\boldsymbol{x}$ を $\boldsymbol{x}$ の**逆ベクトル**という．

例題1.2で与えられた集合 V はベクトル空間であり，このようにいくつかの実数の組からなるベクトル空間を特に**数ベクトル空間**という．一般に数ベクトルが n 個の実数を成分としてもつとき，その全体を $\mathbb{R}^n$ とかき，$\boldsymbol{n}$ **次元数ベクトル空間**という．

$m \times n$ 行列全体もベクトル空間となる．このとき，行列については，加法とスカラー倍を3.2節で定義したものとする．また，1変数実数値関数全体もベクトル空間である．

例題 5.1　$\boldsymbol{v} = \begin{pmatrix} 1 \\ 2 \end{pmatrix}$ とするとき，$\boldsymbol{v}$ の任意のスカラー倍からなる集合，すなわち $W = \{s\boldsymbol{v} \mid s \in \mathbb{R}\}$ は平面内の直線 $y = 2x$ と一致し，また和とスカラー倍を (1.1) と定義すれば W はベクトル空間となることを示せ．

解答　直線上の点は W に属する．一方，$s\boldsymbol{v}$ は

$$s\begin{pmatrix} 1 \\ 2 \end{pmatrix} = \begin{pmatrix} s \\ 2s \end{pmatrix} = \begin{pmatrix} x \\ y \end{pmatrix} \quad \text{より} \quad x = s,\ y = 2s = 2x$$ となり直線上の点に対応する．

次に $\boldsymbol{a}$, $\boldsymbol{b} \in W$ とすれば，ある実数 s, t について，$\boldsymbol{a} = s\boldsymbol{v}$, $\boldsymbol{b} = t\boldsymbol{v}$ と表示されるので，

$$\boldsymbol{a} + \boldsymbol{b} = (s+t)\boldsymbol{v} \in W,$$

そして，

$$k\boldsymbol{a} = (ks)\boldsymbol{v} \in W$$

となる．また [1], [2], [3] も示すことができるので，W はベクトル空間である．∎

集合 W が集合 V の部分集合であるとは，W のすべての要素が V の要素であるときをいう．このとき $W \subset V$ とかく．W がベクトル空間 V の部分集合であり，

(1)　$\boldsymbol{0} \in W$,

(2)　$\boldsymbol{u}$, $\boldsymbol{v} \in W$ のとき，$\boldsymbol{u} + \boldsymbol{v} \in W$,

(3)　$k \in \mathbb{R}$, $\boldsymbol{u} \in W$ のとき，$k\boldsymbol{u} \in W$

が成り立つとき，W を V の**部分空間**という．例題 5.1 の集合 W は $\mathbb{R}^2$ の部分空間である．また，条件

(4)　$\boldsymbol{u}$, $\boldsymbol{v} \in W$ と k, $\ell \in \mathbb{R}$ について，$k\boldsymbol{u} + \ell\boldsymbol{v} \in W$

は，(2), (3) と同値な条件である．

例題 5.2　条件 (2), (3) と条件 (4) が同値であることを示せ．

解答　(⇒)　(3) より $k\boldsymbol{u}, \ell\boldsymbol{v} \in W$ であるから，(2) より $k\boldsymbol{u} + \ell\boldsymbol{v} \in W$.

(⇐)　$k = \ell = 1$ とすれば (2)，$\ell = 0$ とすれば (3) が得られる．∎

問題 5.1　$W = \left\{ \begin{pmatrix} x \\ 0 \\ 0 \end{pmatrix} \middle| \, x \in \mathbb{R} \right\}$ は $\mathbb{R}^3$ の部分空間であることを示せ．

2つの集合 W_1 と W_2 について，W_1 と W_2 の両方に属する要素全体を W_1 と W_2 の共通集合といい，$W_1 \cap W_2$ と表す．また，W_1 と W_2 の要素全体を W_1 と W_2 の和集合といい，$W_1 \cup W_2$ と表す．

例題 5.3 ベクトル空間 V の 2 つの部分空間 W_1, W_2 について，

(1) $W_1 \cap W_2$ は V の部分空間であることを示せ．

(2) $W_1 \cup W_2$ が V の部分空間とならない例をつくれ．

解答 (1) $\boldsymbol{u}, \boldsymbol{v} \in W_1 \cap W_2$ のとき，$\boldsymbol{u}, \boldsymbol{v} \in W_1$ そして $\boldsymbol{u}, \boldsymbol{v} \in W_2$．$W_1$ と W_2 は部分空間より，$k, \ell \in \mathbb{R}$ について $k\boldsymbol{u} + \ell\boldsymbol{v} \in W_1$ そして $k\boldsymbol{u} + \ell\boldsymbol{v} \in W_2$．よって，$k\boldsymbol{u} + \ell\boldsymbol{v} \in W_1 \cap W_2$．

(2) $V = \mathbb{R}^2$，$W_1 = \left\{ \begin{pmatrix} x \\ 0 \end{pmatrix} \middle| \, x \in \mathbb{R} \right\}$，$W_2 = \left\{ \begin{pmatrix} 0 \\ y \end{pmatrix} \middle| \, y \in \mathbb{R} \right\}$ とする．$\boldsymbol{u} = \begin{pmatrix} 1 \\ 0 \end{pmatrix} \in W_1$，$\boldsymbol{v} = \begin{pmatrix} 0 \\ 1 \end{pmatrix} \in W_2$ として，$\boldsymbol{u} + \boldsymbol{v} = \begin{pmatrix} 1 \\ 1 \end{pmatrix}$ は $W_1 \cup W_2$ に属さない． ∎

ベクトル空間 V のベクトル $\boldsymbol{a}_1, \ldots, \boldsymbol{a}_n$ と $k_1, \ldots, k_n \in \mathbb{R}$ について，

$$k_1\boldsymbol{a}_1 + \cdots + k_n\boldsymbol{a}_n$$

をベクトル $\{\boldsymbol{a}_i\}_{i=1}^n$ の **1 次結合**という．

注意 5.1 V の要素 $\boldsymbol{a}_1, \ldots, \boldsymbol{a}_n$ の 1 次結合の全体を W とすれば，W は V の部分空間である．このとき，W は $\boldsymbol{a}_1, \ldots, \boldsymbol{a}_n$ で**張られる**といい，

$$W = \mathrm{span}\{\boldsymbol{a}_1, \ldots, \boldsymbol{a}_n\} = \mathrm{span}\,\{\boldsymbol{a}_i\}_{i=1}^n$$

とかく．

部分空間 W は最低いくつのベクトルの 1 次結合の集合として表現できるか？

これに答えるためにいくつかの言葉を導入する．第 3 章ですでに定義しているが，ベクトルの組 $\{\boldsymbol{a}_i\}_{i=1}^n$ が **1 次独立**であるとは，等式

$$k_1\boldsymbol{a}_1 + \cdots + k_n\boldsymbol{a}_n = \boldsymbol{0} \tag{5.1}$$

が $k_1 = \cdots = k_n = 0$ のときに**限って**成り立つことをいう．また，1 次独立でないとき，$\{\boldsymbol{a}_i\}_{i=1}^n$ は **1 次従属**であるという．

例題 5.4 $\boldsymbol{a}_1 = \begin{pmatrix} 1 \\ 2 \\ -1 \end{pmatrix}$，$\boldsymbol{a}_2 = \begin{pmatrix} 2 \\ 1 \\ 0 \end{pmatrix}$，$\boldsymbol{a}_3 = \begin{pmatrix} 0 \\ -1 \\ 1 \end{pmatrix}$ からなるベクトルの組 $\{\boldsymbol{a}_1, \boldsymbol{a}_2, \boldsymbol{a}_3\}$ は 1 次独立であることを示せ．

解答 $k_1\boldsymbol{a}_1 + k_2\boldsymbol{a}_2 + k_3\boldsymbol{a}_3 = \boldsymbol{0}$ とすれば，この関係式は次の連立 1 次方程式と一致する．

$$\begin{cases} k_1 + 2k_2 \phantom{{}- k_3} = 0 \\ 2k_1 + k_2 - k_3 = 0 \\ -k_1 \phantom{{}+ k_2} + k_3 = 0 \end{cases}$$

係数行列 $A = \begin{pmatrix} 1 & 2 & 0 \\ 2 & 1 & -1 \\ -1 & 0 & 1 \end{pmatrix}$ の行列式は $|A| = -1 \neq 0$ となるので，定理 4.3 より A は正則行列である．$\boldsymbol{x} = \begin{pmatrix} k_1 \\ k_2 \\ k_3 \end{pmatrix}$ とすれば，$A\boldsymbol{x} = \boldsymbol{0}$ より $\boldsymbol{x} = A^{-1}\boldsymbol{0} = \boldsymbol{0}$ から連立 1 次方程式は $k_1 = k_2 = k_3 = 0$ 以外の解をもたないので，ベクトルの組 $\{\boldsymbol{a}_1, \boldsymbol{a}_2, \boldsymbol{a}_3\}$ は 1 次独立である．∎

問題 5.2　$\boldsymbol{a}_1 = \begin{pmatrix} 1 \\ 1 \\ 1 \end{pmatrix}$，$\boldsymbol{a}_2 = \begin{pmatrix} 2 \\ -1 \\ 0 \end{pmatrix}$，$\boldsymbol{a}_3 = \begin{pmatrix} -1 \\ 3 \\ 1 \end{pmatrix}$ からなるベクトルの組 $\{\boldsymbol{a}_1, \boldsymbol{a}_2, \boldsymbol{a}_3\}$ が 1 次独立であることを示せ．

(5.1) より

ベクトルの 1 次独立性

n 次元数ベクトルの組 $\{\boldsymbol{a}_i\}_{i=1}^n$ が 1 次独立であるための必要十分条件は，行列 $A = (\boldsymbol{a}_1 \ \cdots \ \boldsymbol{a}_n)$ とベクトル $\boldsymbol{x} = \begin{pmatrix} k_1 \\ \vdots \\ k_n \end{pmatrix}$ について，連立 1 次方程式

$$A\boldsymbol{x} = \boldsymbol{0}$$

が自明解 $\boldsymbol{x} = \boldsymbol{0}$ 以外の解をもたないことである．

注意 5.2　$A = (\boldsymbol{a}_1 \ \cdots \ \boldsymbol{a}_n)$ が正方行列であるとき，次のことが成り立つ．

ベクトルの組 $\{\boldsymbol{a}_i\}_{i=1}^n$ が 1 次独立である．$\iff$ A は逆行列 A^{-1} をもつ (A は正則行列)．
$\iff$ 行列式 $|A|$ について，$|A| \neq 0$ となる．

次に，n 個のベクトルの組 $\{\boldsymbol{a}_i\}_{i=1}^n$ が 1 次従属とすると，$\displaystyle\sum_{i=1}^n k_i\boldsymbol{a}_i = \boldsymbol{0}$ としたとき，k_i $(i = 1, \ldots, n)$ の中で 0 以外のものがある．それを k_j とすれば，

$$\boldsymbol{a}_j = -\frac{1}{k_j}(k_1\boldsymbol{a}_1 + \cdots + k_{j-1}\boldsymbol{a}_{j-1} + k_{j+1}\boldsymbol{a}_{j+1} + \cdots + k_n\boldsymbol{a}_n) = -\frac{1}{k_j}\sum_{\substack{i=1 \\ i \neq j}}^{n} k_i\boldsymbol{a}_i$$

となる．このとき，$\{\boldsymbol{a}_i\}_{i=1}^n$ の中のあるベクトルは他のベクトルの 1 次結合で表される．

定理 5.1　n 個のベクトルの組 $\{\boldsymbol{a}_i\}_{i=1}^n$ が 1 次独立であれば，その一部のベクトルの組も 1 次独立である．

証明　ベクトルの組 $\{\boldsymbol{a}_i\}_{i=1}^r$ $(1 < r < n)$ が 1 次独立であることを示せば十分である．

$k_1\boldsymbol{a}_1+\cdots+k_r\boldsymbol{a}_r=\boldsymbol{0}$ とする．$k_{r+1}=\cdots=k_n=0$ とすれば，$k_1\boldsymbol{a}_1+\cdots+k_n\boldsymbol{a}_n=\boldsymbol{0}$ が成り立つ．ベクトルの組 $\{\boldsymbol{a}_i\}_{i=1}^n$ が1次独立であるから，すべての i について $k_i=0$ となる．したがって，ベクトルの組 $\{\boldsymbol{a}_i\}_{i=1}^r$ は1次独立である． ∎

例題 5.5 n 個のベクトルの組 $\{\boldsymbol{a}_i\}_{i=1}^n$ が1次従属であれば，その組に他のベクトルを加えても1次従属である．

解答 ベクトル $\boldsymbol{b}$ を加えて，$k_1\boldsymbol{a}_1+\cdots+k_n\boldsymbol{a}_n+\ell\boldsymbol{b}=\boldsymbol{0}$ とする．$\ell=0$ としても，元の組 $\{\boldsymbol{a}_i\}_{i=1}^n$ の1次従属性より $\{k_i\}_{i=1}^n$ の中で0以外のものをとることができる． ∎

定理 5.2 P を n 次正則行列，そして m 個の n 次元ベクトルの組 $\{\boldsymbol{a}_i\}_{i=1}^m$ について，次のことが成り立つ．

$$\{\boldsymbol{a}_i\}_{i=1}^m \text{が1次独立である．} \Longleftrightarrow \{P\boldsymbol{a}_i\}_{i=1}^m \text{が1次独立である．}$$

ただし，$m \leqq n$ である．

証明 $(\Rightarrow)$ $\boldsymbol{0}=k_1P\boldsymbol{a}_1+\cdots+k_mP\boldsymbol{a}_m=P(k_1\boldsymbol{a}_1+\cdots+k_m\boldsymbol{a}_m)$ とすれば，P の正則性より $\boldsymbol{0}=P^{-1}\boldsymbol{0}=k_1\boldsymbol{a}_1+\cdots+k_m\boldsymbol{a}_m$ となり，$\{\boldsymbol{a}_i\}_{i=1}^m$ の1次独立性から $k_1=\cdots=k_m=0$ となる．よって，$\{P\boldsymbol{a}_i\}_{i=1}^m$ が1次独立である．

$(\Leftarrow)$ $\boldsymbol{0}=k_1\boldsymbol{a}_1+\cdots+k_m\boldsymbol{a}_m$ とすれば，P の正則性より $\boldsymbol{0}=P^{-1}P(k_1\boldsymbol{a}_1+\cdots+k_m\boldsymbol{a}_m)$，$\boldsymbol{0}=P\boldsymbol{0}=k_1P\boldsymbol{a}_1+\cdots+k_mP\boldsymbol{a}_m$ となり，$\{P\boldsymbol{a}_i\}_{i=1}^m$ の1次独立性から $k_1=\cdots=k_m=0$ となる．よって $\{\boldsymbol{a}_i\}_{i=1}^m$ は1次独立である． ∎

与えられた m 個のベクトルの中で，1次独立なベクトルの個数を調べる方法はあるか？

例題 5.6

$$\boldsymbol{a}_1=\begin{pmatrix}1\\2\\-1\\3\end{pmatrix},\ \boldsymbol{a}_2=\begin{pmatrix}0\\1\\1\\0\end{pmatrix},\ \boldsymbol{a}_3=\begin{pmatrix}1\\1\\-3\\1\end{pmatrix},\ \boldsymbol{a}_4=\begin{pmatrix}-3\\-2\\9\\-5\end{pmatrix},\ \boldsymbol{a}_5=\begin{pmatrix}1\\4\\2\\5\end{pmatrix}$$

の中に含まれる1次独立なベクトルの最大数を求めよ．

解答 行列の行に関する基本変形を用いる．

$$A=(\boldsymbol{a}_1\ \boldsymbol{a}_2\ \boldsymbol{a}_3\ \boldsymbol{a}_4\ \boldsymbol{a}_5)=\begin{pmatrix}1&0&1&-3&1\\2&1&1&-2&4\\-1&1&-3&9&2\\3&0&1&-5&5\end{pmatrix}\ \rightarrow$$

単位行列または
それに近い形の行列に
変形する．

$$
\xrightarrow[\substack{\text{③} + \text{①} \\ \text{④} - 3 \times \text{①}}]{\text{②} - 2 \times \text{①}}
\begin{pmatrix} 1 & 0 & 1 & -3 & 1 \\ 0 & 1 & -1 & 4 & 2 \\ 0 & 1 & -2 & 6 & 3 \\ 0 & 0 & -2 & 4 & 2 \end{pmatrix}
\xrightarrow[\text{③} - \text{②}]{}
\begin{pmatrix} 1 & 0 & 1 & -3 & 1 \\ 0 & 1 & -1 & 4 & 2 \\ 0 & 0 & -1 & 2 & 1 \\ 0 & 0 & -2 & 4 & 2 \end{pmatrix}
$$

$$
\xrightarrow[\text{④} - 2 \times \text{③}]{\substack{\text{①} + \text{③} \\ \text{②} - \text{③}}}
\begin{pmatrix} 1 & 0 & 0 & -1 & 2 \\ 0 & 1 & 0 & 2 & 1 \\ 0 & 0 & -1 & 2 & 1 \\ 0 & 0 & 0 & 0 & 0 \end{pmatrix}
\xrightarrow{-1 \times \text{③}}
\begin{pmatrix} 1 & 0 & 0 & -1 & 2 \\ 0 & 1 & 0 & 2 & 1 \\ 0 & 0 & 1 & -2 & -1 \\ 0 & 0 & 0 & 0 & 0 \end{pmatrix}
$$

$$
= (\boldsymbol{b}_1 \ \boldsymbol{b}_2 \ \boldsymbol{b}_3 \ \boldsymbol{b}_4 \ \boldsymbol{b}_5) = B
$$

ベクトルの組 $\{\boldsymbol{b}_1, \boldsymbol{b}_2, \boldsymbol{b}_3\}$ は 1 次独立で，$\boldsymbol{b}_4$ と $\boldsymbol{b}_5$ は $\boldsymbol{b}_4 = -\boldsymbol{b}_1 + 2\boldsymbol{b}_2 - 2\boldsymbol{b}_3$，$\boldsymbol{b}_5 = 2\boldsymbol{b}_1 + \boldsymbol{b}_2 - \boldsymbol{b}_3$ と表示される．

4.8 節で示したように行列 A の行に関する基本変形は左からある正則行列 P を掛けることであるから，$PA = B = (P\boldsymbol{a}_1 \ \cdots \ P\boldsymbol{a}_5)$ より，$\boldsymbol{a}_1 = P^{-1}\boldsymbol{b}_1$，$\boldsymbol{a}_2 = P^{-1}\boldsymbol{b}_2$，$\boldsymbol{a}_3 = P^{-1}\boldsymbol{b}_3$．定理 5.2 より $\{\boldsymbol{a}_i\}_{i=1}^{3}$ は 1 次独立である．

一方，$\boldsymbol{a}_4 = -P^{-1}\boldsymbol{b}_1 + 2P^{-1}\boldsymbol{b}_2 - 2P^{-1}\boldsymbol{b}_3 = -\boldsymbol{a}_1 + 2\boldsymbol{a}_2 - 2\boldsymbol{a}_3$，そして $\boldsymbol{a}_5 = 2\boldsymbol{a}_1 + \boldsymbol{a}_2 - \boldsymbol{a}_3$．よって，1 次独立なベクトルの最大数は 3 である． ▮

定理 5.3 $n \times m$ 行列 A の列ベクトルの中で 1 次独立なベクトルの最大数は行列 A の階数 r に等しい．

証明　行列 A が基本変形により階数 r の階段行列 B になったとする．

階段行列

$$
A \xrightarrow{\text{基本変形}} B = \left(\begin{array}{cccccccccc}
1 & * & \cdots & \cdots & \cdots & \cdots & \cdots & \cdots & \cdots & \cdots \\
0 & \cdots & 0 & 1 & * & \cdots & \cdots & \cdots & \cdots & \cdots \\
0 & \cdots & \cdots & \cdots & 0 & 1 & * & \cdots & \cdots & \cdots \\
0 & \cdots & \cdots & \cdots & \cdots & \cdots & 0 & 1 & * & \cdots \\
 & & & & \mathbf{0} & & & & &
\end{array} \right) \left.\vphantom{\begin{array}{c}1\\0\\0\\0\end{array}}\right\} r\text{ 行}
$$

このとき，定理 4.6 と定理 5.2 により，行列 A と B の各列ベクトルの中で 1 次独立なベクトルの数は変わらない．階段行列においては i 行目の左から数えてはじめて 1 が現れる列番号 $L(i)$ は，i が大きいほど (下にいくほど) 大きくなる．すなわち $L(i) < L(j)$ $(i < j)$ である．このとき，各 i に対する $L(i)$ 列目の成分は，さらに基本変形することにより i 行目以外をすべて 0 に変形できる．したがって，各 $L(i)$ 列は標準ベクトル $\boldsymbol{e}_{L(i)}$ と一致する．B の階数は r であるから，B には r 個の 1 次独立な列ベクトル $\{\boldsymbol{e}_{L(i)}\}_{i=1}^{r}$ が含まれることになる．これにより，定理は証明できる． ▮

問題 5.3 $\boldsymbol{a}_1 = \begin{pmatrix} 2 \\ 1 \\ 4 \\ 3 \end{pmatrix}, \boldsymbol{a}_2 = \begin{pmatrix} 1 \\ 0 \\ 2 \\ 1 \end{pmatrix}, \boldsymbol{a}_3 = \begin{pmatrix} 5 \\ 3 \\ 10 \\ 8 \end{pmatrix}, \boldsymbol{a}_4 = \begin{pmatrix} 1 \\ 1 \\ 1 \\ 2 \end{pmatrix}, \boldsymbol{a}_5 = \begin{pmatrix} 1 \\ 0 \\ 1 \\ 1 \end{pmatrix}$ の中に含まれる 1 次独立なベクトルの最大数とそのベクトルの組を 1 つ求めよ．

5.2 基底と次元

ベクトル空間 V の中から n 個のベクトル $\boldsymbol{a}_1, \ldots, \boldsymbol{a}_n$ がとれて，次の条件をみたすとき，V を $\boldsymbol{n}$ **次元**ベクトル空間，$\{\boldsymbol{a}_i\}_{i=1}^n$ を V の**基底**という．

(1) $\{\boldsymbol{a}_i\}_{i=1}^n$ は **1 次独立**である．

(2) V の任意のベクトル $\boldsymbol{v}$ は $\{\boldsymbol{a}_i\}_{i=1}^n$ の 1 次結合で表される．すなわち，n 個の数 $\{k_i\}_{i=1}^n$ を用いて

$$\boldsymbol{v} = \sum_{i=1}^n k_i \boldsymbol{a}_i.$$

と表せる．

V が n 次元ベクトル空間であることを $\dim V = n$ と記す．V が $\boldsymbol{0}$ のみからなる，すなわち $V = \{\boldsymbol{0}\}$ ならば，$\dim V = 0$ とする．

2 次元平面上のベクトル $\boldsymbol{z} = \begin{pmatrix} x \\ y \end{pmatrix}$ の全体 V について，$\boldsymbol{e}_1 = \begin{pmatrix} 1 \\ 0 \end{pmatrix}$，$\boldsymbol{e}_2 = \begin{pmatrix} 0 \\ 1 \end{pmatrix}$ として，ベクトルの組 $\{\boldsymbol{e}_1, \boldsymbol{e}_2\}$ が**基底**となることは第 2 章で述べた．ただし，基底は一意ではない．

たとえば，$\boldsymbol{e}_1{}' = \begin{pmatrix} 1 \\ 1 \end{pmatrix}$，$\boldsymbol{e}_2{}' = \begin{pmatrix} 1 \\ -1 \end{pmatrix}$ とすれば，$\boldsymbol{e}_1{}'$ と $\boldsymbol{e}_2{}'$ は 1 次独立であり，任意の平面ベクトルは

$$\boldsymbol{z} = \begin{pmatrix} x \\ y \end{pmatrix} = k \begin{pmatrix} 1 \\ 1 \end{pmatrix} + l \begin{pmatrix} 1 \\ -1 \end{pmatrix} = \begin{pmatrix} k+l \\ k-l \end{pmatrix}$$

より，$k = \dfrac{x+y}{2}$, $l = \dfrac{x-y}{2}$ として $\boldsymbol{e}_1{}'$ と $\boldsymbol{e}_2{}'$ の 1 次結合で $\boldsymbol{z} = k\boldsymbol{e}_1{}' + \ell \boldsymbol{e}_2{}'$ と表示される．したがって，$\{\boldsymbol{e}_1{}', \boldsymbol{e}_2{}'\}$ も基底となる．

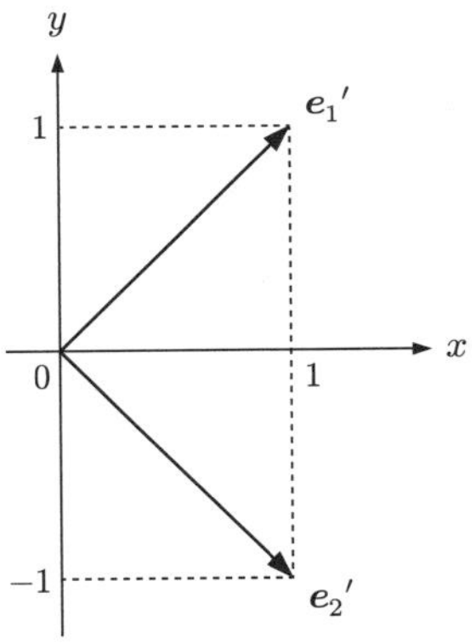

図 5.1

例題 5.7 $W = \left\{ \begin{pmatrix} x \\ y \\ z \end{pmatrix} \middle| \, 2x + y - z = 0 \right\}$ が空間 $\mathbb{R}^3$ の部分空間であることを示し，その基底と次元を求めよ．

解答 $\begin{pmatrix}0\\0\\0\end{pmatrix} \in W$ である．また，$\begin{pmatrix}x_1\\y_1\\z_1\end{pmatrix}$，$\begin{pmatrix}x_2\\y_2\\z_2\end{pmatrix} \in W$ と $k, \ell \in \mathbb{R}$ について $2(kx_1+\ell x_2)+(ky_1+\ell y_2)-(kz_1+\ell z_2)=0$ をみたすので，$k\begin{pmatrix}x_1\\y_1\\z_1\end{pmatrix}+\ell\begin{pmatrix}x_2\\y_2\\z_2\end{pmatrix} \in W$．よって，$W$ は $\mathbb{R}^3$ の部分空間である．

次に，$\boldsymbol{u} \in W$ のとき，$\boldsymbol{u} = \begin{pmatrix}x\\y\\z\end{pmatrix} = \begin{pmatrix}s\\t\\2s+t\end{pmatrix} = s\begin{pmatrix}1\\0\\2\end{pmatrix}+t\begin{pmatrix}0\\1\\1\end{pmatrix} = s\boldsymbol{a}_1+t\boldsymbol{a}_2$ となる．

$\boldsymbol{a}_1$ と $\boldsymbol{a}_2$ が1次独立であることを示せば，$\{\boldsymbol{a}_1, \boldsymbol{a}_2\}$ が基底となり，$\dim W = 2$ であることがわかる．上の式で $\boldsymbol{u} = \boldsymbol{0}$ とすれば，$s=t=0$，$2s+t=0$ より，結果として $s=t=0$ 以外では成立しない．したがって，$\{\boldsymbol{a}_1, \boldsymbol{a}_2\}$ は1次独立であることが示された．

一方，定理5.3より行列 $(\boldsymbol{a}_1\ \boldsymbol{a}_2)$ の階数が2であることを示してもよい．すなわち，

$$\begin{pmatrix}1&0\\0&1\\2&1\end{pmatrix} \xrightarrow{③-2\times①} \begin{pmatrix}1&0\\0&1\\0&1\end{pmatrix} \xrightarrow{③-②} \begin{pmatrix}1&0\\0&1\\0&0\end{pmatrix}. \tag{5.2}$$

また，(2.19) から W は原点を含む空間内の平面であることがわかる．∎

例題 5.8 次の4つのベクトルについて，W を $\{\boldsymbol{v}_i\}_{i=1}^4$ で**張られる空間**，すなわち $W = \mathrm{span}\{\boldsymbol{v}_1, \boldsymbol{v}_2, \boldsymbol{v}_3, \boldsymbol{v}_4\}$ とする．

$$\boldsymbol{v}_1 = \begin{pmatrix}1\\2\\0\\3\end{pmatrix},\ \boldsymbol{v}_2 = \begin{pmatrix}-1\\0\\1\\-2\end{pmatrix},\ \boldsymbol{v}_3 = \begin{pmatrix}-1\\4\\3\\0\end{pmatrix},\ \boldsymbol{v}_4 = \begin{pmatrix}0\\2\\1\\0\end{pmatrix}$$

このとき，W の基底とその次元を求めよ．

解答 例題5.6と同様に4つのベクトルの中で1次独立なベクトルの最大数を調べる．$A = (\boldsymbol{v}_1\ \boldsymbol{v}_2\ \boldsymbol{v}_3\ \boldsymbol{v}_4)$ とするとき，行列 A を基本変形を用いて階段行列に変形する．

$$A = \begin{pmatrix}1&-1&-1&0\\2&0&4&2\\0&1&3&1\\3&-2&0&0\end{pmatrix} \xrightarrow[④-3\times①]{②-2\times①} \begin{pmatrix}1&-1&-1&0\\0&2&6&2\\0&1&3&1\\0&1&3&0\end{pmatrix} \xrightarrow{②\leftrightarrow④} \begin{pmatrix}1&-1&-1&0\\0&1&3&0\\0&1&3&1\\0&2&6&2\end{pmatrix}$$

$$\xrightarrow[\substack{③-② \\ ④-2\times②}]{①+②} \begin{pmatrix} 1 & 0 & 2 & 0 \\ 0 & 1 & 3 & 0 \\ 0 & 0 & 0 & 1 \\ 0 & 0 & 0 & 2 \end{pmatrix} \xrightarrow[④-2\times③]{} \begin{pmatrix} 1 & 0 & \boxed{2} & 0 \\ 0 & 1 & \boxed{3} & 0 \\ 0 & 0 & \boxed{0} & 1 \\ 0 & 0 & \boxed{0} & 0 \end{pmatrix} = (\boldsymbol{b}_1\ \boldsymbol{b}_2\ \boldsymbol{b}_3\ \boldsymbol{b}_4) = B.$$

よって，$\boldsymbol{b}_3 = 2\boldsymbol{b}_1 + 3\boldsymbol{b}_2$ であり，そして $\{\boldsymbol{b}_1, \boldsymbol{b}_2, \boldsymbol{b}_4\}$ は 1 次独立である．

4.8 節より行に関する基本変形とは，ある正則行列 P を左から掛けることであった．すなわち，

$$PA = B = (\boldsymbol{b}_1\ \boldsymbol{b}_2\ \boldsymbol{b}_3\ \boldsymbol{b}_4).$$

よって，$P\boldsymbol{v}_i = \boldsymbol{b}_i$ $(i = 1, 2, 3, 4)$ だから，定理 5.2 から組 $\{\boldsymbol{v}_i\}$ が 1 次独立なら組 $\{\boldsymbol{b}_i\}$ も 1 次独立であり，その逆も成り立つ．したがって，$\mathcal{U} = \{\boldsymbol{v}_1, \boldsymbol{v}_2, \boldsymbol{v}_4\}$ は 1 次独立である．一方，$\boldsymbol{v}_3 = P^{-1}\boldsymbol{b}_3 = P^{-1}(2\boldsymbol{b}_1 + 3\boldsymbol{b}_2) = 2\boldsymbol{v}_1 + 3\boldsymbol{v}_2$ より，$\boldsymbol{x} \in W$ について，

$$\boldsymbol{x} = \sum_{i=1}^{4} k_i \boldsymbol{v}_i = (k_1 + 2k_3)\boldsymbol{v}_1 + (k_2 + 3k_3)\boldsymbol{v}_2 + k_4\boldsymbol{v}_4$$

であるから，ベクトルの組 $\mathcal{U}$ は基底となり，$\dim W = 3$. ■

定理 5.4　$W = \mathrm{span}\{\boldsymbol{a}_1, \ldots, \boldsymbol{a}_n\}$ とするとき，

$$\dim W = \mathrm{rank}\, A$$

が成り立つ．ここで，行列 A は $A = (\boldsymbol{a}_1\ \cdots\ \boldsymbol{a}_n)$ とする．

証明　定理 5.3 より，ベクトルの組 $\mathcal{U} = \{\boldsymbol{a}_i\}_{i=1}^{n}$ の中で $\mathrm{rank}\, A$ 個の 1 次独立なベクトルが存在する．その集合を $\mathcal{U}'$ とすれば，$\mathcal{U} \neq \mathcal{U}'$ なら $\mathcal{U}$ は 1 次従属となり，$\mathcal{U}'$ 以外の $\mathcal{U}$ のベクトルは $\mathcal{U}'$ の 1 次結合で表示される．したがって，W の次元は $\mathrm{rank}\, A$ である． ■

例題 4.10 について，連立 1 次方程式の解全体 W は 1 次独立な 2 つのベクトル $\boldsymbol{a}, \boldsymbol{b}$ の 1 次結合で張られるので，$\dim W = 2$ となる．また，解は 4 つの実数を成分とするベクトルで表示されるので，W は 4 次元数ベクトル空間 $\mathbb{R}^4$ の部分空間である．

問題 5.4　$W = \mathrm{span}\left\{ \begin{pmatrix} 1 \\ 2 \\ 1 \\ 3 \end{pmatrix}, \begin{pmatrix} -1 \\ -1 \\ 1 \\ -1 \end{pmatrix}, \begin{pmatrix} 1 \\ -2 \\ -7 \\ -5 \end{pmatrix}, \begin{pmatrix} 1 \\ -1 \\ -5 \\ -3 \end{pmatrix} \right\}$ の基底とその次元を求めよ．

基底が有限個のベクトル空間を有限次元ベクトル空間と呼び，そうでないものを無限次元ベクトル空間という．三角関数を基底とした無限次元ベクトル空間の理論として，フーリエ級数 (解析) などがある．

5.3　計量ベクトル空間

ベクトル空間 V の2つの部分空間 W_1, W_2 について, 部分集合 $\{\boldsymbol{x}_1+\boldsymbol{x}_2 \mid \boldsymbol{x}_1 \in W_1,\ \boldsymbol{x}_2 \in W_2\}$ もまた V の部分空間となり, これを W_1 と W_2 の**和空間**といい, $W_1 + W_2$ とかく.

V が W_1 と W_2 の和空間であり, V のすべてのベクトルが W_1 と W_2 に属するベクトルの和として**一意的**に表示されるとき, V は W_1 と W_2 の**直和**といい, $W_1 \dot{+} W_2$ と表す. すなわち, $\boldsymbol{x} \in V$ に対して, $\boldsymbol{x}_1, \boldsymbol{x}_1{}' \in W_1$ そして $\boldsymbol{x}_2, \boldsymbol{x}_2{}' \in W_2$ を適当に選んで $\boldsymbol{x} = \boldsymbol{x}_1 + \boldsymbol{x}_2 = \boldsymbol{x}_1{}' + \boldsymbol{x}_2{}'$ と表示されるならば, $\boldsymbol{x}_1 = \boldsymbol{x}_1{}'$, $\boldsymbol{x}_2 = \boldsymbol{x}_2{}'$ となることである.

定理 5.5　ベクトル空間 V の2つの部分空間 W_1, W_2 について, $V = W_1 + W_2$ であるとき, 次の3つの条件は同値である.

(1)　$V = W_1 \dot{+} W_2$

(2)　$W_1 \cap W_2 = \{\boldsymbol{0}\}$

(3)　$\dim V = \dim W_1 + \dim W_2$

証明　(1) $\Rightarrow$ (2)：$W_1 \cap W_2 \ni \boldsymbol{x} \neq \boldsymbol{0}$ とすれば, $\boldsymbol{0} = \boldsymbol{0} + \boldsymbol{0} = \boldsymbol{x} + (-\boldsymbol{x})$ となり, 表示の一意性に反する.

(1) $\Leftarrow$ (2)：$\boldsymbol{x} \in V$ が $\boldsymbol{x} = \boldsymbol{x}_1 + \boldsymbol{x}_2 = \boldsymbol{x}_1{}' + \boldsymbol{x}_2{}'$ $(\boldsymbol{x}_1,\ \boldsymbol{x}_1{}' \in W_1,\ \boldsymbol{x}_2,\ \boldsymbol{x}_2{}' \in W_2)$ と表示されたとする. (2) と $\boldsymbol{x}_1 - \boldsymbol{x}_1{}' \in W_1$, $\boldsymbol{x}_2{}' - \boldsymbol{x}_2 \in W_2$ より $\boldsymbol{x}_1 - \boldsymbol{x}_1{}' = \boldsymbol{x}_2{}' - \boldsymbol{x}_2 = \boldsymbol{0}$. したがって, 表示の一意性が得られた.

(2) $\Leftrightarrow$ (3) を示す. $\dim V = n$, $\dim W_1 = n_1$, $\dim W_2 = n_2$, W_1 と W_2 の基底を $\{\boldsymbol{r}_i\}_{i=1}^{n_1}$, $\{\boldsymbol{s}_j\}_{j=1}^{n_2}$ とする.

$\Leftarrow$：$n = n_1 + n_2$ より, $\{\boldsymbol{r}_1, \ldots, \boldsymbol{r}_{n_1}, \boldsymbol{s}_1, \ldots, \boldsymbol{s}_{n_2}\}$ は V の基底であり, 重複することはない. $\boldsymbol{x} \in W_1 \cap W_2$ とすれば基底の1次独立性より, $\boldsymbol{x} = \boldsymbol{0}$ である.

$\Rightarrow$：$V = \mathrm{span}\{\boldsymbol{r}_1, \ldots, \boldsymbol{r}_{n_1}, \boldsymbol{s}_1, \ldots, \boldsymbol{s}_{n_2}\}$ であるから, $\{\boldsymbol{r}_1, \ldots, \boldsymbol{r}_{n_1}, \boldsymbol{s}_1, \ldots, \boldsymbol{s}_{n_2}\}$ が1次独立であることを示せばよい. $k_1\boldsymbol{r}_1 + \cdots + k_{n_1}\boldsymbol{r}_{n_1} + \ell_1\boldsymbol{s}_1 + \cdots + \ell_{n_2}\boldsymbol{s}_{n_2} = \boldsymbol{0}$ とおく. $k_1\boldsymbol{r}_1 + \cdots + k_{n_1}\boldsymbol{r}_{n_1} = -\ell_1\boldsymbol{s}_1 - \cdots - \ell_{n_2}\boldsymbol{s}_{n_2}$ を得るが, 左辺は W_1 の要素, 右辺は W_2 の要素であるから, 両辺ともに $W_1 \cap W_2$ の要素である. したがって, 仮定より $k_1\boldsymbol{r}_1 + \cdots + k_{n_1}\boldsymbol{r}_{n_1} = \ell_1\boldsymbol{s}_1 + \cdots + \ell_{n_2}\boldsymbol{s}_{n_2} = \boldsymbol{0}$. $\{\boldsymbol{r}_i\}_{i=1}^{n_1}$, $\{\boldsymbol{s}_j\}_{j=1}^{n_2}$ の1次独立性より $k_1 = \cdots = k_{n_1} = \ell_1 = \cdots = \ell_{n_2} = 0$ を得る. よって, $\{\boldsymbol{r}_1, \ldots, \boldsymbol{r}_{n_1}, \boldsymbol{s}_1, \ldots, \boldsymbol{s}_{n_2}\}$ は1次独立であり, $n = n_1 + n_2$ が得られる. ∎

ベクトル空間 V について, V の2つのベクトル $\boldsymbol{x}, \boldsymbol{y}$ に対して実数を対応させる演算 $\langle \boldsymbol{x}, \boldsymbol{y} \rangle$ が存在して, 次の条件が成り立つとき V を (実) **計量ベクトル空間**という.

(1)　$\langle \boldsymbol{x}, \boldsymbol{y}_1 + \boldsymbol{y}_2 \rangle = \langle \boldsymbol{x}, \boldsymbol{y}_1 \rangle + \langle \boldsymbol{x}, \boldsymbol{y}_2 \rangle$, $\langle \boldsymbol{x}_1 + \boldsymbol{x}_2, \boldsymbol{y} \rangle = \langle \boldsymbol{x}_1 + \boldsymbol{x}_2, \boldsymbol{y} \rangle$

(2)　$\langle c\boldsymbol{x}, \boldsymbol{y} \rangle = c\langle \boldsymbol{x}, \boldsymbol{y} \rangle = \langle \boldsymbol{x}, c\boldsymbol{y} \rangle \quad (c \in \mathbb{R})$

(3)　$\langle \boldsymbol{x}, \boldsymbol{y} \rangle = \langle \boldsymbol{y}, \boldsymbol{x} \rangle$

(4)　$\langle \boldsymbol{x}, \boldsymbol{x} \rangle \geqq 0$ また, $\langle \boldsymbol{x}, \boldsymbol{x} \rangle = 0 \iff \boldsymbol{x} = \boldsymbol{0}$

$\langle \boldsymbol{x}, \boldsymbol{y} \rangle$ を $\boldsymbol{x}$ と $\boldsymbol{y}$ の**内積**, $\sqrt{\langle \boldsymbol{x}, \boldsymbol{x} \rangle}$ を $\boldsymbol{x}$ の**長さ**といい, $|\boldsymbol{x}|$ と表す. また, $\boldsymbol{x}, \boldsymbol{y} \in V$ のとき,

$\langle \boldsymbol{x}, \boldsymbol{y} \rangle = 0$ ならば $\boldsymbol{x}$ と $\boldsymbol{y}$ は**直交する**といい，$\boldsymbol{x} \perp \boldsymbol{y}$ と表す．計量ベクトル空間 V の n 個のベクトルが互いに直交し，かつ長さが 1 のとき，そのベクトルの組を**正規直交系**という．特に，それらが V の基底であれば**正規直交基底**という．第 2 章で述べた平面および空間で定義した内積 (2.3)，(2.12) は条件 (1)〜(4) をみたしている．

問題 5.5 2 次元ベクトル $\boldsymbol{a} = \begin{pmatrix} a_1 \\ a_2 \end{pmatrix}$，$\boldsymbol{b} = \begin{pmatrix} b_1 \\ b_2 \end{pmatrix}$ について，$\langle \boldsymbol{a}, \boldsymbol{b} \rangle = a_1 b_1$ と定義するとこれは内積の条件をみたしていないことを示せ．

閉区間 $[a, b]$ で定義される実数値連続関数全体の集合を $C[a, b]$ と表す．このとき，$C[a, b]$ はベクトル空間である．また，$f(x), g(x) \in C[a, b]$ に対して，内積を $\langle f(x), g(x) \rangle = \displaystyle\int_a^b f(x)g(x)\,dx$ と定義すれば，$C[a, b]$ は計量ベクトル空間となる．

計量ベクトル空間 V の部分空間 W に対して，W のすべての要素と直交するベクトルの全体に $\boldsymbol{0}$ を加えた集合は部分空間となる．これを W の**直交補空間**といい，$W^\perp$ と表す．

例題 5.9 計量ベクトル空間 V の部分空間 W に対して，$W^\perp$ は V の部分空間となることを示せ．

解答 $\boldsymbol{x}, \boldsymbol{y} \in W^\perp$ とするとき，すべての $\boldsymbol{z} \in W$ に対して $\langle \boldsymbol{x}, \boldsymbol{z} \rangle = 0$，$\langle \boldsymbol{y}, \boldsymbol{z} \rangle = 0$ となる．$k, \ell \in \mathbb{R}$ に対して，計量ベクトル空間の定義の (1), (2) から $\langle k\boldsymbol{x} + \ell\boldsymbol{y}, \boldsymbol{z} \rangle = 0$ となるので，$W^\perp$ は V の部分空間である． ■

定理 5.6 計量ベクトル空間 V の部分空間 W について，$V = W \dot{+} W^\perp$ である．

証明 以下で説明するシュミットの直交化法により，ベクトル空間 W の基底を用いて，正規直交基底を構成できる．$\{\boldsymbol{u}_i\}_{i=1}^r$ を W の正規直交基底とする．$\boldsymbol{x} \in V$ に対して，$\boldsymbol{x}_1 = \displaystyle\sum_{i=1}^r \langle \boldsymbol{x}, \boldsymbol{u}_i \rangle \boldsymbol{u}_i$，$\boldsymbol{x}_2 = \boldsymbol{x} - \boldsymbol{x}_1$ とすると $\boldsymbol{x}_2 \in W^\perp$ である．これにより，$V = W_1 + W^\perp$ となる．

次に，$\boldsymbol{x} \in W \cap W^\perp$ とする．$\langle \boldsymbol{x}, \boldsymbol{x} \rangle = 0$ より $\boldsymbol{x} = \boldsymbol{0}$．定理 5.5 から $V = W \dot{+} W^\perp$． ■

シュミットの直交化法

$\{\boldsymbol{a}_i\}_{i=1}^n$ が計量ベクトル空間 V の 1 次独立なベクトルの組であるとする．$\boldsymbol{u}_1 = \dfrac{\boldsymbol{a}_1}{|\boldsymbol{a}_1|}$ とすれば，$|\boldsymbol{u}_1| = 1$ となる．次に，$\boldsymbol{a}_2{}' = \boldsymbol{a}_2 - \langle \boldsymbol{a}_2, \boldsymbol{u}_1 \rangle \boldsymbol{u}_1$ とすると $\langle \boldsymbol{a}_2{}', \boldsymbol{u}_1 \rangle = 0$ となる．$\boldsymbol{u}_2 = \dfrac{\boldsymbol{a}_2{}'}{|\boldsymbol{a}_2{}'|}$ とすれば，$|\boldsymbol{u}_2| = 1$ となる．次の方法で $\{\boldsymbol{u}_i\}_{i=1}^n$ が順次つくられる．$\boldsymbol{a}_\ell{}' = \boldsymbol{a}_\ell - \displaystyle\sum_{i=1}^{\ell-1} \langle \boldsymbol{a}_\ell, \boldsymbol{u}_i \rangle \boldsymbol{u}_i$ とすれば，$\boldsymbol{a}_\ell{}' \perp \boldsymbol{u}_i$ $(i = 1, \ldots, \ell - 1)$．これより $\boldsymbol{u}_\ell = \dfrac{\boldsymbol{a}_\ell{}'}{|\boldsymbol{a}_\ell{}'|}$ とすれば，$|\boldsymbol{u}_\ell| = 1$．このようにして，正規直交系をつくることができる．

例題 5.10　3つのベクトル $\boldsymbol{a}_1 = \begin{pmatrix} 1 \\ -1 \\ 0 \end{pmatrix}, \boldsymbol{a}_2 = \begin{pmatrix} 1 \\ 0 \\ -1 \end{pmatrix}, \boldsymbol{a}_3 = \begin{pmatrix} 1 \\ 2 \\ 3 \end{pmatrix}$ について，各問に答えよ．

(1) ベクトルの組 $\{\boldsymbol{a}_1, \boldsymbol{a}_2, \boldsymbol{a}_3\}$ が1次独立であることを示せ．

(2) 3つのベクトルから，シュミットの直交化法を用いて正規直交系をつくれ．

解答　(1) 注意5.2より $A = (\boldsymbol{a}_1\ \boldsymbol{a}_2\ \boldsymbol{a}_3)$ とすれば，$|A| = 6 \neq 0$ より，3つのベクトルは1次独立である．

(2) $|\boldsymbol{a}_1| = \sqrt{2}$ より，$\boldsymbol{u}_1 = \dfrac{\boldsymbol{a}_1}{|\boldsymbol{a}_1|} = \dfrac{1}{\sqrt{2}}\begin{pmatrix} 1 \\ -1 \\ 0 \end{pmatrix}$．$\boldsymbol{a}_2{}' = \boldsymbol{a}_2 - \langle \boldsymbol{a}_2, \boldsymbol{u}_1 \rangle \boldsymbol{u}_1 = \dfrac{1}{2}\begin{pmatrix} 1 \\ 1 \\ -2 \end{pmatrix}$．よって $\boldsymbol{u}_2 = \dfrac{\boldsymbol{a}_2{}'}{|\boldsymbol{a}_2{}'|} = \dfrac{1}{\sqrt{6}}\begin{pmatrix} 1 \\ 1 \\ -2 \end{pmatrix}$．最後に，$\boldsymbol{a}_3{}' = \boldsymbol{a}_3 - \langle \boldsymbol{a}_3, \boldsymbol{u}_1 \rangle \boldsymbol{u}_1 - \langle \boldsymbol{a}_3, \boldsymbol{u}_2 \rangle \boldsymbol{u}_2 = \begin{pmatrix} 2 \\ 2 \\ 2 \end{pmatrix}$．したがって，$\boldsymbol{u}_3 = \dfrac{\boldsymbol{a}_3{}'}{|\boldsymbol{a}_3{}'|} = \dfrac{1}{\sqrt{3}}\begin{pmatrix} 1 \\ 1 \\ 1 \end{pmatrix}$．　■

問題 5.6　3つのベクトル $\boldsymbol{a}_1 = \begin{pmatrix} 1 \\ 0 \\ 1 \end{pmatrix}$，$\boldsymbol{a}_2 = \begin{pmatrix} 1 \\ 1 \\ 1 \end{pmatrix}$，$\boldsymbol{a}_3 = \begin{pmatrix} 1 \\ 2 \\ 2 \end{pmatrix}$ について，各問に答えよ．

(1)　ベクトルの組 $\{\boldsymbol{a}_1, \boldsymbol{a}_2, \boldsymbol{a}_3\}$ が1次独立であることを示せ．

(2)　3つのベクトルから，シュミットの直交化法を用いて正規直交系をつくれ．

5.4　線形写像とその行列表示

この節では第2章で扱った平面ベクトルに対するいろいろな1次変換の行列表示について，一般のベクトル空間で考える．

2つの集合 X, Y とそれぞれの要素 x, y について，x を y に対応させる規則を**写像**といい

$$y = f(x) \qquad \text{または} \qquad f : X \to Y$$

とかく．ここで，f を X から Y への写像ともいう．また，$X = Y$ のとき f を X 上の**変換**という．

ベクトル空間 X, Y について，X から Y への写像 f が次の条件をみたすとき，**線形 (1次)** であるという．

(i)　X の任意の要素 $\boldsymbol{u}, \boldsymbol{v}$ について,

$$f(\boldsymbol{u}+\boldsymbol{v}) = f(\boldsymbol{u}) + f(\boldsymbol{v}), \tag{5.3}$$

(ii)　任意の実数 α と X の任意の要素 $\boldsymbol{u}$ について,

$$f(\alpha\boldsymbol{u}) = \alpha f(\boldsymbol{u}). \tag{5.4}$$

注意 5.3　次の条件は条件 (i), (ii) と同値である.

任意の実数 α, β そして X の任意の要素 $\boldsymbol{u}, \boldsymbol{v}$ について

$$f(\alpha\boldsymbol{u}+\beta\boldsymbol{v}) = \alpha f(\boldsymbol{u}) + \beta f(\boldsymbol{v}).$$

注意 5.4　線形写像 f について, $f(\boldsymbol{0}) = \boldsymbol{0}$. なぜなら,

$$f(\boldsymbol{0}) = f(0\cdot\boldsymbol{0}) = 0\cdot f(\boldsymbol{0}) = \boldsymbol{0}.$$

$\mathbb{R}$ から $\mathbb{R}$ への変換 $y = f(x) = \sin x$ は線形ではない. たとえば, (5.4) について, $\alpha = 2, x = \dfrac{\pi}{4}$ とすれば $f(\alpha x) = \sin\dfrac{\pi}{2} = 1$. 一方, $\alpha f(x) = 2\sin\dfrac{\pi}{4} = \sqrt{2}$ となり一致しない.

一方, 関数に導関数または不定積分を対応させる規則は線形写像である.

平面上の 1 次変換とその行列表示について 2.9 節ですでに述べているが, ここではより一般の場合を扱う.

X, Y がベクトル空間である場合, X から Y への線形写像 f は行列を用いて表示できる：

$\dim\ X = n$, $\dim\ Y = m$ とするとき, X と Y の基底をそれぞれ $\{\boldsymbol{a}_i\}_{i=1}^{n}$, $\{\boldsymbol{b}_k\}_{k=1}^{m}$ とする. $f(\boldsymbol{a}_i) \in Y$ であるから, Y の基底を用いて,

$$f(\boldsymbol{a}_i) = c_{1i}\boldsymbol{b}_1 + \cdots + c_{mi}\boldsymbol{b}_m = \sum_{k=1}^{m} c_{ki}\boldsymbol{b}_k = B\boldsymbol{c}_i$$

と表示できる. ここで, 行列 B とベクトル $\boldsymbol{c}_i$ は $B = (\boldsymbol{b}_1\ \cdots\ \boldsymbol{b}_m)$, $\boldsymbol{c}_i = \begin{pmatrix} c_{1i} \\ \vdots \\ c_{mi} \end{pmatrix}$ である. また, $C = (\boldsymbol{c}_1\ \cdots\ \boldsymbol{c}_n)$ は $m \times n$ 行列であり,

$$(f(\boldsymbol{a}_1)\ \cdots\ f(\boldsymbol{a}_n)) = BC.$$

さて, X の任意の要素 $\boldsymbol{x}$ は, X の基底を用いて $\boldsymbol{x} = x_1\boldsymbol{a}_1 + \cdots + x_n\boldsymbol{a}_n$ と表示できるので, f の線形性から,

$$f(\boldsymbol{x}) = x_1 f(\boldsymbol{a}_1) + \cdots + x_n f(\boldsymbol{a}_n) = (f(\boldsymbol{a}_1)\ \cdots\ f(\boldsymbol{a}_n))\begin{pmatrix} x_1 \\ \vdots \\ x_n \end{pmatrix} = BC\begin{pmatrix} x_1 \\ \vdots \\ x_n \end{pmatrix}.$$

一方，$f(\boldsymbol{x}) \in Y$ より，Y の基底を用いて $f(\boldsymbol{x}) = y_1\boldsymbol{b}_1 + \cdots + y_m\boldsymbol{b}_m$ と表示できているから，

$$f(\boldsymbol{x}) = (\boldsymbol{b}_1 \ \cdots \ \boldsymbol{b}_m)\begin{pmatrix} y_1 \\ \vdots \\ y_m \end{pmatrix} = B\begin{pmatrix} y_1 \\ \vdots \\ y_m \end{pmatrix}.$$

$\{\boldsymbol{b}_i\}_{i=1}^m$ は m 次元数ベクトル空間の基底であるから，B は正則行列となり $\begin{pmatrix} y_1 \\ \vdots \\ y_m \end{pmatrix} = C\begin{pmatrix} x_1 \\ \vdots \\ x_n \end{pmatrix}$ が得られる．

以上をまとめると，n 次元ベクトル空間 X から m 次元ベクトル空間 Y への線形写像を f とする．また，$\{\boldsymbol{a}_i\}_{i=1}^n$，$\{\boldsymbol{b}_k\}_{k=1}^m$ を X, Y それぞれの**基底**とする．このとき，$m \times n$ 行列 C を用いて，

$$(f(\boldsymbol{a}_1) \ \cdots \ f(\boldsymbol{a}_n)) = (\boldsymbol{b}_1 \ \cdots \ \boldsymbol{b}_m)C \tag{5.5}$$

とかける．このとき C を基底 $\{\boldsymbol{a}_i\}_{i=1}^n$，$\{\boldsymbol{b}_k\}_{k=1}^m$ による線形写像 f の**表現行列**という．

$\boldsymbol{x} \in X$ のとき $\boldsymbol{x} = x_1\boldsymbol{a}_1 + \cdots + x_n\boldsymbol{a}_n$，$f(\boldsymbol{x}) = y_1\boldsymbol{b}_1 + \cdots + y_m\boldsymbol{b}_m$ ならば，表現行列 C を用いて関係式

$$\begin{pmatrix} y_1 \\ \vdots \\ y_m \end{pmatrix} = C\begin{pmatrix} x_1 \\ \vdots \\ x_n \end{pmatrix}$$

が成り立つ．

注意 5.5 (5.5) より線形写像 f の表現行列 C は X と Y の基底のとり方により決まる．5.5 節で詳しく説明する．

例題 5.11 平面 $\mathbb{R}^2$ 内の点を平面内の点に移す変換 f を

$$\begin{pmatrix} x' \\ y' \end{pmatrix} = f\left(\begin{pmatrix} x \\ y \end{pmatrix}\right) = \begin{pmatrix} x+y \\ x-y \end{pmatrix}$$

とする．$f : \mathbb{R}^2 \to \mathbb{R}^2$ であり，それぞれの空間の基底を $\{\boldsymbol{a}_1, \boldsymbol{a}_2\}$，$\{\boldsymbol{b}_1, \boldsymbol{b}_2\}$ とするとき，各問に答えよ．ここで，$\boldsymbol{a}_1 = \begin{pmatrix} 1 \\ -1 \end{pmatrix}$，$\boldsymbol{a}_2 = \begin{pmatrix} 1 \\ 0 \end{pmatrix}$，$\boldsymbol{b}_1 = \begin{pmatrix} 0 \\ -1 \end{pmatrix}$，$\boldsymbol{b}_2 = \begin{pmatrix} 1 \\ 2 \end{pmatrix}$ とする．

(1)　f は線形変換であることを示せ．

(2)　$f(\boldsymbol{a}_1), f(\boldsymbol{a}_2)$ を $\boldsymbol{b}_1$ と $\boldsymbol{b}_2$ の 1 次結合で表せ．

(3)　基底 $\{\boldsymbol{a}_1, \boldsymbol{a}_2\}$，$\{\boldsymbol{b}_1, \boldsymbol{b}_2\}$ による f の表現行列を求めよ．

解答 (1) $\boldsymbol{u} = \begin{pmatrix} a \\ b \end{pmatrix}$, $\boldsymbol{v} = \begin{pmatrix} c \\ d \end{pmatrix}$, α, $\beta \in \mathbb{R}$ とする.

$$f(\alpha\boldsymbol{u} + \beta\boldsymbol{v}) = f\left(\begin{pmatrix} \alpha a + \beta c \\ \alpha b + \beta d \end{pmatrix}\right) = \begin{pmatrix} \alpha a + \beta c + \alpha b + \beta d \\ \alpha a + \beta c - \alpha b - \beta d \end{pmatrix}$$

$$= \alpha \begin{pmatrix} a + b \\ a - b \end{pmatrix} + \beta \begin{pmatrix} c + d \\ c - d \end{pmatrix} = \alpha f(\boldsymbol{u}) + \beta f(\boldsymbol{v}).$$

これより f は線形である.

(2) $f(\boldsymbol{a}_1) = f\left(\begin{pmatrix} 1 \\ -1 \end{pmatrix}\right) = \begin{pmatrix} 1-1 \\ 1+1 \end{pmatrix} = \begin{pmatrix} 0 \\ 2 \end{pmatrix} = -2\boldsymbol{b}_1$,

$f(\boldsymbol{a}_2) = f\left(\begin{pmatrix} 1 \\ 0 \end{pmatrix}\right) = \begin{pmatrix} 1+0 \\ 1-0 \end{pmatrix} = \begin{pmatrix} 1 \\ 1 \end{pmatrix} = \boldsymbol{b}_1 + \boldsymbol{b}_2$.

(3) (5.5) より, $(f(\boldsymbol{a}_1)\ f(\boldsymbol{a}_2)) = (\boldsymbol{b}_1\ \boldsymbol{b}_2) \begin{pmatrix} -2 & 1 \\ 0 & 1 \end{pmatrix}$ となるので, f の表現行列は $C = \begin{pmatrix} -2 & 1 \\ 0 & 1 \end{pmatrix}$ である. ▮

X 上の 2 つの 1 次変換 f, g について, $f(\boldsymbol{p}) = \boldsymbol{q}$, $g(\boldsymbol{q}) = \boldsymbol{r}$ となるとき, $\boldsymbol{p}$ を $\boldsymbol{r}$ に移す変換を f と g の**合成変換**といい, $g \circ f$ と表す. すなわち, $g \circ f(\boldsymbol{p}) = g(f(\boldsymbol{p})) = g(\boldsymbol{q}) = \boldsymbol{r}$ となる.

以下, この節では数ベクトル空間の基底として標準基底を用いる.

例題 5.12 数ベクトル空間 X 上の 1 次変換 f と g のそれぞれの表現行列を A, B とすれば, 合成変換 $g \circ f$ は 1 次変換となり, その表現行列は BA であることを示せ.

解答 α, β を実数, $\boldsymbol{p}$, $\boldsymbol{q}$ をベクトルとする.

$$g \circ f(\alpha\boldsymbol{p} + \beta\boldsymbol{q}) = g(f(\alpha\boldsymbol{p} + \beta\boldsymbol{q})) = g(\alpha f(\boldsymbol{p}) + \beta f(\boldsymbol{q})) = \alpha g(f(\boldsymbol{p})) + \beta g(f(\boldsymbol{q}))$$

$$= \alpha g \circ f(\boldsymbol{p}) + \beta g \circ f(\boldsymbol{q})$$

より, $g \circ f$ は 1 次変換である.

次に, $f(\boldsymbol{p}) = \boldsymbol{q}$, $g(\boldsymbol{q}) = \boldsymbol{r}$ とすれば $g \circ f(\boldsymbol{p}) = \boldsymbol{r}$ である. また, $A\boldsymbol{p} = \boldsymbol{q}$, $B\boldsymbol{q} = \boldsymbol{r}$ より $BA\boldsymbol{p} = B\boldsymbol{q} = \boldsymbol{r}$ から BA が $g \circ f$ の表現行列となる. ▮

ベクトル空間 X のすべてのベクトル $\boldsymbol{p}$ を $\boldsymbol{p}$ 自身に対応させる 1 次変換を**恒等変換**といい, I と表す. X が数ベクトル空間のとき, 単位行列 E は $E\boldsymbol{p} = \boldsymbol{p}$ をみたすので, E は恒等変換の表現行列である. f と g の合成変換が恒等変換になるとき, g を f の**逆変換**といい f^{-1} と表

す．すなわち

$$g \circ f(\boldsymbol{p}) = f \circ g(\boldsymbol{p}) = I(\boldsymbol{p}) = \boldsymbol{p} \quad \text{または} \quad f^{-1} \circ f(\boldsymbol{p}) = f \circ f^{-1}(\boldsymbol{p}) = I(\boldsymbol{p}) = \boldsymbol{p}.$$

例題 5.13　f^{-1} の表現行列は f の表現行列 A の逆行列 A^{-1} であることを示せ．

解答　f^{-1} の行列表現を B とすれば，例題 5.12 より $BA = AB = E$ となり $B = A^{-1}$． ∎

例題 5.14　平面内のベクトルを原点中心に反時計まわりに $\dfrac{\pi}{4}$ 回転させる変換を f, x 軸に対称に折り返す変換を g とするとき，合成変換 $f \circ g$ と $g \circ f$ の表現行列を求めよ．また，直線 $y = 2x + 1$ を合成変換 $f \circ g$ で移せ．

解答　変換 f と g の表現行列を A と B とするとき，2.8 節より

$$A = \begin{pmatrix} \cos\dfrac{\pi}{4} & -\sin\dfrac{\pi}{4} \\ \sin\dfrac{\pi}{4} & \cos\dfrac{\pi}{4} \end{pmatrix} = \frac{1}{\sqrt{2}}\begin{pmatrix} 1 & -1 \\ 1 & 1 \end{pmatrix}, \quad B = \begin{pmatrix} 1 & 0 \\ 0 & -1 \end{pmatrix}$$

となる．したがって，$f \circ g$ と $g \circ f$ の表現行列は

$$AB = \frac{1}{\sqrt{2}}\begin{pmatrix} 1 & 1 \\ 1 & -1 \end{pmatrix}, \quad BA = \frac{1}{\sqrt{2}}\begin{pmatrix} 1 & -1 \\ -1 & -1 \end{pmatrix}.$$

直線上の点はパラメータ t を用いて $\begin{pmatrix} x \\ y \end{pmatrix} = \begin{pmatrix} t \\ 2t+1 \end{pmatrix}$ と表示される．移された点を $\begin{pmatrix} x' \\ y' \end{pmatrix}$ とすれば，$f \circ g$ の表現行列は AB より

$$\begin{pmatrix} x' \\ y' \end{pmatrix} = \frac{1}{\sqrt{2}}\begin{pmatrix} 1 & 1 \\ 1 & -1 \end{pmatrix}\begin{pmatrix} t \\ 2t+1 \end{pmatrix}$$

より $x' = \dfrac{1}{\sqrt{2}}(3t+1)$, $y' = -\dfrac{1}{\sqrt{2}}(t+1)$．$t$ を消去することで，直線 $y = -\dfrac{1}{3}(x + \sqrt{2})$ を得る． ∎

表現行列の 1 つの例として，関数の微分を扱う．関数にその導関数を対応させる写像を**微分演算子** T といい，これは線形である．n 次以下の実係数多項式の全体 V_n はベクトル空間になり，微分演算子 T は V_n から V_{n-1} への線形写像である．また，n 次以下の多項式 $k(x) = a_0 + a_1x + \cdots + a_nx^n$ とその係数を成分とする $(n+1)$ 次元数ベクトル $\boldsymbol{a} = (a_0\ a_1\ \cdots\ a_n)$ を同一視することもできる．したがって，n 次以下の多項式 $k(x)$ にその導関数 $k'(x) = a_1 + 2a_2x + \cdots + na_nx^{n-1}$ を対応させることは，$(n+1)$ 次元ベクトル $\boldsymbol{a} = (a_0\ a_1\ \cdots\ a_n)$ に n 次元ベクトル $\boldsymbol{a}' = (a_1\ 2a_2\ \cdots\ na_n)$ を対応させる写像と考えてもよい．写像 T は $\boldsymbol{a}$ を $\boldsymbol{a}'$ に対応させるものとすれば，T は線形であることから，その表現行列 A

を求めることができる．すなわち，

$$A\begin{pmatrix} a_0 \\ \vdots \\ a_n \end{pmatrix} = \begin{pmatrix} a_1 \\ \vdots \\ na_n \end{pmatrix} \quad\Longrightarrow\quad A = \begin{pmatrix} 0 & 1 & 0 & \cdots & 0 \\ 0 & 0 & 2 & \cdots & 0 \\ \vdots & \vdots & \vdots & \ddots & 0 \\ 0 & 0 & 0 & \cdots & n \end{pmatrix}$$

となり，A は $n \times (n+1)$ 行列となる．

5.5　基底のとりかえと線形写像の行列表示

5.2 節でベクトル空間の基底はただ 1 つでないことを学んだ．前節後半では数ベクトル空間の基底として標準基底のみを扱ってきた．そこで別の基底を採用することにより線形写像の行列表示がどのように変更されるかを考える．

簡単のため，ベクトル空間 X の次元が 2 として説明する．$\{\boldsymbol{a}_1, \boldsymbol{a}_2\}$ を X の基底とし，$\{\boldsymbol{a}_1{}', \boldsymbol{a}_2{}'\}$ をそれとは別の基底とする．

$\boldsymbol{a}_1{}', \boldsymbol{a}_2{}' \in X$ より，$\boldsymbol{a}_1{}' = p_{11}\boldsymbol{a}_1 + p_{21}\boldsymbol{a}_2$，$\boldsymbol{a}_2{}' = p_{12}\boldsymbol{a}_1 + p_{22}\boldsymbol{a}_2$ と表示できる．すると

$$(\boldsymbol{a}_1{}' \ \boldsymbol{a}_2{}') = (\boldsymbol{a}_1 \ \boldsymbol{a}_2)\begin{pmatrix} p_{11} & p_{12} \\ p_{21} & p_{22} \end{pmatrix} = (\boldsymbol{a}_1 \ \boldsymbol{a}_2)P \tag{5.6}$$

である．このとき，$P = \begin{pmatrix} p_{11} & p_{12} \\ p_{21} & p_{22} \end{pmatrix}$ を基底のとりかえ $\{\boldsymbol{a}_1, \boldsymbol{a}_2\} \to \{\boldsymbol{a}_1{}', \boldsymbol{a}_2{}'\}$ の行列という．同様にして，Y の基底のとりかえ $\{\boldsymbol{b}_1, \boldsymbol{b}_2\} \to \{\boldsymbol{b}_1{}', \boldsymbol{b}_2{}'\}$ の行列を考え，それを Q とする．このとき，基底のとりかえ $\{\boldsymbol{b}_1{}', \boldsymbol{b}_2{}'\} \to \{\boldsymbol{b}_1, \boldsymbol{b}_2\}$ の行列は Q の逆行列 Q^{-1} となる．すなわち，$(\boldsymbol{b}_1{}' \ \boldsymbol{b}_2{}') = (\boldsymbol{b}_1 \ \boldsymbol{b}_2)Q$ または $(\boldsymbol{b}_1 \ \boldsymbol{b}_2) = (\boldsymbol{b}_1{}' \ \boldsymbol{b}_2{}')Q^{-1}$ が成り立っている．

さて，線形写像 $f\colon\ X \to Y$ について X と Y の基底をそれぞれ $\{\boldsymbol{a}_1, \boldsymbol{a}_2\}$，$\{\boldsymbol{b}_1, \boldsymbol{b}_2\}$ と選んだときの表現行列を C とする．行列 C の 2 つの列ベクトル $\boldsymbol{c}_1$，$\boldsymbol{c}_2$ を用いて，$C = (\boldsymbol{c}_1 \ \boldsymbol{c}_2)$ と表すと，(5.4) から $f(\boldsymbol{a}_1) = (\boldsymbol{b}_1 \ \boldsymbol{b}_2)\boldsymbol{c}_1$，$f(\boldsymbol{a}_2) = (\boldsymbol{b}_1 \ \boldsymbol{b}_2)\boldsymbol{c}_2$ となる．また，X と Y の基底を $\{\boldsymbol{a}_1{}', \boldsymbol{a}_2{}'\}$，$\{\boldsymbol{b}_1{}', \boldsymbol{b}_2{}'\}$ と選んだときの f の表現行列を C' とする．このとき

$$\begin{aligned} f(\boldsymbol{a}_1{}') &= f\left((\boldsymbol{a}_1 \ \boldsymbol{a}_2)\begin{pmatrix} p_{11} \\ p_{21} \end{pmatrix}\right) = f(p_{11}\boldsymbol{a}_1 + p_{21}\boldsymbol{a}_2) = p_{11}f(\boldsymbol{a}_1) + p_{21}f(\boldsymbol{a}_2) \\ &= p_{11}(\boldsymbol{b}_1 \ \boldsymbol{b}_2)\boldsymbol{c}_1 + p_{21}(\boldsymbol{b}_1 \ \boldsymbol{b}_2)\boldsymbol{c}_2 = p_{11}(\boldsymbol{b}_1{}' \ \boldsymbol{b}_2{}')Q^{-1}\boldsymbol{c}_1 + p_{21}(\boldsymbol{b}_1{}' \ \boldsymbol{b}_2{}')Q^{-1}\boldsymbol{c}_2 \\ &= (\boldsymbol{b}_1{}' \ \boldsymbol{b}_2{}')Q^{-1}(p_{11}\boldsymbol{c}_1 + p_{21}\boldsymbol{c}_2). \end{aligned}$$

同様に

$$f(\boldsymbol{a}_2{}') = (\boldsymbol{b}_1{}' \ \boldsymbol{b}_2{}')Q^{-1}(p_{12}\boldsymbol{c}_1 + p_{22}\boldsymbol{c}_2).$$

したがって，

$$\begin{aligned}(f(\boldsymbol{a}_1{}')\ f(\boldsymbol{a}_2{}')) &= (\boldsymbol{b}_1{}'\ \boldsymbol{b}_2{}')Q^{-1}(p_{11}\boldsymbol{c}_1+p_{21}\boldsymbol{c}_2\quad p_{12}\boldsymbol{c}_1+p_{22}\boldsymbol{c}_2)\\ &= (\boldsymbol{b}_1{}'\ \boldsymbol{b}_2{}')Q^{-1}(\boldsymbol{c}_1\ \boldsymbol{c}_2)\begin{pmatrix}p_{11} & p_{12}\\ p_{21} & p_{22}\end{pmatrix}=(\boldsymbol{b}_1{}'\ \boldsymbol{b}_2{}')Q^{-1}CP.\end{aligned}$$

よって，(5.5) より表現行列 C' は $C'=Q^{-1}CP$ である．

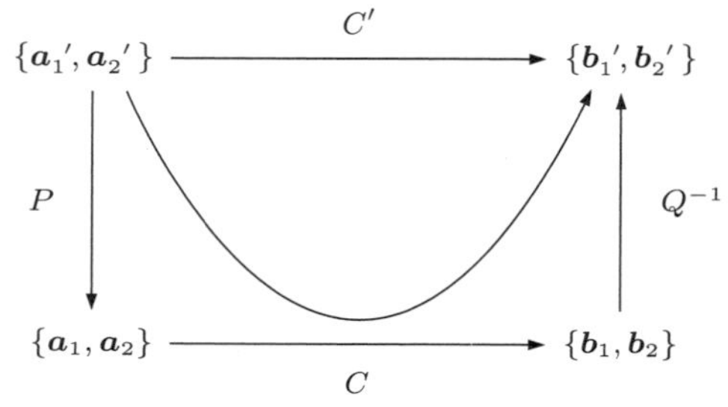

図 5.2

問題 5.7　(1) $\mathbb{R}^2$ の標準基底 $\left\{\begin{pmatrix}1\\0\end{pmatrix}, \begin{pmatrix}0\\1\end{pmatrix}\right\}$ から，基底 $\left\{\begin{pmatrix}1\\1\end{pmatrix}, \begin{pmatrix}1\\-1\end{pmatrix}\right\}$ へのとりかえの行列を求めよ．

(2) $X=Y=\mathbb{R}^2$ とする．1次変換 $f : X \to Y$ について，X と Y の基底としてともに標準基底を選んだときの表現行列を $\begin{pmatrix}1 & 2\\ -2 & 3\end{pmatrix}$ とする．X と Y の基底をともに $\left\{\begin{pmatrix}1\\1\end{pmatrix}, \begin{pmatrix}1\\-1\end{pmatrix}\right\}$ にとりかえたときの表現行列を求めよ．

5.6　線形写像の像と核

2つのベクトル空間 X, Y について，$\boldsymbol{x}\in X$ に対して $\boldsymbol{y}\in Y$ を対応させる線形写像を f とする．すなわち，$\boldsymbol{y}=f(\boldsymbol{x})$. すべての $\boldsymbol{x}\in X$ について，$\boldsymbol{y}=f(\boldsymbol{x})$ の全体は Y の部分空間である．それを f の**像**といい $\mathrm{Im}\, f$ とかく．また，$f(\boldsymbol{x})=\boldsymbol{0}$ となる $\boldsymbol{x}\in X$ の全体もまた X の部分空間である．それを f の**核**といい，$\mathrm{Ker}\, f$ とかく．

例題 5.15　ベクトル空間 X から Y への線形写像 f について，$\mathrm{Ker}\, f$ と $\mathrm{Im}\, f$ は X と Y の部分空間であることを示せ．

解答　$\boldsymbol{x}, \boldsymbol{x}'\in \mathrm{Ker}\, f$ とすれば $f(\boldsymbol{x})=f(\boldsymbol{x}')=\boldsymbol{0}$. α, β を実数とするとき $f(\alpha\boldsymbol{x}+\beta\boldsymbol{x}')=\alpha f(\boldsymbol{x})+\beta f(\boldsymbol{x}')=\boldsymbol{0}$ から $\alpha\boldsymbol{x}+\beta\boldsymbol{x}'\in \mathrm{Ker}\, f$. よって，$\mathrm{Ker}\, f$ は X の部分空間である．

一方，$\boldsymbol{y}, \boldsymbol{y}'\in \mathrm{Im}\, f$ なら $f(\boldsymbol{x})=\boldsymbol{y}$, $f(\boldsymbol{x}')=\boldsymbol{y}'$ となる $\boldsymbol{x}, \boldsymbol{x}'\in X$ が存在する．$\alpha\boldsymbol{x}+\beta\boldsymbol{x}'\in X$ より $\alpha\boldsymbol{y}+\beta\boldsymbol{y}'=\alpha f(\boldsymbol{x})+\beta f(\boldsymbol{x}')=f(\alpha\boldsymbol{x}+\beta\boldsymbol{x}')$ から $\alpha\boldsymbol{y}+\beta\boldsymbol{y}'\in \mathrm{Im}\, f$. したがって，$\mathrm{Im}\, f$

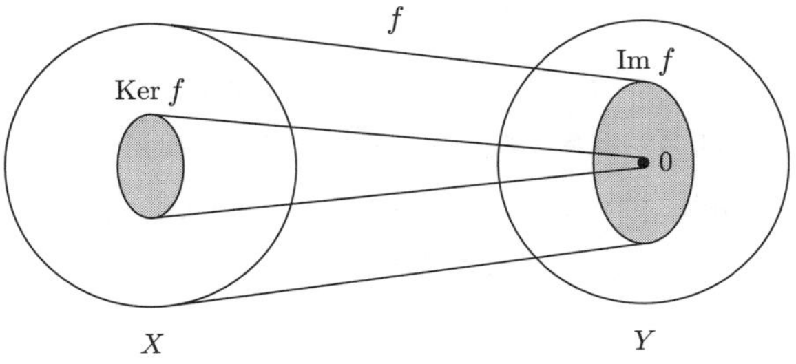

図 5.3

は Y の部分空間である. ∎

定理 5.7 (次元定理)　ベクトル空間 X から Y への線形写像 f について

$$\dim \operatorname{Ker} f = \dim X - \dim \operatorname{Im} f$$

が成り立つ.

証明　$\dim X = n$, $\dim \operatorname{Ker} f = r$, $\dim \operatorname{Im} f = s$ とするとき, $r + s = n$ となることを示せばよい.

$\operatorname{Ker} f$ の基底を $\{\boldsymbol{a}_i\}_{i=1}^r$, $\operatorname{Im} f$ の基底を $\{\boldsymbol{c}_i\}_{i=1}^s$ とする. このとき, $f(\boldsymbol{b}_i) = \boldsymbol{c}_i$ となる $\boldsymbol{b}_i \in X\,(i = 1, \ldots, s)$ が存在する. $\boldsymbol{c}_i \neq \boldsymbol{0}$ より $\boldsymbol{b}_i$ は $\operatorname{Ker} f$ に属さない.

$\{\boldsymbol{a}_i\}_{i=1}^r$ と $\{\boldsymbol{b}_i\}_{i=1}^s$ を合わせれば X の基底となること, すなわち $n = r + s$ を示す.

まず $\{\boldsymbol{a}_1, \ldots, \boldsymbol{a}_r, \boldsymbol{b}_1, \ldots, \boldsymbol{b}_s\}$ が 1 次独立であることを示す.

$\beta_1 \boldsymbol{a}_1 + \cdots + \beta_r \boldsymbol{a}_r + \alpha_1 \boldsymbol{b}_1 + \cdots + \alpha_s \boldsymbol{b}_s = \boldsymbol{0}$ とする.

$$\boldsymbol{0} = f(\beta_1 \boldsymbol{a}_1 + \cdots + \alpha_s \boldsymbol{b}_s) = f(\alpha_1 \boldsymbol{b}_1 + \cdots + \alpha_s \boldsymbol{b}_s) = \alpha_1 \boldsymbol{c}_1 + \cdots + \alpha_s \boldsymbol{c}_s$$

$\{\boldsymbol{c}_i\}_{i=1}^s$ が 1 次独立より, $\alpha_1 = \alpha_2 = \cdots = \alpha_s = 0$. すると, $\beta_1 \boldsymbol{a}_1 + \cdots + \beta_r \boldsymbol{a}_r = \boldsymbol{0}$ となるが, $\{\boldsymbol{a}_i\}_{i=1}^r$ が 1 次独立より $\beta_1 = \cdots = \beta_r = 0$. したがって, $\{\boldsymbol{a}_1, \ldots, \boldsymbol{a}_r, \boldsymbol{b}_1, \ldots, \boldsymbol{b}_s\}$ が 1 次独立であることが示された.

証明を完成させるため, $\boldsymbol{x} \in X$ について,

$$f(\boldsymbol{x}) = n_1 \boldsymbol{c}_1 + \cdots + n_s \boldsymbol{c}_s = n_1 f(\boldsymbol{b}_1) + \cdots + n_s f(\boldsymbol{b}_s) = f(n_1 \boldsymbol{b}_1 + \cdots + n_s \boldsymbol{b}_s)$$

とする. ここで, $\boldsymbol{x}' \in X$ を $\boldsymbol{x}' = \boldsymbol{x} - (n_1 \boldsymbol{b}_1 + \cdots + n_s \boldsymbol{b}_s)$ で定めると,

$$f(\boldsymbol{x}') = f(\boldsymbol{x}) - f(n_1 \boldsymbol{b}_1 + \cdots + n_s \boldsymbol{b}_s) = \boldsymbol{0}$$

より $\boldsymbol{x}' \in \operatorname{Ker} f$. したがって, $\boldsymbol{x}' = m_1 \boldsymbol{a}_1 + \cdots + m_r \boldsymbol{a}_r$ と表示される. $\boldsymbol{x} = m_1 \boldsymbol{a}_1 + \cdots + m_r \boldsymbol{a}_r + n_1 \boldsymbol{b}_1 + \cdots + n_s \boldsymbol{b}_s$ より $\{\boldsymbol{a}_1, \ldots, \boldsymbol{a}_r, \boldsymbol{b}_1, \ldots, \boldsymbol{b}_s\}$ の組が X の基底となる. ∎

次元定理を適応して, 4.2 節で示した連立 1 次方程式の解についての関係式

未知数の個数 − 係数行列の階数 = 任意定数の個数

を説明する．

$m \times n$ 行列 A を列ベクトルを用いて，$A = (\boldsymbol{a}_1 \ \cdots \ \boldsymbol{a}_m)$ と表す．$\boldsymbol{x} \in \mathbb{R}^m, \boldsymbol{b} \in \mathbb{R}^n$ として，m 元連立1次方程式は $A\boldsymbol{x} = \boldsymbol{b}$ と表示される．ここで，線形写像 f を $f(\boldsymbol{x}) = A\boldsymbol{x}$ と定義するとき，$\dim \mathrm{Im}\, f = \mathrm{rank}\, A$ が成り立つ．なぜなら，$\{\boldsymbol{e}_i\}_{i=1}^m$ を $\mathbb{R}^m$ の標準基底とすると，$\boldsymbol{x} \in \mathbb{R}^m$ は $\boldsymbol{x} = x_1\boldsymbol{e}_1 + \cdots + x_m\boldsymbol{e}_m$ と表示できる．

$$f(\boldsymbol{x}) = x_1 f(\boldsymbol{e}_1) + \cdots + x_m f(\boldsymbol{e}_m) = x_1 A\boldsymbol{e}_1 + \cdots + x_m A\boldsymbol{e}_m = x_1\boldsymbol{a}_1 + \cdots + x_m\boldsymbol{a}_m$$

より，$\{\boldsymbol{a}_i\}_{i=1}^m$ の中で1次独立なベクトルの最大数，すなわち $\mathrm{rank}\, A$ が $\dim \mathrm{Im}\, f$ と一致する．一方，$\boldsymbol{b} \in \mathrm{Im}\ f$ のとき，$f(\boldsymbol{x}_0) = \boldsymbol{b}$ なる $\boldsymbol{x}_0 \in \mathbb{R}^m$ が存在し，$A\boldsymbol{x}_0 = \boldsymbol{b}$ をみたす．$\boldsymbol{x}$ を $A\boldsymbol{x} = \boldsymbol{b}$ の解とすれば $A(\boldsymbol{x} - \boldsymbol{x}_0) = \boldsymbol{0}$ より，$\boldsymbol{x} - \boldsymbol{x}_0 \in \mathrm{Ker}\, f$．連立1次方程式の未知数の個数は m より，次元定理から

$$\dim \mathrm{Ker}\, f = m - \dim \mathrm{Im}\, f = m - \mathrm{rank}\, A = k$$

となる．$\{\boldsymbol{u}_i\}_{i=1}^k$ を $\mathrm{Ker}\, f$ の1次独立なベクトルの組とすれば，解 $\boldsymbol{x}$ は k 個の任意定数 $c_1, \ldots, c_k$ を用いて $\boldsymbol{x} = \boldsymbol{x}_0 + c_1\boldsymbol{u}_1 + \cdots + c_k\boldsymbol{u}_k$ と表示される．

章末問題

5.1　空間 $\mathbb{R}^5$ 上の4つのベクトル

$$\boldsymbol{a}_1 = \begin{pmatrix} 2 \\ 2 \\ 0 \\ 1 \\ 1 \end{pmatrix}, \quad \boldsymbol{a}_1 = \begin{pmatrix} -1 \\ 2 \\ 1 \\ 0 \\ 1 \end{pmatrix}, \quad \boldsymbol{a}_1 = \begin{pmatrix} 2 \\ 0 \\ -1 \\ 1 \\ 1 \end{pmatrix}, \quad \boldsymbol{a}_1 = \begin{pmatrix} 1 \\ 2 \\ 1 \\ 0 \\ -1 \end{pmatrix}$$

について，各問に答えよ．

(1) 1次独立なベクトルの最大数 r を求めよ．

(2) 4つのベクトルの中から1次独立な r 個のベクトルを選べ．

(3) (2) で得られた1次独立なベクトルの1次結合により，残りのベクトルを表示せよ．

5.2　空間 $\mathbb{R}^3$ 上の3つのベクトル $\boldsymbol{a}_1 = \begin{pmatrix} 1 \\ 1 \\ -1 \end{pmatrix}, \boldsymbol{a}_2 = \begin{pmatrix} 3 \\ -1 \\ 2 \end{pmatrix}, \boldsymbol{a}_3 = \begin{pmatrix} 0 \\ 1 \\ -2 \end{pmatrix}$ について，各問に答えよ．

(1) 3つのベクトルの組 $\{\boldsymbol{a}_1, \boldsymbol{a}_2, \boldsymbol{a}_3\}$ が1次独立であることを示せ．

(2) $\boldsymbol{b} = \begin{pmatrix} 5 \\ -8 \\ 15 \end{pmatrix}$ を3つのベクトルの1次結合で表せ．

5.3 空間 $\mathbb{R}^4$ 内の集合 $W = \left\{ \begin{pmatrix} x \\ y \\ z \\ w \end{pmatrix} \middle| \, x - y + 2z - w = 0, \; x + 2y - z = 0 \right\}$ は $\mathbb{R}^4$ の部分空間であり，その次元が 2 であることを示せ．

5.4 次の 4 つのベクトル $\{\boldsymbol{v}_i\}_{i=1}^4$ で張られる空間 W の基底と W の次元を求めよ．

(1) $\boldsymbol{v}_1 = \begin{pmatrix} 1 \\ 2 \\ 1 \\ 2 \end{pmatrix}, \quad \boldsymbol{v}_2 = \begin{pmatrix} -1 \\ 0 \\ 1 \\ 0 \end{pmatrix}, \quad \boldsymbol{v}_3 = \begin{pmatrix} 3 \\ 1 \\ -2 \\ 1 \end{pmatrix}, \quad \boldsymbol{v}_4 = \begin{pmatrix} 1 \\ 1 \\ 0 \\ 1 \end{pmatrix}$

(2) $\boldsymbol{v}_1 = \begin{pmatrix} 0 \\ 1 \\ 1 \\ 0 \end{pmatrix}, \quad \boldsymbol{v}_2 = \begin{pmatrix} -1 \\ 1 \\ 2 \\ 1 \end{pmatrix}, \quad \boldsymbol{v}_3 = \begin{pmatrix} 1 \\ 1 \\ -1 \\ 1 \end{pmatrix}, \quad \boldsymbol{v}_4 = \begin{pmatrix} 1 \\ 2 \\ 1 \\ -1 \end{pmatrix}$

5.5 空間 $\mathbb{R}^3$ のベクトル $\begin{pmatrix} x_1 \\ x_2 \\ x_3 \end{pmatrix}$ のうち，$x_1 + x_2 + x_3 = 0$ をみたすもの全体の集合を V とする．このとき，V は $\mathbb{R}^3$ の部分空間であることを示し，その次元を求めよ．

5.6 $\{\boldsymbol{v}_1, \boldsymbol{v}_2, \boldsymbol{v}_3\}$ をベクトル空間 V の基底とする．$\boldsymbol{u}_1 = \boldsymbol{v}_1$，$\boldsymbol{u}_2 = \boldsymbol{v}_1 + \boldsymbol{v}_2$，$\boldsymbol{u}_3 = \boldsymbol{v}_1 + \boldsymbol{v}_2 + \boldsymbol{v}_3$ とするとき，$\{\boldsymbol{u}_1, \boldsymbol{u}_2, \boldsymbol{u}_3\}$ も V の基底となることを示せ．

5.7 空間 $\mathbb{R}^4$ 上の 3 つのベクトル

$$\boldsymbol{a}_1 = \begin{pmatrix} 1 \\ 2 \\ -1 \\ 0 \end{pmatrix}, \quad \boldsymbol{a}_2 = \begin{pmatrix} 2 \\ 1 \\ 0 \\ 1 \end{pmatrix}, \quad \boldsymbol{a}_3 = \begin{pmatrix} 0 \\ -1 \\ 1 \\ 1 \end{pmatrix}$$

の組 $\{\boldsymbol{a}_1, \boldsymbol{a}_2, \boldsymbol{a}_3\}$ について，各問に答えよ．

(1) ベクトルの組 $\{\boldsymbol{a}_1, \boldsymbol{a}_2, \boldsymbol{a}_3\}$ が 1 次独立であることを示せ．

(2) シュミットの直交化法により $\{\boldsymbol{a}_1, \boldsymbol{a}_2, \boldsymbol{a}_3\}$ から正規直交系をつくれ．

5.8 平面 $\mathbb{R}^2$ 内の点を，空間 $\mathbb{R}^3$ 内の平面 $x + y + z = 0$ 上の点に移す写像 f を

$$f\left(\begin{pmatrix} x \\ y \end{pmatrix}\right) = \begin{pmatrix} x + y \\ x - y \\ -2x \end{pmatrix}$$

とする．$\boldsymbol{a}_1 = \begin{pmatrix} 1 \\ -1 \end{pmatrix}$，$\boldsymbol{a}_2 = \begin{pmatrix} 1 \\ 0 \end{pmatrix}$，$\boldsymbol{b}_1 = \begin{pmatrix} 1 \\ 0 \\ -1 \end{pmatrix}$，$\boldsymbol{b}_2 = \begin{pmatrix} 0 \\ 1 \\ -1 \end{pmatrix}$，$\boldsymbol{b}_3 = \begin{pmatrix} 1 \\ 1 \\ 1 \end{pmatrix}$ について，各問に答えよ．

(1) f が線形写像であることを示せ．

(2) $\{\boldsymbol{a}_1, \boldsymbol{a}_2\}, \{\boldsymbol{b}_1, \boldsymbol{b}_2, \boldsymbol{b}_3\}$ はそれぞれ $\mathbb{R}^2$ と $\mathbb{R}^3$ の基底になることを示せ．

(3) $f(\boldsymbol{a}_1), f(\boldsymbol{a}_2)$ をそれぞれ $\boldsymbol{b}_1, \boldsymbol{b}_2, \boldsymbol{b}_3$ の1次結合の形で表せ．

(4) 基底 $\{\boldsymbol{a}_1, \boldsymbol{a}_2\}$ と $\{\boldsymbol{b}_1, \boldsymbol{b}_2, \boldsymbol{b}_3\}$ に関する線形写像 f の表現行列を求めよ．

5.9　空間 $\mathbb{R}^3$ のベクトルの組

$$E = \left\{ \begin{pmatrix} 1 \\ 0 \\ 1 \end{pmatrix}, \begin{pmatrix} 2 \\ 1 \\ 0 \end{pmatrix}, \begin{pmatrix} 1 \\ 1 \\ 1 \end{pmatrix} \right\},\ F = \left\{ \begin{pmatrix} 3 \\ -1 \\ 4 \end{pmatrix}, \begin{pmatrix} 4 \\ 1 \\ 8 \end{pmatrix}, \begin{pmatrix} 3 \\ -2 \\ 6 \end{pmatrix} \right\}$$

について，各問に答えよ．

(1) E，F はともに $\mathbb{R}^3$ の基底であることを示せ．

(2) 基底のとりかえ $E \to F$ の行列 T を求めよ．

5.10　空間ベクトルを空間ベクトルに移す線形変換 f の表現行列を $A = \begin{pmatrix} 1 & 1 & 1 \\ 2 & 0 & -1 \\ 3 & 5 & 6 \end{pmatrix}$ とするとき，各問に答えよ．

(1) この変換により平面 $3x + 2y + z = 0$ はどのような図形に移されるか調べよ．

(2) この変換の像の次元を求めよ．

(3) この変換の核を求めよ．

5.11　区間 $[a, b]$ で定義される連続関数 $f(x), g(x)$ について，

$$\langle f, g \rangle = \int_a^b f(x)g(x)\,dx$$

とするとき，各問に答えよ．

(1) $\langle f, g \rangle$ は内積の条件 (1)〜(4) をみたすことを示せ．

(2) $a = 0$，$b = 2$ のときは $\sin m\pi x$ と $\cos n\pi x$ は直交することを示せ．ただし，m, n は自然数とする．

6

固有値

第 1 章で説明したように，壁からバネでつながれている平面上の質量 m の物体があるとする (図 1.2 参照)．物体と平面との間に摩擦はなく，バネの質量は無視できるものとする．力を加えない状態でバネの長さを ℓ とし，これをバネの自然長という．自然な状態での物体の位置を原点として水平右方向を正として 1 次元座標系を導入する．ここで，時刻 t の物体の加速度は位置 $x(t)$ を時間 t で 2 回微分したものであり，$\dfrac{d^2}{dt^2}x(t) = \ddot{x}(t)$ と表示する．一方，**フックの法則**により，バネの復元力は自然長からの物体の位置のずれに比例する．比例定数を k $(k > 0)$ として物体の運動方程式は $m\ddot{x} = -kx$ である．この式を t に関する 2 階の**微分方程式**という．$\dfrac{d}{dt}x = y$ とすれば，この微分方程式は

$$\frac{d}{dt}\boldsymbol{x} = A\boldsymbol{x} \tag{6.1}$$

と表示される．ここで，$\boldsymbol{x} = \begin{pmatrix} x \\ y \end{pmatrix}$, $A = \begin{pmatrix} 0 & 1 \\ -\dfrac{k}{m} & 0 \end{pmatrix}$ である．

もし，行列 A が対角行列 $\begin{pmatrix} a & 0 \\ 0 & b \end{pmatrix}$ であれば (6.1) の解は $x = c_1e^{at}$, $y = c_2e^{bt}$ と求めることができる．しかし，行列 A は対角行列ではないので，(6.1) の解を簡単に求めることはできない．そこで，(6.1) を解くために必要な行列 A に対する 2 つの量，固有値と固有ベクトルを定義し，それらを用いて一般的な連立微分方程式 (6.1) の解法をこの章で説明する．

6.1 固有値と固有ベクトル

A を n 次正方行列とする．n 次元列ベクトル $\boldsymbol{v} \neq \boldsymbol{0}$ と数 λ について，

$$A\boldsymbol{v} = \lambda\boldsymbol{v} \tag{6.2}$$

が成り立つとき λ を**固有値**，$\boldsymbol{v}$ をその**固有ベクトル**という．$\boldsymbol{v}$ を固有ベクトルとするとき，$k\boldsymbol{v}$ もまた固有ベクトルである[1]．ここで，k は零でない定数とする．

---

1) 1 つの固有値に対するすべての固有ベクトルに零ベクトルを加えた集合はベクトル空間となり，これを固有空間という．

E を単位行列とするとき，(6.2) は

$$(A - \lambda E)\boldsymbol{v} = \boldsymbol{0}$$

となる．もし逆行列 $(A - \lambda E)^{-1}$ が存在するならば

$$\boldsymbol{0} = (A - \lambda E)^{-1}\boldsymbol{0} = (A - \lambda E)^{-1}(A - \lambda E)\boldsymbol{v} = E\boldsymbol{v} = \boldsymbol{v}$$

より，$\boldsymbol{v} = \boldsymbol{0}$ が得られる．したがって，逆行列 $(A - \lambda E)^{-1}$ が存在すれば固有ベクトルは存在しないので，次のことが成り立つ．

固有値の求め方

λ は行列 A の固有値である　$\Longleftrightarrow$　行列 $A - \lambda E$ は逆行列をもたない
　$\Longleftrightarrow$　行列式 $|A - \lambda E| = 0$ が成り立つ

n 次正方行列 A について，行列式 $|A - \lambda E| = f_A(\lambda)$ は λ の n 次多項式であり，これを A の**固有多項式**，また $f_A(\lambda) = 0$ を A の**固有方程式**[2)]という．A の成分がすべて実数でも固有値 λ は複素数となる場合がある．

問題 6.1　正方行列 A について，その転置行列 ${}^tA$ と A の固有値が等しいことを示せ．

正方行列 A, B と正則行列 P について，$P^{-1}AP = B$ となるとき，A と B は**相似な行列**という．

問題 6.2　相似な行列 A, B について，その固有値は等しいことを示せ．

2次正方行列の固有値と固有ベクトルについては，第2章ですでに説明した．例題 2.22 を参照せよ．ここでは3次正方行列の固有値と固有ベクトルの求め方をみていこう．

例題 6.1　$A = \begin{pmatrix} 4 & 2 & -4 \\ -1 & 1 & 2 \\ 1 & 1 & 0 \end{pmatrix}$ の固有値と固有ベクトルを求めよ．

解答　○は行による基本変形を，□は列による基本変形を表すものとする．固有方程式を用いて，

$$0 = |A - \lambda E| = \begin{vmatrix} 4-\lambda & 2 & -4 \\ -1 & 1-\lambda & 2 \\ 1 & 1 & -\lambda \end{vmatrix} \underset{=}{①+2\times②} \begin{vmatrix} 2-\lambda & 4-2\lambda & 0 \\ -1 & 1-\lambda & 2 \\ 1 & 1 & -\lambda \end{vmatrix}$$

2) n 次方程式 $f_\lambda(A) = 0$ について，代数学の基本定理より，解は複素数の範囲で重複度を込めて n 個存在する．したがって，n 次正方行列は重複度を込めて n 個の固有値をもつ．

$$\overset{\boxed{2}-2\times\boxed{1}}{=}\begin{vmatrix} 2-\lambda & 0 & 0 \\ -1 & 3-\lambda & 2 \\ 1 & -1 & -\lambda \end{vmatrix} = (2-\lambda)\begin{vmatrix} 3-\lambda & 2 \\ -1 & -\lambda \end{vmatrix}$$

$$\overset{①+②}{=}(2-\lambda)\begin{vmatrix} 2-\lambda & 2-\lambda \\ -1 & -\lambda \end{vmatrix} = (2-\lambda)^2\begin{vmatrix} 1 & 1 \\ -1 & -\lambda \end{vmatrix} = (2-\lambda)^2(1-\lambda).$$

これにより，$\lambda = 1, 2$ が固有値である．

次に固有ベクトル $\boldsymbol{v} = \begin{pmatrix} x \\ y \\ z \end{pmatrix}$ を求める．

$\lambda = 1$ のとき，

$$\mathbf{0} = (A-E)\boldsymbol{v} = \begin{pmatrix} 3 & 2 & -4 \\ -1 & 0 & 2 \\ 1 & 1 & -1 \end{pmatrix}\begin{pmatrix} x \\ y \\ z \end{pmatrix}.$$

これは連立1次方程式なので，行に関する基本変形を用いて，解を求める．

$$\left(\begin{array}{ccc|c} 3 & 2 & -4 & 0 \\ -1 & 0 & 2 & 0 \\ 1 & 1 & -1 & 0 \end{array}\right) \xrightarrow[③+②]{①+3\times②} \left(\begin{array}{ccc|c} 0 & 2 & 2 & 0 \\ -1 & 0 & 2 & 0 \\ 0 & 1 & 1 & 0 \end{array}\right) \xrightarrow{①-2\times③} \left(\begin{array}{ccc|c} 0 & 0 & 0 & 0 \\ -1 & 0 & 2 & 0 \\ 0 & 1 & 1 & 0 \end{array}\right).$$

$-x+2z=0$, $y+z=0$ より $z=k$ とすれば $\boldsymbol{v} = k\begin{pmatrix} 2 \\ -1 \\ 1 \end{pmatrix}$. ただし，$k \neq 0$.

$\lambda = 2$ (重解) のとき，

$$\mathbf{0} = (A-2E)\boldsymbol{v} = \begin{pmatrix} 2 & 2 & -4 \\ -1 & -1 & 2 \\ 1 & 1 & -2 \end{pmatrix}\begin{pmatrix} x \\ y \\ z \end{pmatrix}.$$

同様に行に関する基本変形を用いて，

$$\left(\begin{array}{ccc|c} 2 & 2 & -4 & 0 \\ -1 & -1 & 2 & 0 \\ 1 & 1 & -2 & 0 \end{array}\right) \xrightarrow[①-2\times③]{②+③} \left(\begin{array}{ccc|c} 0 & 0 & 0 & 0 \\ 0 & 0 & 0 & 0 \\ 1 & 1 & -2 & 0 \end{array}\right).$$

$x+y-2z=0$ より $y=k$, $z=\ell$ とすれば，同時には0にならない2つの任意定数 k, ℓ を用いて固有ベクトルは $\boldsymbol{v} = k\begin{pmatrix} -1 \\ 1 \\ 0 \end{pmatrix} + \ell\begin{pmatrix} 2 \\ 0 \\ 1 \end{pmatrix}$ と表示される． ∎

問題 6.3　次の行列の固有値と固有ベクトルを求めよ．

(1) $\begin{pmatrix} 3 & 1 & 1 \\ 1 & 2 & 1 \\ -1 & 0 & 1 \end{pmatrix}$　　(2) $\begin{pmatrix} -2 & 2 & -3 \\ 2 & 1 & -6 \\ -1 & -2 & 0 \end{pmatrix}$

例題 6.2　平面内の点を，原点を中心に反時計回りに θ ($\theta \neq k\pi$, k は整数) だけ回転させた点に移す変換を f，その表現行列を A とするとき，A の固有値はすべて虚数であることを示せ．

解答　(2.33) より $A = \begin{pmatrix} \cos\theta & -\sin\theta \\ \sin\theta & \cos\theta \end{pmatrix}$ であるから，

$$f_A(\lambda) = \begin{vmatrix} \cos\theta - \lambda & -\sin\theta \\ \sin\theta & \cos\theta - \lambda \end{vmatrix} = \lambda^2 - 2\lambda\cos\theta + 1 = 0.$$

$\lambda = \cos\theta \pm \sqrt{\cos^2\theta - 1}$ と $\cos^2\theta - 1 < 0$ より，λ は虚数となる．∎

例題 6.3　上または下三角行列の固有値はその対角成分に等しいことを示せ．

解答　n 次上三角行列 $A = (a_{ij})$ について，$A - \lambda E$ もまた上三角行列となる．4.7 節で説明したように，上三角行列の行列式は $|A - \lambda E| = (a_{11} - \lambda)\cdots(a_{nn} - \lambda)$ となる．したがって，固有方程式を解くことにより，固有値は $\lambda = a_{11}, a_{22}, \ldots, a_{nn}$ である．下三角行列についても同様に示される．∎

定理 6.1　n 次正方行列 A の m 個 $(m \leqq n)$ の相異なる固有値 $\lambda_1, \lambda_2, \ldots, \lambda_m$ に対する各固有ベクトルの組 $\{\boldsymbol{v}_1, \ldots, \boldsymbol{v}_m\}$ は 1 次独立である．

証明　簡単のため，$m = 2$ の場合について示す．$A\boldsymbol{v}_1 = \lambda_1\boldsymbol{v}_1$, $A\boldsymbol{v}_2 = \lambda_2\boldsymbol{v}_2$ $(\lambda_1 \neq \lambda_2)$ とする．$x_1\boldsymbol{v}_1 + x_2\boldsymbol{v}_2 = \boldsymbol{0}$ とすれば，

$$\boldsymbol{0} = A\boldsymbol{0} = A(x_1\boldsymbol{v}_1 + x_2\boldsymbol{v}_2) = x_1A\boldsymbol{v}_1 + x_2A\boldsymbol{v}_2 = x_1\lambda_1\boldsymbol{v}_1 + x_2\lambda_2\boldsymbol{v}_2. \tag{6.3}$$

ここで，$\lambda_1 \neq 0$　のとき，

$$\boldsymbol{0} = \lambda_1\boldsymbol{0} = \lambda_1(x_1\boldsymbol{v}_1 + x_2\boldsymbol{v}_2) = x_1\lambda_1\boldsymbol{v}_1 + x_2\lambda_1\boldsymbol{v}_2. \tag{6.4}$$

(6.3), (6.4) より $x_2(\lambda_1 - \lambda_2)\boldsymbol{v}_2 = \boldsymbol{0}$．$\lambda_1 \neq \lambda_2$ と $\boldsymbol{v}_2 \neq \boldsymbol{0}$ より $x_2 = 0$. したがって，(6.4) と $\lambda_1 \neq 0$ より $x_1 = 0$ となり，$\boldsymbol{v}_1$ と $\boldsymbol{v}_2$ は 1 次独立である．一方 $\lambda_1 = 0$ のとき，$\lambda_2 \neq 0$ だから同様に示される．∎

定理 6.2 n 次正方行列 $A=(a_{ij})$ の固有値を $\lambda_1,\ldots,\lambda_n$ とする．このとき，次のことが成り立つ．

$$|A|=\lambda_1\lambda_2\cdots\lambda_n, \quad \operatorname{tr}A=\lambda_1+\cdots+\lambda_n.$$

ここで，$\operatorname{tr}A=a_{11}+a_{22}+\cdots+a_{nn}$ （行列 A の対角成分の総和）と定義し，行列 A の**トレース**という．

証明 $n=2$ の場合について示す．

$$|A-\lambda E|=\begin{vmatrix} a_{11}-\lambda & a_{12} \\ a_{21} & a_{22}-\lambda \end{vmatrix}=\lambda^2-\underbrace{(a_{11}+a_{22})}_{\substack{\parallel \\ \operatorname{tr}A}}\lambda+\underbrace{a_{11}a_{22}-a_{12}a_{21}}_{\substack{\parallel \\ |A|}}.$$

一方，$|A-\lambda E|=(\lambda_1-\lambda)(\lambda_2-\lambda)=\lambda^2-(\lambda_1+\lambda_2)\lambda+\lambda_1\lambda_2$ より，$\lambda_1\lambda_2=|A|$．$\lambda_1+\lambda_2=a_{11}+a_{22}=\operatorname{tr}A$． ∎

6.2 行列の対角化

n 次正方行列 $D=(d_{ij})$ が**対角行列**であるとは，D の各成分が $i\neq j$ ならば $d_{ij}=0$ をみたすことである．

n 次正方行列 A が**対角化可能**であるとは，ある正則行列 P と対角行列 D が存在して

$$P^{-1}AP=D \tag{6.5}$$

となることである．すなわち，A は対角行列 D と相似な行列である．

定理 6.3 n 次正方行列 A が対角化可能であるための必要十分条件は A が n 個の 1 次独立な固有ベクトルをもつことである．

証明 $(\Leftarrow)$ λ_i $(i=1,\ldots,n)$ を固有値，$\boldsymbol{v}_i$ $(i=1,\ldots,n)$ をその固有ベクトルからなる 1 次独立な組とするとき，関係式 $A\boldsymbol{v}_i=\lambda_i\boldsymbol{v}_i$ が成り立つ．$P=(\boldsymbol{v}_1\ \cdots\ \boldsymbol{v}_n)$ とすれば，P は n 次正方行列となる．

$$\begin{aligned} AP&=(A\boldsymbol{v}_1\ \cdots\ A\boldsymbol{v}_n)=(\lambda_1\boldsymbol{v}_1\ \cdots\ \lambda_n\boldsymbol{v}_n) \\ &=(\boldsymbol{v}_1\ \cdots\ \boldsymbol{v}_n)\begin{pmatrix} \lambda_1 & & \text{\huge 0} \\ & \ddots & \\ \text{\huge 0} & & \lambda_n \end{pmatrix}=PD. \end{aligned}$$

ここで，注意 5.2 より $\boldsymbol{v}_i$ の 1 次独立性から P は正則行列である．したがって，

$$P^{-1}AP=P^{-1}PD=D.$$

$(\Rightarrow)$ 対角化可能であれば，行列 P の各列ベクトルが固有ベクトル，対角行列 D の対角成分が対応する固有値となる．また，注意 5.2 より P は正則行列であるから，P の各列ベクトルは 1 次独立である． ∎

定理 6.1, 6.3 より，次の定理が成り立つ．

定理 6.4 n 次正方行列が相異なる n 個の固有値をもてば，対角化可能である．

n 次正方行列 A が対角化可能であるとする．このとき，行列の対角化を応用することにより，自然数 m に対して A^m を次のように計算できる．(6.5) より

$$D^m = (P^{-1}AP)^m = (P^{-1}AP)(P^{-1}AP)\cdots(P^{-1}AP) = P^{-1}A^mP \tag{6.6}$$

となることから

$$A^m = PD^mP^{-1}. \tag{6.7}$$

例題 6.4 行列 $A = \begin{pmatrix} -8 & 5 \\ -6 & 3 \end{pmatrix}$ について，各問に答えよ．

(1) 行列 A を対角化せよ．

(2) 自然数 n について，A^n を求めよ．

(3) 固有多項式 $f_A(\lambda)$ について，$f_A(A) = O$ が成り立つことを示せ[3)]．ここで O は成分がすべて 0 の行列であり零行列という．

解答 (1) $f_A(\lambda) = \begin{vmatrix} -8-\lambda & 5 \\ -6 & 3-\lambda \end{vmatrix} = (\lambda+2)(\lambda+3) = 0$ より，固有値は $\lambda = -3, -2$ である．固有ベクトルを $\boldsymbol{v} = \begin{pmatrix} x \\ y \end{pmatrix}$ とする．

$\lambda = -3$ のとき，$(A+3E)\boldsymbol{v} = \boldsymbol{0}$ より $x - y = 0$ となり $\boldsymbol{v} = k\begin{pmatrix} 1 \\ 1 \end{pmatrix}$．ただし，$k \neq 0$.

$\lambda = -2$ のとき，$(A+2E)\boldsymbol{v} = \boldsymbol{0}$ より $6x - 5y = 0$ となり $\boldsymbol{v} = \ell\begin{pmatrix} 5 \\ 6 \end{pmatrix}$．ただし，$\ell \neq 0$.

固有ベクトルの 1 つとしてそれぞれ $\begin{pmatrix} 1 \\ 1 \end{pmatrix}$, $\begin{pmatrix} 5 \\ 6 \end{pmatrix}$ と選べば，$P = \begin{pmatrix} 1 & 5 \\ 1 & 6 \end{pmatrix}$ となり，$P^{-1} = \begin{pmatrix} 6 & -5 \\ -1 & 1 \end{pmatrix}$ である．$P^{-1}AP = \begin{pmatrix} -3 & 0 \\ 0 & -2 \end{pmatrix} = D$.

(2) $A^n = PD^nP^{-1} = \begin{pmatrix} 1 & 5 \\ 1 & 6 \end{pmatrix}\begin{pmatrix} (-3)^n & 0 \\ 0 & (-2)^n \end{pmatrix}\begin{pmatrix} 6 & -5 \\ -1 & 1 \end{pmatrix}$

$$= \begin{pmatrix} 6(-3)^n - 5(-2)^n & -5(-3)^n + 5(-2)^n \\ 6(-3)^n - 6(-2)^n & -5(-3)^n + 6(-2)^n \end{pmatrix}.$$

---

3) この結論はケイリー・ハミルトンの定理である．

(3) $f_A(A) = A^2 + 5A + 6E = \begin{pmatrix} 34 & -25 \\ 30 & -21 \end{pmatrix} + \begin{pmatrix} -40 & 25 \\ -30 & 15 \end{pmatrix} + \begin{pmatrix} 6 & 0 \\ 0 & 6 \end{pmatrix} = \begin{pmatrix} 0 & 0 \\ 0 & 0 \end{pmatrix}$. ∎

問題 6.4 次の行列を対角化せよ.

(1) $\begin{pmatrix} 5 & 4 \\ 1 & 2 \end{pmatrix}$ (2) $\begin{pmatrix} 3 & 1 & 1 \\ 1 & 2 & 0 \\ 1 & 0 & 2 \end{pmatrix}$

行列の対角化の応用として，数列の一般項を求めてみよう.

例題 6.5 数列 $\{a_n\}$ が関係式

$$a_{n+2} - 3a_{n+1} - 4a_n = 0 \quad (n \geq 1), \quad a_1 = 1,\ a_2 = 9$$

をみたすとき，一般項 a_n を求めよ.

解答 $a_{n+1} = b_n$ とすれば $b_{n+1} = 3b_n + 4a_n$ となり

$$\begin{pmatrix} a_{n+1} \\ b_{n+1} \end{pmatrix} = \begin{pmatrix} 0 & 1 \\ 4 & 3 \end{pmatrix} \begin{pmatrix} a_n \\ b_n \end{pmatrix} = A \begin{pmatrix} a_n \\ b_n \end{pmatrix}$$

と表せる．行列 A の固有値は -1, 4, その固有ベクトルはそれぞれ $k\begin{pmatrix} 1 \\ -1 \end{pmatrix}$, $k\begin{pmatrix} 1 \\ 4 \end{pmatrix}$ となる．ただし，$k \neq 0$. 行列 $P = \begin{pmatrix} 1 & 1 \\ -1 & 4 \end{pmatrix}$ について，$P^{-1} = \dfrac{1}{5}\begin{pmatrix} 4 & -1 \\ 1 & 1 \end{pmatrix}$ となり，$P^{-1}AP = \begin{pmatrix} -1 & 0 \\ 0 & 4 \end{pmatrix}$ として，行列 A は対角化できる．$\begin{pmatrix} a_n \\ b_n \end{pmatrix} = P\begin{pmatrix} u_n \\ v_n \end{pmatrix}$ とすれば $\begin{pmatrix} u_{n+1} \\ v_{n+1} \end{pmatrix} = \begin{pmatrix} -1 & 0 \\ 0 & 4 \end{pmatrix}\begin{pmatrix} u_n \\ v_n \end{pmatrix}$. $u_{n+1} = -u_n$, $v_{n+1} = 4v_n$ よりともに等比数列となるので $u_n = (-1)^{n-1}u_1$, $v_n = 4^{n-1}v_1$ を得る．$a_1 = 1$, $b_1 = a_2 = 9$ より $u_1 = -1$, $v_1 = 2$ となるので $u_n = (-1)^n$, $v_n = 2 \cdot 4^{n-1}$. $\begin{pmatrix} a_n \\ b_n \end{pmatrix} = \begin{pmatrix} 1 & 1 \\ -1 & 4 \end{pmatrix}\begin{pmatrix} (-1)^n \\ 2 \cdot 4^{n-1} \end{pmatrix}$ より，一般項は

$a_n = (-1)^n + 2 \cdot 4^{n-1}$. ∎

固有値に重複があるときでも，対角化可能な場合がある．つまり，定理 6.3 にあるように，n 次正方行列が n 個の 1 次独立な固有ベクトルをもつときである.

例題 6.6　行列 $A=\begin{pmatrix}4&2&-4\\-1&1&2\\1&1&0\end{pmatrix}$ を対角化し，自然数 n について，A^n を求めよ．

解答　例題 6.1 より 1 と 2 が固有値である．$\lambda=1$ の固有ベクトルは $k\begin{pmatrix}2\\-1\\1\end{pmatrix}$，ただし，$k\neq 0$．$\lambda=2$ の固有ベクトルは $k\begin{pmatrix}-1\\1\\0\end{pmatrix}+\ell\begin{pmatrix}2\\0\\1\end{pmatrix}$．ただし，$k\neq 0$ または $\ell\neq 0$．したがって，たとえば $\begin{pmatrix}2\\-1\\1\end{pmatrix}$，$\begin{pmatrix}-1\\1\\0\end{pmatrix}$，$\begin{pmatrix}2\\0\\1\end{pmatrix}$ をそれぞれ $\boldsymbol{v}_1,\boldsymbol{v}_2,\boldsymbol{v}_3$ とすれば，

$$P=(\boldsymbol{v}_1\ \boldsymbol{v}_2\ \boldsymbol{v}_3)=\begin{pmatrix}2&-1&2\\-1&1&0\\1&0&1\end{pmatrix}$$

より，

$$|P|=\begin{vmatrix}2&-1&2\\-1&1&0\\1&0&1\end{vmatrix}\overset{\boxed{3}-\boxed{1}}{=}\begin{vmatrix}2&-1&0\\-1&1&1\\1&0&0\end{vmatrix}=\begin{vmatrix}-1&0\\1&1\end{vmatrix}=-1\neq 0.$$

注意 5.2 より行列 A の固有ベクトル $\boldsymbol{v}_1,\boldsymbol{v}_2,\boldsymbol{v}_3$ は 1 次独立である．定理 6.3 より A は対角化可能である．また，P は正則行列であり，掃き出し法で P の逆行列を計算すると，

$$\left(\begin{array}{ccc|ccc}2&-1&2&1&0&0\\-1&1&0&0&1&0\\1&0&1&0&0&1\end{array}\right)\xrightarrow{①\leftrightarrow③}\left(\begin{array}{ccc|ccc}1&0&1&0&0&1\\-1&1&0&0&1&0\\2&-1&2&1&0&0\end{array}\right)$$

$$\xrightarrow[③-2\times①]{②+①}\left(\begin{array}{ccc|ccc}1&0&1&0&0&1\\0&1&1&0&1&1\\0&-1&0&1&0&-2\end{array}\right)\xrightarrow{③+②}\left(\begin{array}{ccc|ccc}1&0&1&0&0&1\\0&1&1&0&1&1\\0&0&1&1&1&-1\end{array}\right)$$

$$\xrightarrow[②-③]{①-③}\left(\begin{array}{ccc|ccc}1&0&0&-1&-1&2\\0&1&0&-1&0&2\\0&0&1&1&1&-1\end{array}\right)$$

より，$P^{-1} = \begin{pmatrix} -1 & -1 & 2 \\ -1 & 0 & 2 \\ 1 & 1 & -1 \end{pmatrix}$.

$$P^{-1}AP = \begin{pmatrix} 1 & 0 & 0 \\ 0 & 2 & 0 \\ 0 & 0 & 2 \end{pmatrix} = D.$$

次に A^n を求める．

$$D^n = \begin{pmatrix} 1^n & 0 & 0 \\ 0 & 2^n & 0 \\ 0 & 0 & 2^n \end{pmatrix} = (P^{-1}AP)^n = P^{-1}A^nP$$

より

$$A^n = PD^nP^{-1} = \begin{pmatrix} 2 & -1 & 2 \\ -1 & 1 & 0 \\ 1 & 0 & 1 \end{pmatrix} \begin{pmatrix} 1 & 0 & 0 \\ 0 & 2^n & 0 \\ 0 & 0 & 2^n \end{pmatrix} \begin{pmatrix} -1 & -1 & 2 \\ -1 & 0 & 2 \\ 1 & 1 & -1 \end{pmatrix}$$

$$= \begin{pmatrix} -2+3\cdot 2^n & -2+2^{n+1} & 4-2^{n+2} \\ 1-2^n & 1 & -2+2^{n+1} \\ -1+2^n & -1+2^n & 2-2^n \end{pmatrix}.$$

∎

問題 6.5 行列 $A = \begin{pmatrix} 4 & 1 & 0 \\ 1 & 4 & 0 \\ 0 & 0 & 3 \end{pmatrix}$ を対角化し，自然数 n について，A^n を求めよ．

6.3 ジョルダン標準形

固有値が重複する場合について，もう少し詳しく説明する．例題 6.6 は固有値が重複しても対角化できる場合であった．次の場合はどうだろうか．

例題 6.7 行列 $A = \begin{pmatrix} 5 & 4 \\ -1 & 1 \end{pmatrix}$ について，固有値と固有ベクトルを求めよ．

解答 $|A-\lambda E| = \begin{vmatrix} 5-\lambda & 4 \\ -1 & 1-\lambda \end{vmatrix} = (\lambda-3)^2 = 0$ より，固有値は $\lambda = 3$ (重解) である．

$\boldsymbol{v} = \begin{pmatrix} x \\ y \end{pmatrix}$ とする．$\lambda = 3$ のとき，$(A-3E)\boldsymbol{v} = \begin{pmatrix} 2 & 4 \\ -1 & -2 \end{pmatrix}\begin{pmatrix} x \\ y \end{pmatrix} = \begin{pmatrix} 0 \\ 0 \end{pmatrix}$ より，

$x+2y=0$ である．$y=k$ として，$x=-2k$ より $\boldsymbol{v}=k\begin{pmatrix}-2\\1\end{pmatrix}$．ただし，$k\neq 0$． ∎

例題 6.7 の行列 A の固有値は重解であるが，固有ベクトルは定数倍を除いて 1 つしかない．これまでの方法で行列を対角化することはできない．しかし，類似の計算により，対角行列に近い形に行列をかきかえることができる．

そこで，もう 1 つの独立なベクトルを次のように求める．固有値 $\lambda=3$ の固有ベクトルを $\boldsymbol{v}=\begin{pmatrix}-2\\1\end{pmatrix}$ ととる．ベクトル $\boldsymbol{w}$ を $\boldsymbol{w}=\begin{pmatrix}s\\t\end{pmatrix}$ として，

$$(A-3E)\boldsymbol{w}=\boldsymbol{v} \tag{6.8}$$

をみたすようにとる．すると $2s+4t=-2$ より，たとえば $\boldsymbol{w}=\begin{pmatrix}1\\-1\end{pmatrix}$ ととれる．このとき，行列 P を $P=(\boldsymbol{v}\ \boldsymbol{w})=\begin{pmatrix}-2&1\\1&-1\end{pmatrix}$ とすれば，P は正則行列となり $P^{-1}=\begin{pmatrix}-1&-1\\-1&-2\end{pmatrix}$．

$A\boldsymbol{v}=3\boldsymbol{v}$，$A\boldsymbol{w}=3\boldsymbol{w}+\boldsymbol{v}$ より

$$A(\boldsymbol{v}\ \boldsymbol{w})=AP=P\begin{pmatrix}3&1\\0&3\end{pmatrix}=(\boldsymbol{v}\ \boldsymbol{w})\begin{pmatrix}3&1\\0&3\end{pmatrix}.$$

よって，

$$P^{-1}AP=\begin{pmatrix}3&1\\0&3\end{pmatrix} \tag{6.9}$$

となる．右辺の形 $\begin{pmatrix}a&1\\0&a\end{pmatrix}$ を A の**ジョルダン標準形**[4)]という．

次に (6.9) のようなジョルダン標準形の場合に対して A^n を求める．

関係式 $P^{-1}AP=Q=\begin{pmatrix}a&1\\0&a\end{pmatrix}$ が成り立つとき，自然数 n に対して数学的帰納法を用い，

$$Q^n=\begin{pmatrix}a^n&na^{n-1}\\0&a^n\end{pmatrix} \tag{6.10}$$

を示すことができる．したがって A^n は

$$A^n=PQ^nP^{-1}=\begin{pmatrix}-2&1\\1&-1\end{pmatrix}\begin{pmatrix}3^n&n3^{n-1}\\0&3^n\end{pmatrix}\begin{pmatrix}-1&-1\\-1&-2\end{pmatrix} \tag{6.11}$$

と表示される．行列 A の固有値 λ が m 個重複しているとき，その λ の**重複度**は m であるという．λ の重複度よりも，1 次独立な固有ベクトルの数が少ないとき λ を**退化固有値**と呼ぶ．そ

---

4) 3 次以上の正方行列の場合のジョルダン標準形については本書では扱わない．

のとき，λ の固有ベクトル $\boldsymbol{p}$ に対して

$$(A-\lambda E)\boldsymbol{r}=\boldsymbol{p}$$

をみたす $\boldsymbol{r}$ が存在して，それを**一般化固有ベクトル**という．

定理 6.5 一般化固有ベクトルは固有ベクトルと 1 次独立である．

証明 $\boldsymbol{p}$ を固有ベクトル，$\boldsymbol{r}$ を一般化固有ベクトルとして，$k\boldsymbol{p}+\ell\boldsymbol{r}=\boldsymbol{0}$ とする．

$$\boldsymbol{0}=A(k\boldsymbol{p}+\ell\boldsymbol{r})=k\lambda\boldsymbol{p}+\ell(\lambda\boldsymbol{r}+\boldsymbol{p})=(k\lambda+\ell)\boldsymbol{p}+\ell\lambda\boldsymbol{r}.$$

一方，$\lambda k\boldsymbol{p}+\ell\lambda\boldsymbol{r}=\boldsymbol{0}$ より $\ell\boldsymbol{p}=\boldsymbol{0}$．$\boldsymbol{p}\neq\boldsymbol{0}$ より $\ell=0$．すると $k\boldsymbol{p}=\boldsymbol{0}$ から $k=0$ となる．したがって，$\boldsymbol{p}$ と $\boldsymbol{r}$ は 1 次独立である．∎

問題 6.6 行列 $A=\begin{pmatrix}4 & 9\\ -1 & -2\end{pmatrix}$ のジョルダン標準形を求め，自然数 n について，A^n を計算せよ．

6.4　2 次形式

行列の対角化の応用として平面内の曲線の分類を扱う．まず，n 次元ベクトル空間を考える．n 次元ベクトル $\boldsymbol{x}=(x_i)$ と n 次対称行列 $A=(a_{ij})$ について，

$$\sum_{i,j=1}^{n}a_{ij}x_ix_j=\sum_{i=1}^{n}a_{ii}{x_i}^2+2\sum_{i<j}a_{ij}x_ix_j \tag{6.12}$$

を **2 次形式**という．また，$a_{ij}=0\ (i\neq j)$ のとき，すなわち，A が対角行列のとき，2 次形式の**標準形**という．

たとえば，楕円の方程式

$$a^2x^2+b^2y^2=1 \tag{6.13}$$

の左辺は標準形である．内積を用いると，$A=\begin{pmatrix}a^2 & 0\\ 0 & b^2\end{pmatrix}$ は対称行列より 2 次形式は

$$a^2x^2+b^2y^2=\langle\boldsymbol{x},\ A\boldsymbol{x}\rangle=\langle A\boldsymbol{x},\ \boldsymbol{x}\rangle \tag{6.14}$$

と表示される．ここで $\boldsymbol{x}=\begin{pmatrix}x\\ y\end{pmatrix}$ である．

定理 6.6 対称行列 A は適当な直交行列 P を用いて対角化可能であり，

$$P^{-1}AP=\begin{pmatrix}\alpha_1 & & \text{\huge 0}\\ & \ddots & \\ \text{\huge 0} & & \alpha_n\end{pmatrix}=D$$

となる．ここで $\alpha_i\ (i=1,\ldots,n)$ は A の固有値である．

証明 簡単のため，$n=2$ の場合について示す．

A は対称行列より，$A = \begin{pmatrix} a & b \\ b & c \end{pmatrix}$ とする．$\begin{vmatrix} a-\lambda & b \\ b & c-\lambda \end{vmatrix} = \lambda^2 - (a+c)\lambda + ac - b^2 = 0.$
判別式 $(a+c)^2 - 4ac + b^2 = (a-c)^2 + b^2 \geqq 0$ より，固有値は実数となる．

$\lambda_1, \lambda_2, \boldsymbol{u}_1, \boldsymbol{u}_2$ を固有値と対応する固有ベクトルとする．$\lambda_1\langle \boldsymbol{u}_1, \boldsymbol{u}_2\rangle = \langle A\boldsymbol{u}_1, \boldsymbol{u}_2\rangle = \langle \boldsymbol{u}_1, A\boldsymbol{u}_2\rangle = \lambda_2\langle \boldsymbol{u}_1, \boldsymbol{u}_2\rangle$．$\lambda_1 \neq \lambda_2$ なら，$\boldsymbol{u}_1, \boldsymbol{u}_2$ は直交する．重解なら $a = c, b = 0$ となる．$\lambda = a$ であるから，$k\begin{pmatrix} 1 \\ 0 \end{pmatrix}, \ell\begin{pmatrix} 0 \\ 1 \end{pmatrix}$ が固有ベクトルであり，また直交する．$\boldsymbol{v}_1 = \dfrac{1}{|\boldsymbol{u}_1|}\boldsymbol{u}_1$，$\boldsymbol{v}_2 = \dfrac{1}{|\boldsymbol{u}_2|}\boldsymbol{u}_2$ とすれば $\boldsymbol{v}_1$ と $\boldsymbol{v}_2$ は単位ベクトルで互いに直交する．したがって，$P = (\boldsymbol{v}_1\ \boldsymbol{v}_2)$ は直交行列であり，$P^{-1}AP$ は対角行列となる．■

行列を対角化するためには，単に正則行列 P をつくればよい．しかし，直交行列なら ${}^tP = P^{-1}$ となり逆行列を改めて求める必要がない．

定理 6.6 の直交行列 P について，$\boldsymbol{y} = (y_i) = P^{-1}\boldsymbol{x}$ とすれば，$P^{-1}AP = D$ は対角行列であり，D の対角成分 $\alpha_i\ (i = 1, \ldots, n)$ は A の固有値である．${}^tP = P^{-1}$ より

$$\langle \boldsymbol{x}, A\boldsymbol{x}\rangle = \langle P\boldsymbol{y}, AP\boldsymbol{y}\rangle = \langle \boldsymbol{y}, {}^tPAP\boldsymbol{y}\rangle = \langle \boldsymbol{y}, P^{-1}AP\boldsymbol{y}\rangle = \langle \boldsymbol{y}, D\boldsymbol{y}\rangle = \sum_{i=1}^{n} \alpha_i {y_i}^2 \tag{6.19}$$

したがって，

定理 6.7 2 次形式 $\langle A\boldsymbol{x}, \boldsymbol{x}\rangle$ に対して，定理 6.6 で得られた直交行列 P を用いて，$\boldsymbol{y} = (y_i) = P^{-1}\boldsymbol{x}$ とすれば，2 次形式は

$$\langle \boldsymbol{x}, A\boldsymbol{x}\rangle = \sum_{i=1}^{n} \alpha_i {y_i}^2$$

と標準形に変形できる．ただし，$\alpha_i\ (i = 1, \ldots, n)$ は A の固有値である．

すべての n 次元ベクトル $\boldsymbol{x} \neq \boldsymbol{0}$ に対して，2 次形式が $\langle \boldsymbol{x}, A\boldsymbol{x}\rangle \geqq 0$ をみたすとき，対称行列は**半正定値**であるという．また，$\langle \boldsymbol{x}, A\boldsymbol{x}\rangle > 0$ のとき，**正定値**であるという．定理 6.7 より

定理 6.8 次のことはともに必要十分である．

$$\begin{aligned} A \text{ は半正定値である} &\iff A \text{ のすべての固有値は非負である} \\ A \text{ は正定値である} &\iff A \text{ のすべての固有値は正である} \end{aligned} \tag{6.15}$$

例題 6.8　2 次形式 $f(x_1, x_2) = 3{x_1}^2 - 2\sqrt{3}x_1x_2 + {x_2}^2$ の標準形を求めよ．

解答　$\boldsymbol{x} = {}^t(x_1, x_2)$, $A = \begin{pmatrix} 3 & -\sqrt{3} \\ -\sqrt{3} & 1 \end{pmatrix}$ とすれば，$3{x_1}^2 - 2\sqrt{3}x_1x_2 + {x_2}^2 = {}^t\boldsymbol{x}A\boldsymbol{x}$. 行列 A の固有値と固有ベクトルは 0，4 と $k\begin{pmatrix} 1 \\ \sqrt{3} \end{pmatrix}$，$\ell\begin{pmatrix} -\sqrt{3} \\ 1 \end{pmatrix}$ $(k \neq 0, \ell \neq 0)$ である．行列 P

を $P = \frac{1}{2}\begin{pmatrix} 1 & -\sqrt{3} \\ \sqrt{3} & 1 \end{pmatrix}$ とすれば，${}^tP = P^{-1}$ である．$P^{-1}AP = \begin{pmatrix} 0 & 0 \\ 0 & 4 \end{pmatrix} = D$ であるから，$\boldsymbol{y} = \begin{pmatrix} y_1 \\ y_2 \end{pmatrix} = P^{-1}\boldsymbol{x}$ として，

$${}^t\boldsymbol{x}A\boldsymbol{x} = {}^t(P\boldsymbol{y})AP\boldsymbol{y} = {}^t\boldsymbol{y}{}^tPAP\boldsymbol{y} = {}^t\boldsymbol{y}P^{-1}AP\boldsymbol{y} = {}^t\boldsymbol{y}D\boldsymbol{y} = 4(y_2)^2.$$ ■

例題 6.9　2 次形式 $f(x_1, x_2) = 7{x_1}^2 - 2\sqrt{3}x_1x_2 + 5{x_2}^2$ について，各問に答えよ．

(1)　2 次形式 $f(x_1, x_2)$ の標準形を求めよ．

(2)　曲線 $f(x_1, x_2) = 1$ を求めよ．

解答　(1) $A = \begin{pmatrix} 7 & -\sqrt{3} \\ -\sqrt{3} & 5 \end{pmatrix}$，$\boldsymbol{x} = \begin{pmatrix} x_1 \\ x_2 \end{pmatrix}$ とする．

$$|A - \lambda E| = \begin{vmatrix} 7-\lambda & -\sqrt{3} \\ -\sqrt{3} & 5-\lambda \end{vmatrix} = \lambda^2 - 12\lambda + 32 = (\lambda - 4)(\lambda - 8) = 0$$

$\lambda = 4, 8$ が固有値である．

$\lambda = 4$ のとき $(A - 4E)\boldsymbol{x} = \boldsymbol{0}$ を解く．固有ベクトルは $\ell\begin{pmatrix} 1 \\ \sqrt{3} \end{pmatrix}$．ただし $\ell \neq 0$

$\lambda = 8$ のとき $(A - 8E)\boldsymbol{x} = \boldsymbol{0}$ を解く．固有ベクトルは $k\begin{pmatrix} -\sqrt{3} \\ 1 \end{pmatrix}$．ただし $k \neq 0$

$P = \frac{1}{2}\begin{pmatrix} 1 & -\sqrt{3} \\ \sqrt{3} & 1 \end{pmatrix}$ とすれば，$P^{-1}AP = \begin{pmatrix} 4 & 0 \\ 0 & 8 \end{pmatrix}$．

$\boldsymbol{y} = \begin{pmatrix} y_1 \\ y_2 \end{pmatrix}$ として，$\boldsymbol{x} = P\boldsymbol{y}$ とすれば標準形は $f(x_1, x_2) = 4{y_1}^2 + 8{y_2}^2$．

(2) $f(x_1, x_2) = 1$ より，$4{y_1}^2 + 8{y_2}^2 = 1$ となり，これは楕円である．行列 P は原点を中心として，ベクトルを $\frac{\pi}{3}$ 正の向きに回転させる変換の表現行列である．したがって，$\boldsymbol{x} = P\boldsymbol{y}$ より $f(x_1, x_2) = 1$ は楕円 $4{y_1}^2 + 8{y_2}^2 = 1$ を回転させた図形である． ■

問題 6.7　2 次形式 $f(x_1, x_2) = 5{x_1}^2 - 3{x_2}^2 - 6x_1x_2$ の標準形を求めよ．

条件付きの関数の最大・最小問題を対称行列の対角化を応用して解く．

例題 6.10　条件 $x^2 + y^2 = 1$ のもとで，関数 $f(x, y) = 5x^2 - 6xy + 5y^2$ の最大値・最小値を求めよ．

解答 $A = \begin{pmatrix} 5 & -3 \\ -3 & 5 \end{pmatrix}$, $\boldsymbol{x} = \begin{pmatrix} x \\ y \end{pmatrix}$ とすれば，$f(x,y) = {}^t\boldsymbol{x}A\boldsymbol{x}$. 行列 A を対角化する．行列 A の固有値とその固有ベクトルは $2, 8$ と $k\begin{pmatrix} 1 \\ 1 \end{pmatrix}, \ell\begin{pmatrix} 1 \\ -1 \end{pmatrix}$ $(k \neq 0,\ \ell \neq 0)$ である．これより，正則行列 $P = \dfrac{1}{\sqrt{2}}\begin{pmatrix} 1 & 1 \\ 1 & -1 \end{pmatrix}$ として，行列 A は $P^{-1}AP = \begin{pmatrix} 2 & 0 \\ 0 & 8 \end{pmatrix} = D$ と対角化される．$\boldsymbol{x}' = \begin{pmatrix} x' \\ y' \end{pmatrix} = P^{-1}\begin{pmatrix} x \\ y \end{pmatrix}$ とする．P は直交行列であるから，条件式は $(x')^2 + (y')^2 = 1$，そして $f(x,y) = 2(x')^2 + 8(y')^2 = 2 + 6(y')^2$ となる．$-1 \leqq y' \leqq 1$ より，最大値は 8，最小値は 2. ■

別解 極座標を用いる．$x = \cos\theta$, $y = \sin\theta$ $(0 \leqq \theta \leqq 2\pi)$ とすれば，$f(x,y) = 5 - 6\sin\theta\cos\theta = 5 - 3\sin 2\theta$ となる．$-1 \leqq \sin 2\theta \leqq 1$ より，$\theta = \dfrac{\pi}{4}, \dfrac{5}{4}\pi$ のとき最大となり，最大値は 8. $\theta = \dfrac{3}{4}\pi, \dfrac{7}{4}\pi$ のとき最小となり，最小値は 2. ■

問題 6.8 条件 $x^2 + y^2 = 1$ のもとで，関数 $f(x,y) = 2x^2 - 4xy + 5y^2$ の最大値・最小値を求めよ．

6.5 連立微分方程式の解法

はじめに簡単な 1 階微分方程式

$$\frac{dx}{dt} = ax \tag{6.16}$$

を考える．1.4 節で求めたように，方程式の解 $x(t)$ は $x(t) = Ce^{at}$ と表示される．

この方法に留意して 2 階微分方程式を解くことを考える．簡単のため，$\dfrac{dy}{dt} = \dot{y}$, $\dfrac{d^2y}{dt^2} = \ddot{y}$ と表示する．

例題 6.11 次の微分方程式を解け．

$$\ddot{y} + \dot{y} - 2y = 0 \tag{6.17}$$

解答 $y = ce^{kt}$ として方程式に代入すれば，$(k^2 + k - 2)ce^{kt} = 0$ となり，$c = 0$ のとき $y = 0$ が解であり，これを**自明解**という．一方，

$$0 = k^2 + k - 2 = (k+2)(k-1)$$

を**特性方程式**という．この場合，$k = -2$ と $k = 1$ が特性方程式の解であるので，微分方程式の解は $y = c_1e^{-2t} + c_2e^t$ と表示できる．ここで，c_1，c_2 は任意定数である． ■

この解法では，はじめに 1 階微分方程式の解を応用して $y = Ce^{kt}$ とおいたところが，結果

的に成功しているように思え，方程式をすっきりと解いた感じがしない．そこで行列の対角化を用いた解法を紹介する．

いま，$\dot{y}=z$ として (6.17) を次のように連立微分方程式にかきかえることができる：

$$\begin{cases} \dot{y} = \quad z \\ \dot{z} = -z + 2y \end{cases}$$

これをベクトルと行列を用いて次のように表現する．

$$\frac{d}{dt}\begin{pmatrix} y \\ z \end{pmatrix} = \begin{pmatrix} 0 & 1 \\ 2 & -1 \end{pmatrix}\begin{pmatrix} y \\ z \end{pmatrix}. \tag{6.18}$$

さらに，$\boldsymbol{x} = \begin{pmatrix} y \\ z \end{pmatrix}$，$A = \begin{pmatrix} 0 & 1 \\ 2 & -1 \end{pmatrix}$ とすれば，これは

$$\frac{d}{dt}\boldsymbol{x} = A\boldsymbol{x} \tag{6.19}$$

と表示される．

次に，(6.19) で表示された微分方程式を行列の対角化を用いて解く．一般に，(6.19) の形の微分方程式は次のように解を求めることができる．ここで，n 次正方行列 A は対角化可能であるとする．すなわち，ある正則行列 P と対角行列 D が存在して

$$P^{-1}AP = D = \begin{pmatrix} \lambda_1 & & \text{\huge 0} \\ & \ddots & \\ \text{\huge 0} & & \lambda_n \end{pmatrix} \tag{6.20}$$

となる．ここで，λ_i は行列 A の固有値である．

$\boldsymbol{x} = P\boldsymbol{z}$ として (6.19) に代入すると，微分の線形性から

$$\frac{d}{dt}P\boldsymbol{z} = P\frac{d}{dt}\boldsymbol{z} = AP\boldsymbol{z} \tag{6.21}$$

となり，左から P^{-1} を掛けることにより

$$\frac{d}{dt}\boldsymbol{z} = P^{-1}AP\boldsymbol{z} = D\boldsymbol{z}. \tag{6.22}$$

したがって，解は $\boldsymbol{z} = \begin{pmatrix} d_1 e^{\lambda_1 t} \\ \vdots \\ d_n e^{\lambda_n t} \end{pmatrix}$ と表示されるので，

$$\boldsymbol{x} = P\boldsymbol{z} = P\begin{pmatrix} e^{\lambda_1 t} & & \text{\huge 0} \\ & \ddots & \\ \text{\huge 0} & & e^{\lambda_n t} \end{pmatrix}\begin{pmatrix} d_1 \\ \vdots \\ d_n \end{pmatrix} \tag{6.23}$$

とかける．

例題 6.12 微分方程式 (6.18) を解け.

解答　行列 $A=\begin{pmatrix}0 & 1\\ 2 & -1\end{pmatrix}$ の固有方程式は

$$0=|A-\lambda E|=\begin{vmatrix}-\lambda & 1\\ 2 & -1-\lambda\end{vmatrix}=(\lambda+2)(\lambda-1)$$

となり，これは微分方程式の特性方程式と一致する．$\lambda=-2,1$ が固有値である．$\boldsymbol{v}=\begin{pmatrix}p\\ q\end{pmatrix}$ を固有ベクトルとする.

$\lambda=-2$ のとき，$(A+2E)\boldsymbol{v}=\begin{pmatrix}2 & 1\\ 2 & 1\end{pmatrix}\begin{pmatrix}p\\ q\end{pmatrix}=\begin{pmatrix}0\\ 0\end{pmatrix}$ より，$2p+q=0$．よって $\boldsymbol{v}=k\begin{pmatrix}1\\ -2\end{pmatrix}$．ただし，$k\neq 0$.

$\lambda=1$ のとき，$(A-E)\boldsymbol{v}=\begin{pmatrix}-1 & 1\\ 2 & -2\end{pmatrix}\begin{pmatrix}p\\ q\end{pmatrix}=\begin{pmatrix}0\\ 0\end{pmatrix}$ より，$p-q=0$．よって $\boldsymbol{v}=\ell\begin{pmatrix}1\\ 1\end{pmatrix}$. ただし，$\ell\neq 0$.

$P=\begin{pmatrix}1 & 1\\ -2 & 1\end{pmatrix}$ とすれば，$P^{-1}=\dfrac{1}{3}\begin{pmatrix}1 & -1\\ 2 & 1\end{pmatrix}$ となる．そこで,

$$P^{-1}AP=\frac{1}{3}\begin{pmatrix}1 & -1\\ 2 & 1\end{pmatrix}\begin{pmatrix}0 & 1\\ 2 & -1\end{pmatrix}\begin{pmatrix}1 & 1\\ -2 & 1\end{pmatrix}=\begin{pmatrix}-2 & 0\\ 0 & 1\end{pmatrix}=D$$

より，行列 A は対角化された．したがって，解は (6.23) より

$$\begin{pmatrix}y\\ z\end{pmatrix}=\begin{pmatrix}1 & 1\\ -2 & 1\end{pmatrix}\begin{pmatrix}e^{-2t} & 0\\ 0 & e^{t}\end{pmatrix}\begin{pmatrix}d_1\\ d_2\end{pmatrix}$$

となる．ここで d_1,d_2 は任意定数である. ∎

(6.18) と例題 6.12 により，微分方程式 (6.17) の解 $y=d_1e^{-2t}+d_2e^{t}$ を得る．これは例題 6.11 の解と一致する.

問題 6.9　次の微分方程式を解け.

$$\ddot{y}+3\dot{y}+2y=0$$

次に行列 A が対角化できない例を考える.

例題 6.13　次の微分方程式を解け．

$$\ddot{y} + 8\dot{y} + 16y = 0 \tag{6.24}$$

解答　$y = ce^{kt}$ として方程式に代入すれば，$(k^2 + 8k + 16)ce^{kt} = 0$ となり，$c = 0$ のとき $y = 0$ が解である．一方，特性方程式

$$0 = k^2 + 8k + 16 = (k + 4)^2$$

の解は $k = -4$ であるので，解として $y = ce^{-4t}$ が得られる．これ以外の解を**定数変化法**とよばれる方法で求めることができる．c が t の関数であるとして，解を $y = c(t)e^{-4t}$ とおくと

$$0 = \ddot{c} - 8\dot{c} + 16c + 8(\dot{c} - 4c) + 16c = \ddot{c}.$$

したがって，t に関して 2 回積分することにより $c(t) = c_1 + c_2 t$ となるので，解 $y(t)$ は

$$y(t) = (c_1 + c_2 t)e^{-4t}$$

で与えられる．ここで，c_1，c_2 は任意定数である．∎

(6.24) の問題を例題 6.12 と同様の方法で解く．$\dot{y} = z$ とおくと，$\dot{z} = -8z - 16y$ なので

$$\frac{d}{dt}\begin{pmatrix} y \\ z \end{pmatrix} = \begin{pmatrix} 0 & 1 \\ -16 & -8 \end{pmatrix}\begin{pmatrix} y \\ z \end{pmatrix} \tag{6.25}$$

となる．

例題 6.14　微分方程式 (6.25) を解け．

解答　A の固有方程式は

$$0 = |A - \lambda E| = \begin{vmatrix} -\lambda & 1 \\ -16 & -8 - \lambda \end{vmatrix} = \lambda^2 + 8\lambda + 16 = (\lambda + 4)^2$$

より，$\lambda = -4$ は固有値である．また，対応する固有ベクトル $\boldsymbol{p} = \begin{pmatrix} p \\ q \end{pmatrix}$ は

$$(A + 4E)\boldsymbol{p} = \begin{pmatrix} 4p + q \\ -16p - 4q \end{pmatrix} = \boldsymbol{0}$$

をみたすので $q = -4p$. したがって，$\boldsymbol{p} = k\begin{pmatrix} 1 \\ -4 \end{pmatrix}$ である．ただし，$k \neq 0$. そこで固有ベクトルとして $\boldsymbol{p} = \begin{pmatrix} 1 \\ -4 \end{pmatrix}$ をとる．この場合，行列 A を対角化するために必要な固有ベクトルを 2 つ求めることができないので，A は対角化不可能である．

そこで A のジョルダン標準形を求める．そのためにまず，一般化固有ベクトル，すなわち，$(A+4E)\boldsymbol{r}=\boldsymbol{p}$ をみたすベクトル，$\boldsymbol{r}=\begin{pmatrix} r \\ s \end{pmatrix}$ を求める．

$$\begin{pmatrix} 4 & 1 \\ -16 & -4 \end{pmatrix}\begin{pmatrix} r \\ s \end{pmatrix}=\begin{pmatrix} 1 \\ -4 \end{pmatrix}$$

より

$$\boldsymbol{r}=\begin{pmatrix} r \\ s \end{pmatrix}=a\begin{pmatrix} 1 \\ -4 \end{pmatrix}+\begin{pmatrix} 0 \\ 1 \end{pmatrix}=a\boldsymbol{p}+\begin{pmatrix} 0 \\ 1 \end{pmatrix}.\quad \text{ここで } a \text{ は任意定数.}$$

一般化固有ベクトルとして $\boldsymbol{r}=\begin{pmatrix} 0 \\ 1 \end{pmatrix}$ をとる．定理 6.5 より $\boldsymbol{p}$ と $\boldsymbol{r}$ は 1 次独立であるから，

$P=(\boldsymbol{p}\ \boldsymbol{r})=\begin{pmatrix} 1 & 0 \\ -4 & 1 \end{pmatrix}$ とすれば，P は正則行列となり

$$P^{-1}AP=\begin{pmatrix} 1 & 0 \\ 4 & 1 \end{pmatrix}\begin{pmatrix} 0 & 1 \\ -16 & -8 \end{pmatrix}\begin{pmatrix} 1 & 0 \\ -4 & 1 \end{pmatrix}=\begin{pmatrix} -4 & 1 \\ 0 & -4 \end{pmatrix}=Q. \tag{6.26}$$

これで行列 A に対するジョルダン標準形が得られた．

$\boldsymbol{u}=\begin{pmatrix} u \\ v \end{pmatrix}=P^{-1}\begin{pmatrix} y \\ z \end{pmatrix}=P^{-1}\boldsymbol{x}$ とすれば，

$$\begin{aligned}\frac{d\boldsymbol{u}}{dt}&=\frac{d}{dt}P^{-1}\boldsymbol{x}=P^{-1}\frac{d\boldsymbol{x}}{dt}=P^{-1}A\boldsymbol{x}=P^{-1}APP^{-1}\boldsymbol{x}=Q\boldsymbol{u}\\&=\begin{pmatrix} -4 & 1 \\ 0 & -4 \end{pmatrix}\boldsymbol{u}.\end{aligned} \tag{6.27}$$

したがって，(6.27) は $\dfrac{du}{dt}=-4u+v$, $\dfrac{dv}{dt}=-4v$ と同じである．解 v は $v(t)=c_2e^{-4t}$ となる．次に，$\dfrac{du}{dt}=-4u+c_2e^{-4t}$ の解を求めよう．まず $\dfrac{du}{dt}=-4u$ の解は $u(t)=be^{-4t}$ となることに注意する．ここで，定数変化法により $u(t)=b(t)e^{-4t}$ とおいて元の問題に代入すると $\dfrac{db}{dt}=c_2$ を得る．したがって，$b(t)=c_1+c_2t$ となり $u(t)=(c_1+c_2t)e^{-4t}$．これより，

$$\begin{pmatrix} y \\ z \end{pmatrix}=\boldsymbol{x}=P\boldsymbol{u}=\begin{pmatrix} 1 & 0 \\ -4 & 1 \end{pmatrix}\begin{pmatrix} (c_1+c_2t)e^{-4t} \\ c_2e^{-4t} \end{pmatrix}.$$

∎

この方法でも，最終的には求積法 (定数変化法) により微分方程式を解いている．そこで，1.4 節における疑問に答えることにしよう．

微分方程式 $\dfrac{dx}{dt}=ax$ の解 $x(t)$ は $x(t)=e^{at}c$ と表示される．そこで，n 次元正方行列 A と n 次元ベクトル $\boldsymbol{x}$ について，微分方程式 $\dfrac{d\boldsymbol{x}}{dt}=A\boldsymbol{x}$ の解 $\boldsymbol{x}$ も同様に $\boldsymbol{x}(t)=e^{At}\boldsymbol{c}$ なる表示を

考える．ここで，$\boldsymbol{c}$ は n 次元ベクトルである．行列 A に対して，e^{At} をどのように定義すればよいだろうか．

そのため，関数のマクローリン展開[5)]を応用する．e^x は

$$e^x = 1 + x + \frac{x^2}{2!} + \cdots + \frac{x^m}{m!} + \cdots$$

と展開できるので，この x に At を代入し，

$$e^{At} = E + At + \frac{(At)^2}{2!} + \cdots + \frac{(At)^m}{m!} + \cdots \tag{6.28}$$

と定義する．ここで，E は単位行列である．(6.28) の右辺を t で微分すると Ae^{At} となり，形式的に $\dfrac{d}{dt}e^{At} = Ae^{At}$ が得られる．これにより，微分方程式 $\dfrac{d\boldsymbol{x}}{dt} = A\boldsymbol{x}$ の解 $\boldsymbol{x}(t)$ は $\boldsymbol{x}(t) = e^{At}\boldsymbol{c}$ で与えられる．また，$t = 0$ での条件 $\boldsymbol{x}(0) = \boldsymbol{x}_0$ を付加すれば，解は $\boldsymbol{x}(t) = e^{At}\boldsymbol{x}_0$ と表示される．

次に，A が対角化可能である場合に，e^{At} を具体的に求める．すなわち，関係式 (6.20) が成り立つとき，

$$\begin{aligned}
P^{-1}e^{At}P &= P^{-1}\left(E + At + \frac{(At)^2}{2!} + \cdots + \frac{(At)^m}{m!} + \cdots\right)P \\
&= E + tP^{-1}AP + \frac{t^2}{2!}P^{-1}A^2P + \cdots + \frac{t^m}{m!}P^{-1}A^mP + \cdots \\
&= E + tD + \frac{t^2}{2!}D^2 + \cdots + \frac{t^m}{m!}D^m + \cdots \\
&= \begin{pmatrix} 1 + t\lambda_1 + \frac{(t\lambda_1)^2}{2!} + \cdots + \frac{(t\lambda_1)^m}{m!} + \cdots & & \text{\Large 0} \\ & \ddots & \\ \text{\Large 0} & & 1 + t\lambda_n + \frac{(t\lambda_n)^2}{2!} + \cdots + \frac{(t\lambda_n)^m}{m!} + \cdots \end{pmatrix} \\
&= \begin{pmatrix} e^{\lambda_1 t} & & \text{\Large 0} \\ & \ddots & \\ \text{\Large 0} & & e^{\lambda_n t} \end{pmatrix}.
\end{aligned} \tag{6.29}$$

したがって，

$$e^{At} = P\begin{pmatrix} e^{\lambda_1 t} & & \text{\Large 0} \\ & \ddots & \\ \text{\Large 0} & & e^{\lambda_n t} \end{pmatrix}P^{-1} \tag{6.30}$$

で与えられる．

例題 6.15 行列 $A = \begin{pmatrix} 0 & 1 \\ 2 & -1 \end{pmatrix}$ について，各問に答えよ．

---

5) 微分積分の教科書を参照されたい．

(1) 行列 e^{At} を求めよ．

(2) 次の微分方程式をみたす解 $\boldsymbol{x} = \begin{pmatrix} y \\ z \end{pmatrix}$ を求めよ．

$$\frac{d}{dt}\boldsymbol{x} = A\boldsymbol{x}, \quad \boldsymbol{x}(0) = \begin{pmatrix} 1 \\ 2 \end{pmatrix} \tag{6.31}$$

解答 (1) 例題 6.12 より $\lambda = -2, 1$ が固有値であり，行列 $P = \begin{pmatrix} 1 & 1 \\ -2 & 1 \end{pmatrix}$ と $P^{-1} = \dfrac{1}{3}\begin{pmatrix} 1 & -1 \\ 2 & 1 \end{pmatrix}$ により行列 A は対角化される．$P^{-1}e^{At}P = \begin{pmatrix} e^{-2t} & 0 \\ 0 & e^t \end{pmatrix}$ より，

$$e^{At} = P\begin{pmatrix} e^{-2t} & 0 \\ 0 & e^t \end{pmatrix}P^{-1} = \frac{1}{3}\begin{pmatrix} e^{-2t} + 2e^t & -e^{-2t} + e^t \\ -2e^{-2t} + 2e^t & 2e^{-2t} + e^t \end{pmatrix}$$

(2) 微分方程式の解は

$$\boldsymbol{x} = e^{At}\boldsymbol{c} = P\begin{pmatrix} e^{-2t} & 0 \\ 0 & e^t \end{pmatrix}P^{-1}\boldsymbol{c} = \frac{1}{3}\begin{pmatrix} e^{-2t} + 2e^t & -e^{-2t} + e^t \\ -2e^{-2t} + 2e^t & 2e^{-2t} + e^t \end{pmatrix}\begin{pmatrix} c_1 \\ c_2 \end{pmatrix}$$

となる．

一方，$t = 0$ の条件から，$\boldsymbol{x}(0) = \begin{pmatrix} c_1 \\ c_2 \end{pmatrix} = \begin{pmatrix} 1 \\ 2 \end{pmatrix}$ となり，$\boldsymbol{x}(t) = \dfrac{1}{3}\begin{pmatrix} 4e^t - e^{-2t} \\ 4e^t + 2e^{-2t} \end{pmatrix}$．■

問題 6.10　次の微分方程式について，各問に答えよ．

$$\ddot{y} + 3\dot{y} + 2y = 0, \quad y(0) = -1, \quad \dot{y}(0) = 3$$

(1)　$z = \dot{y}$ として，$\boldsymbol{x} = \begin{pmatrix} y \\ z \end{pmatrix}$ についての連立微分方程式 $\dot{\boldsymbol{x}} = A\boldsymbol{x}$ を求めよ．A は 2 次正方行列である．

(2)　(1) で求めた A について e^{At} を求めよ．

(3)　e^{At} を用いて微分方程式を解け．

次に行列 A が対角化されない例を考える．例題 6.14 を同様の方法で解いてみよう．

例題 6.16　行列 $A = \begin{pmatrix} 0 & 1 \\ -16 & -8 \end{pmatrix}$ について，e^{tA} を求め，微分方程式 (6.25) を解け．

解答　例題 6.14 より A の固有値は $\lambda = -4$ となり，$P = \begin{pmatrix} 1 & 0 \\ -4 & 1 \end{pmatrix}$ とすれば，P と

$P^{-1} = \begin{pmatrix} 1 & 0 \\ 4 & 1 \end{pmatrix}$ により A に対するジョルダン標準形 (6.26) が得られた．

ここで，$Q = \begin{pmatrix} -4 & 1 \\ 0 & -4 \end{pmatrix}$ であるから，(6.10) より

$$Q^m = \begin{pmatrix} (-4)^m & m(-4)^{m-1} \\ 0 & (-4)^m \end{pmatrix}.$$

(6.28) と同様にして，

$$e^{Qt} = E + Qt + \frac{(Qt)^2}{2!} + \cdots + \frac{(Qt)^m}{m!} + \cdots.$$

したがって，e^{Qt} の対角成分は e^{-4t} となる．一方，1 行 2 列成分は

$$\begin{aligned} & t + t^2(-4) + \frac{t^3(-4)^2}{2!} + \cdots + \frac{t^m(-4)^{m-1}}{(m-1)!} + \cdots \\ &= t\left\{1 + (-4t) + \frac{(-4t)^2}{2!} + \cdots + \frac{(-4t)^{m-1}}{(m-1)!} + \cdots\right\} = te^{-4t}. \end{aligned}$$

$$\begin{aligned} e^{Qt} &= \begin{pmatrix} 1 & t \\ 0 & 1 \end{pmatrix} e^{-4t}.\text{より，} e^{At} = P \begin{pmatrix} e^{-4t} & te^{-4t} \\ 0 & e^{-4t} \end{pmatrix} P^{-1} \\ &= \begin{pmatrix} 1+4t & t \\ -16t & 1-4t \end{pmatrix} e^{-4t}. \end{aligned}$$

$$\boldsymbol{u} = P^{-1}\boldsymbol{x} = \begin{pmatrix} 1 & t \\ 0 & 1 \end{pmatrix}\begin{pmatrix} c_1 \\ c_2 \end{pmatrix} e^{-4t} = \begin{pmatrix} c_1 + c_2 t \\ c_2 \end{pmatrix} e^{-4t}$$

より

$$\boldsymbol{x} = e^{At}\begin{pmatrix} \hat{c}_1 \\ \hat{c}_2 \end{pmatrix} = \begin{pmatrix} \hat{c}_1 + (4\hat{c}_1 + \hat{c}_2)t \\ -16\hat{c}_1 t - 4t\hat{c}_2 + \hat{c}_2 \end{pmatrix} e^{-4t} = \begin{pmatrix} c_1 + c_2 t \\ -4(c_1 + c_2 t) + c_2 \end{pmatrix} e^{-4t} \tag{6.32}$$

ここで，$c_1 = \hat{c}_1$，$c_2 = 4\hat{c}_1 + \hat{c}_2$ とした．もちろん，例題 6.14 の解と同じである． ▮

例題 6.16 から，$y(t) = (c_1 + c_2 t)e^{-4t}$ がわかり，これは例題 6.13 の解である．このように行列を応用すると，求積法を用いずに (6.24) を解くことができる．

最後に，この章のはじめに紹介したバネにつながれた物体の運動を記述する微分方程式 $m\ddot{x} = -kx$ について考える．この場合，特性方程式は $\lambda^2 + \dfrac{k}{m} = 0$ であり，その解は虚数 $\pm\sqrt{\dfrac{k}{m}}i$ (i は虚数単位) となる．そこで，オイラーの公式 $e^{i\theta} = \cos\theta + i\sin\theta$ を用いると，解

$$x(t) = c_1 e^{\sqrt{\frac{k}{m}}it} + c_2 e^{-\sqrt{\frac{k}{m}}it} = c_1{}' \cos\sqrt{\frac{k}{m}}t + c_2{}' \sin\sqrt{\frac{k}{m}}t \tag{6.33}$$

が得られる．

一方，行列を用いた解法に従うと，(6.1) より $A=\begin{pmatrix} 0 & 1 \\ -\dfrac{k}{m} & 0 \end{pmatrix}$．$A$ の固有値は $\pm\sqrt{\dfrac{k}{m}}i$，その固有ベクトルは $\ell_1\begin{pmatrix} 1 \\ \sqrt{\dfrac{k}{m}}i \end{pmatrix}$，$\ell_2\begin{pmatrix} 1 \\ -\sqrt{\dfrac{k}{m}}i \end{pmatrix}$ $(\ell_1 \neq 0,\ \ell_2 \neq 0)$ となる．そこで，行列 $P=\begin{pmatrix} 1 & 1 \\ \sqrt{\dfrac{k}{m}}i & -\sqrt{\dfrac{k}{m}}i \end{pmatrix}$ とすれば $P^{-1}=\dfrac{1}{2}\sqrt{\dfrac{m}{k}}i\begin{pmatrix} -\sqrt{\dfrac{k}{m}}i & -1 \\ -\sqrt{\dfrac{k}{m}}i & 1 \end{pmatrix}$ であり，$P^{-1}AP=\begin{pmatrix} \sqrt{\dfrac{k}{m}}i & 0 \\ 0 & -\sqrt{\dfrac{k}{m}}i \end{pmatrix}$．(6.30) より

$$e^{At}=P\begin{pmatrix} e^{\sqrt{\frac{k}{m}}it} & 0 \\ 0 & e^{-\sqrt{\frac{k}{m}}it} \end{pmatrix}P^{-1}=\begin{pmatrix} \cos\sqrt{\dfrac{k}{m}}t & \sqrt{\dfrac{m}{k}}\sin\sqrt{\dfrac{k}{m}}t \\ -\sqrt{\dfrac{k}{m}}\sin\sqrt{\dfrac{k}{m}}t & \cos\sqrt{\dfrac{k}{m}}t \end{pmatrix}.$$

これにより，

$$\begin{pmatrix} x \\ y \end{pmatrix}=e^{At}\begin{pmatrix} a_1 \\ a_2 \end{pmatrix}=\begin{pmatrix} a_1\cos\sqrt{\dfrac{k}{m}}t+a_2\sqrt{\dfrac{m}{k}}\sin\sqrt{\dfrac{k}{m}}t \\ -a_1\sqrt{\dfrac{k}{m}}\sin\sqrt{\dfrac{k}{m}}t+a_2\cos\sqrt{\dfrac{k}{m}}t \end{pmatrix}$$

から，${c_1}'=a_1$，${c_2}'=a_2\sqrt{\dfrac{m}{k}}$ とすれば (6.33) が得られる．

章末問題

6.1　次の行列の固有値と固有ベクトルをすべて求めよ．

(1)　$A=\begin{pmatrix} 3 & 2 \\ 4 & 1 \end{pmatrix}$　　(2)　$B=\begin{pmatrix} 6 & -3 & -7 \\ -1 & 2 & 1 \\ 5 & -3 & -6 \end{pmatrix}$　　(3)　$C=\begin{pmatrix} 3 & -2 & 1 \\ 2 & -1 & 1 \\ -2 & 2 & 0 \end{pmatrix}$

(4)　$D=\begin{pmatrix} 0 & 1 & 1 & 1 \\ 1 & 0 & 1 & 1 \\ 0 & 0 & 0 & 1 \\ 0 & 0 & 1 & 0 \end{pmatrix}$

6.2　次の行列について，各問に答えよ．

(a) $A = \begin{pmatrix} 1 & 2 \\ 2 & -2 \end{pmatrix}$　(b) $B = \begin{pmatrix} 1 & 0 & -1 \\ 1 & 2 & 1 \\ 2 & 2 & 3 \end{pmatrix}$　(c) $C = \begin{pmatrix} -2 & 2 & -1 \\ 2 & 1 & -2 \\ -3 & -6 & 0 \end{pmatrix}$

(1) 各行列を対角化せよ．

(2) (1) を用いて，各行列の n 乗を求めよ．ただし，n は自然数とする．

6.3 正則行列 A の逆行列の固有値は A の固有値の逆数であることを示せ．

6.4 行列 $A = \begin{pmatrix} 4 & -2 \\ 1 & 1 \end{pmatrix}$ とベクトル $\boldsymbol{x} = \begin{pmatrix} x \\ y \end{pmatrix}$ について，各問に答えよ．

(1) 行列 A の固有値と固有ベクトルをすべて求めよ．

(2) 行列 A を対角化せよ．

(3) 微分方程式 $\dfrac{d}{dt}\boldsymbol{x} = A\boldsymbol{x}$ を解け．

(4) $\boldsymbol{x}(0) = \begin{pmatrix} 1 \\ -1 \end{pmatrix}$ をみたす (3) の微分方程式の解 $\boldsymbol{x}(t)$ を求めよ．

6.5 行列 $A = \begin{pmatrix} 1 & -1 \\ 1 & 3 \end{pmatrix}$ について，各問に答えよ．

(1) 行列 A に対するジョルダン標準形を求めよ．

(2) 行列 e^{At} を求めよ．

(3) ベクトル $\boldsymbol{x} = \begin{pmatrix} x \\ y \end{pmatrix}$ について，微分方程式 $\dfrac{d\boldsymbol{x}}{dt} = A\boldsymbol{x}$ を解け．

6.6 対称行列 $A = \begin{pmatrix} 3 & 1 \\ 1 & 3 \end{pmatrix}$ について，各問に答えよ．

(1) 固有値と固有ベクトルを求めよ．

(2) 直交行列を用いて，行列 A を対角化せよ．

(3) 2 次形式 $3{x_1}^2 + 2x_1x_2 + 3{x_2}^2$ の標準形を求めよ

6.7 微分方程式 $\dddot{x} - \ddot{x} - \dot{x} + 3x = 0$ について，各問に答えよ．

(1) 特性方程式を用いて，微分方程式を解け．

(2) $\dot{x} = y$，$\ddot{x} = z$ として，連立微分方程式 $\dfrac{d\boldsymbol{x}}{dt} = A\boldsymbol{x}$ を求めよ．ただし，$\boldsymbol{x} = \begin{pmatrix} x \\ y \\ z \end{pmatrix}$，

A は 3 次正方行列である．

(3) (2) の行列 A を対角化せよ．

(4) (3) の連立微分方程式を解け．

6.8 λ を行列 A の固有値とするとき，λ^2 は A^2 の固有値であることを示せ．

6.9 2 重数列

$$a_{n+1} = -a_n + 3b_n, \quad b_{n+1} = 2a_n + 4b_n \quad (n \geqq 1), \quad a_1 = 1,\ b_1 = -1$$

について，各問について答えよ．$\boldsymbol{x}_n = \begin{pmatrix} a_n \\ b_n \end{pmatrix}$ とする．

(1) $\boldsymbol{x}_{n+1} = A\boldsymbol{x}_n$ をみたす2次正方行列 A を求めよ．

(2) 行列 A を対角化せよ．

(3) 自然数 n について A^n を求めよ．

(4) $\boldsymbol{x}_n = A^{n-1}\boldsymbol{x}_1$ を用いて，2重数列の一般項 a_n, b_n を求めよ．

6.10　2つの数列 $\{a_n\}$，$\{b_n\}$ が関係式

$$a_{n+1} = 3a_n + b_n, \quad b_{n+1} = 2a_n + 2b_n \quad (n \geqq 1), \quad a_1 = 1,\ b_1 = 2$$

をみたすとき，それぞれの一般項を求めよ．

7

応用

7.1 複雑ネットワーク

近年，複雑ネットワークと呼ばれる分野の研究が盛んである．現実世界には，インターネット，友人関係や食物連鎖など，その関係性をネットワークとして捉えることのできる現象が多々ある．それぞれのネットワークの性質を調べる研究分野が複雑ネットワークである．友人関係のネットワークを例にとり簡単に説明しよう．図 7.1 はネットワークの例であり，1, 2, 3, 4 の 4 人の間の関係性を示しており，線でつながっている人同士は友人であることを表している．図 7.1(a) において，1 さんであれば，2 さんと 4 さんとは知り合い関係であるが，3 さんとは知り合いではないことを意味している．このように点を人に対応させ，線を友人関係に対応させると人間関係のつながりはネットワークとして表現することができる．特に，点を頂点 (またはノード)，線を辺 (または枝・エッジ) などと呼ぶ．頂点と辺とを現実世界のものに対応させると様々な現象をネットワークとして構築することができる．頂点を駅，辺を線路網とすると，電車の輸送ネットワークとみなせるし，頂点を発電所，辺を送電線と考えると電力輸送網として考えることもできる．さらには，頂点をシナプス，辺をニューロンと考えると，脳内の神経網としてもみなせる．また，図 7.1(b) の頂点 2 のように他の頂点と辺でつながっていなくてもよい．このような場合，ネットワークは連結ではないという．このように現実世界の様々な現象はネットワークを通して考えることができるため，様々な研究がなされている．

それでは，ネットワークの性質を線形代数を用いて調べてみよう．そのために，ネットワー

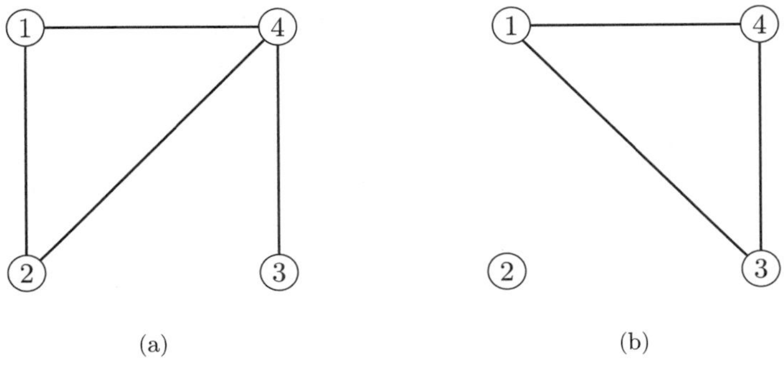

図 7.1　ネットワークの例

クを数学の枠組みで表す必要がある．これについて説明しよう．まず，頂点 i と頂点 j が辺でつながっていれば行列の (i,j) 成分を 1, つながっていなければ (i,j) 成分を 0 とする．ここでは頂点 i と頂点 i とのつながりは考えないもの（(i,i) 成分は 0）とする．このように定めると，各成分が 1 または 0 をとる行列 D を定めることができる．図 7.1(a) の例では，

$$D = \begin{pmatrix} 0 & 1 & 0 & 1 \\ 1 & 0 & 0 & 1 \\ 0 & 0 & 0 & 1 \\ 1 & 1 & 1 & 0 \end{pmatrix}$$

という行列になる．この行列は頂点間のつながり具合を表しており，**隣接行列**と呼ばれる．

問題 7.1　図 7.1(b) の**隣接行列**を求めよ．

各頂点がもつ辺の数を次数という．たとえば，図 7.1(a) の頂点 1 の次数は 2 であり，頂点 3 の次数は 1 である．この i 番目の頂点の次数を (i,i) 成分とし，その他の成分は 0 とする対角行列 K を考えよう．図 7.1(a) の場合，

$$K = \begin{pmatrix} 2 & 0 & 0 & 0 \\ 0 & 2 & 0 & 0 \\ 0 & 0 & 1 & 0 \\ 0 & 0 & 0 & 3 \end{pmatrix}$$

となる．ここで，$L = K - D$ という行列を考えよう．この行列 L はグラフの**ラプラシアン**と呼ばれる行列である．図 7.1(a) の例では，

$$L = \begin{pmatrix} 2 & -1 & 0 & -1 \\ -1 & 2 & 0 & -1 \\ 0 & 0 & 1 & -1 \\ -1 & -1 & -1 & 3 \end{pmatrix}$$

である．ここで，各行のすべての成分を足し合わせると 0 となることがわかる．

$$\sum_{j=1}^{4} L_{ij} = 0$$

したがって，ベクトル $\begin{pmatrix} 1 \\ 1 \\ 1 \\ 1 \end{pmatrix}$ は行列 L の 0 固有値に対応する固有ベクトルになっていることがわかる．一般に，グラフのラプラシアンは少なくとも 1 つの 0 固有値をもつことが知られている．

問題 7.2　図 7.1(b) のグラフのラプラシアンを求めよ．

図 7.1(a) において，グラフのラプラシアンの 0 固有値の重複度は 1 で，一方，図 7.1(b) のグラフのラプラシアンの 0 固有値の重複度は 2 であることがわかるだろう．実は，グラフのラプラシアンの 0 固有値の重複度とネットワークの連結成分の個数は一致することが知られている．ネットワークの連結成分とは，辺でつながっている一連のネットワークのことである．たとえば，図 7.1(a) のネットワークは，すべての頂点は辺でつながっているので連結成分は 1 つであり，図 7.1(b) のネットワークは，頂点 1, 3, 4 は辺でつながっているが，頂点 2 とはつながりがない．したがってこの場合，連結成分は 2 つとなる．このようにネットワークの連結成分の個数を知るために，グラフのラプラシアンの 0 固有値の重複度を調べればよいことがわかる．

連結成分の個数くらいならネットワークを見ればすぐにわかると思うかもしれないが，ネットワークを眺めて連結成分の個数を数えるのは，案外高度なことである．それを行列の 0 固有値の重複度を調べることでわかるのだから，線形代数の応用可能性の一端を垣間見ることができるだろう．

ネットワークの構造を行列で表現し，その行列の性質を線形代数を用いて調べるため，ネットワークと線形代数は密接に関係している．この他にも様々なことが知られている．興味のある読者は複雑ネットワークの専門書を調べてみることをお薦めする．

7.2　最小二乗法

たとえば，物体の位置の時間変化を観測するとき，そのデータは時刻と位置の組 (t, x) として得られる．x はベクトルとなる場合もあるがいまはスカラー量とする．このとき，n 個のデータの組 (t_i, x_i) に対して，この物体の動きが時刻に関して 1 次式であると仮定する．すなわち，$x = at + b$ となる．実際には観測誤差から $x_i = at_i + b$ とはならない．そこで，観測データと直線の差を最小にする a, b を求める．ここで，最小にする量は $\displaystyle\sum_{i=1}^{n}(x_i - (at_i + b))^2$ である．この方法を**最小二乗法**という．

物体の動きは 1 次式とは限らない．そこで，一般に m 次式 $x = a_0 + a_1 t + \cdots + a_m t^m$ として定式化してみる．n 個のデータ (t_i, x_i) に対して $y_i = x_i - (a_0 + a_1 t_i + \cdots + a_m {t_i}^m)$ として $X(\boldsymbol{a}) = \displaystyle\sum_{i=1}^{n} {y_i}^2$ を最小にするベクトル $\boldsymbol{a} = {}^t(a_0\ a_1\ \cdots\ a_m)$ を求めることになる．した

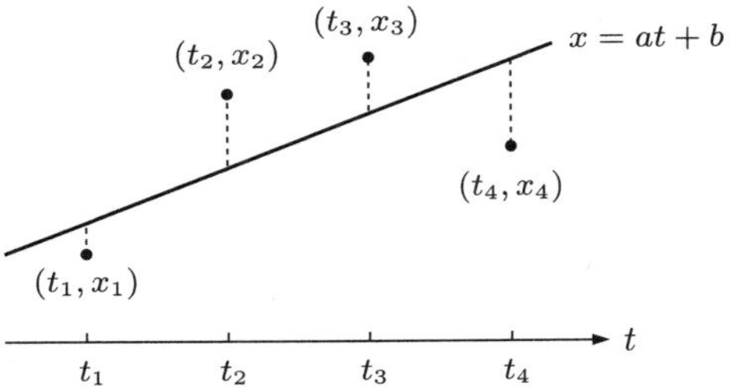

図 7.2

がって,

$$\boldsymbol{y} = \begin{pmatrix} y_1 \\ \vdots \\ y_n \end{pmatrix} = \begin{pmatrix} x_1 \\ \vdots \\ x_n \end{pmatrix} - \begin{pmatrix} 1 & t_1 & \cdots & {t_1}^m \\ \vdots & \vdots & & \vdots \\ 1 & t_n & \cdots & {t_n}^m \end{pmatrix} \begin{pmatrix} a_0 \\ \vdots \\ a_m \end{pmatrix} = \boldsymbol{x} - A\boldsymbol{a} \tag{7.1}$$

と表示することができる. A は $n \times (m+1)$ 行列[1]である. ベクトルの長さと内積を用いて,

$$X(\boldsymbol{a}) = |\boldsymbol{y}|^2 = |\boldsymbol{x} - A\boldsymbol{a}|^2 = \langle \boldsymbol{x}, \boldsymbol{x} \rangle - 2\langle \boldsymbol{x}, A\boldsymbol{a} \rangle + \langle A\boldsymbol{a}, A\boldsymbol{a} \rangle. \tag{7.2}$$

$X(\boldsymbol{a})$ は $\boldsymbol{a}$ に関する関数であり, その最小値[2]を与える $\boldsymbol{a}$ を求めることが目標である. これは微分積分学で習う事実であるが, 偏微分の式 $\dfrac{\partial X}{\partial a_j} = 0$, $(j = 1, \ldots, m)$ をみたす $\boldsymbol{a}$ を求めることになる.

$$\frac{\partial}{\partial a_j}\langle \boldsymbol{x}, A\boldsymbol{a} \rangle = \sum_{i=1}^{n} x_i {t_i}^j, \quad \frac{\partial}{\partial a_j}\langle A\boldsymbol{a}, A\boldsymbol{a} \rangle = \sum_{i=1}^{n} 2{t_i}^j (a_0 + a_1 t_i + \cdots + a_m {t_i}^m). \tag{7.3}$$

したがって, $\begin{pmatrix} \dfrac{\partial X}{\partial a_1} \\ \vdots \\ \dfrac{\partial X}{\partial a_n} \end{pmatrix} = \dfrac{\partial X}{\partial \boldsymbol{a}} = -2\ {}^t A\boldsymbol{x} + 2\ {}^t AA\boldsymbol{a}$ となる. $\dfrac{\partial X}{\partial \boldsymbol{a}} = \boldsymbol{0}$ を**正規方程式**という.

${}^t A\boldsymbol{x} = {}^t AA\boldsymbol{a}$ より, ${}^t AA$ が正方行列であることに注意して, $\boldsymbol{a}$ は $\boldsymbol{a} = ({}^t AA)^{-1}({}^t A\boldsymbol{x})$ として求まる. したがって, 行列 ${}^t AA$ が逆行列をもつことを仮定する必要がある.

応用例として, 連立1次方程式 $A\boldsymbol{x} = \boldsymbol{b}$ をみたす解 $\boldsymbol{x}$ は存在しないが, $|A\boldsymbol{x} - \boldsymbol{b}|$ を最小にする最小二乗解を求めることを考える. それは $\boldsymbol{x} = ({}^t AA)^{-1}({}^t A\boldsymbol{b})$ となるが, このことは $({}^t AA)^{-1}({}^t A)$ が A の逆行列に近い性質をもつことを意味する. $({}^t AA)^{-1}({}^t A)$ を A の**左疑似逆行列**という.

例題 7.1

$$\begin{cases} x_1 - 4x_2 = 4 \\ x_1 + \ \ x_2 = 0 \\ -3x_1 + 2x_2 = 2 \end{cases}$$

の最小二乗解を求めよ.

解答 ${}^t AA = \begin{pmatrix} 11 & -9 \\ -9 & 21 \end{pmatrix}$ より, $({}^t AA)^{-1}({}^t A) = \dfrac{1}{30}\begin{pmatrix} -3 & 6 & -9 \\ -7 & 4 & -1 \end{pmatrix}$ となり, $x_1 = x_2 = -1$. ∎

---

1) $n = m + 1$ の場合, この行列の行列式を**ヴァンデルモンドの行列式**という. 章末問題の 7.1 を参照.

2) この場合, 極小値を求めることになる.

7.3 電気回路

図 7.3 の R 回路はオームの法則により，各抵抗 R_k を流れる電流を i_k とすれば，キルヒホッフの法則から得られる関係式は連立 1 次方程式

$$
\left\{\begin{array}{l} i_2 + i_3 = i_1 \\ R_2 i_2 = R_3 i_3 \\ R_1 i_1 + R_2 i_2 = E \end{array}\right.
\iff
\left\{\begin{array}{rrrl} i_1 - & i_2 - & i_3 & = 0 \\ & R_2 i_2 - & R_3 i_3 & = 0 \\ R_1 i_1 + & R_2 i_2 & & = E \end{array}\right.
$$

$$
\iff \begin{pmatrix} 1 & -1 & -1 \\ 0 & R_2 & -R_3 \\ R_1 & R_2 & 0 \end{pmatrix} \begin{pmatrix} i_1 \\ i_2 \\ i_3 \end{pmatrix} = \begin{pmatrix} 0 \\ 0 \\ E \end{pmatrix}
$$

で表せる．ここで E は電源の電圧である．R_1, R_2, R_3, E は与えられた定数であり，i_k を求める問題となる．また，交流電源の場合，E は時間 t の関数となるが解法に本質的な違いはない．

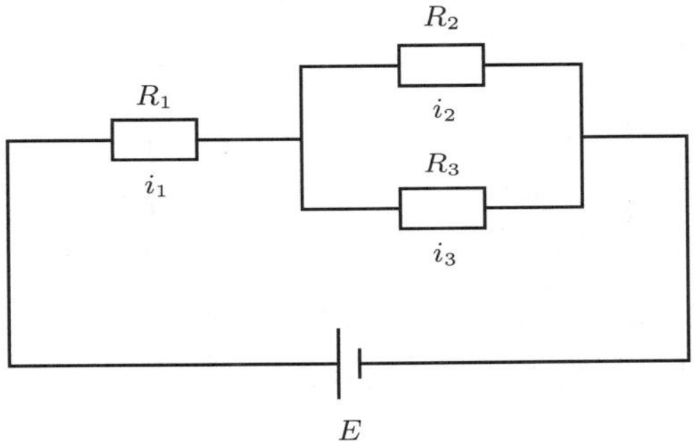

図 7.3

一方，図 7.4 のようなコイルやコンデンサーを含む RLC 回路の場合は状況が異なり，電流 i は時間に関する微分方程式として次のように与えられる．

$$L\frac{d^2i}{dt^2} + R\frac{di}{dt} + \frac{1}{C}i = \frac{dE}{dt}.$$

ここで，L, R, C はそれぞれ，コイルの自己インダクタンス，抵抗の抵抗値，コンデンサーの静

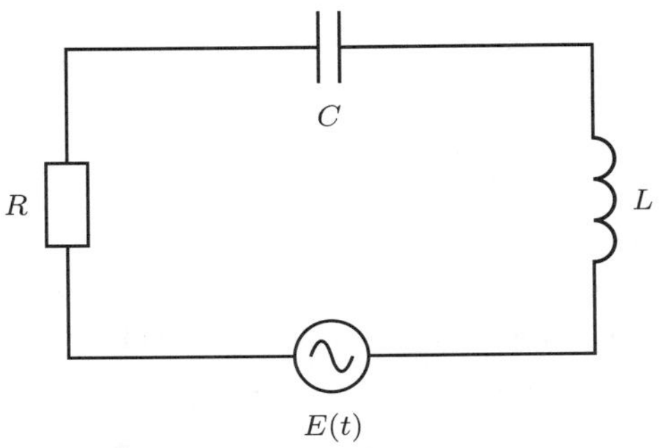

図 7.4

電容量を表す定数である．電源電圧 E が時間に依存しない $(\frac{dE}{dt} \equiv 0)$ 場合は，6.5 節で紹介した解法が使える．そうでない場合，この問題の解法は微分方程式の教科書を参照するとよい．

7.4　化学反応

化学反応式について，連立 1 次方程式の応用を述べる．たとえば，エチレンの酸化反応は

$$\mathrm{C_2H_4 + O_2 \quad \longrightarrow \quad C_2H_4O} \tag{7.4}$$

と示される．しかし，左辺と右辺の各原子の数は一致していない．正確には

$$\mathrm{2C_2H_4 + O_2 \quad \longrightarrow \quad 2C_2H_4O} \tag{7.5}$$

となり，これを**量論式**という．この式を求めるには，水素，酸素，炭素のそれぞれの原子の数を比較する必要があり，次のように (7.5) をかいてみる．

$$\alpha\mathrm{C_2H_4} + \beta\mathrm{O_2} \quad \longrightarrow \quad \gamma\mathrm{C_2H_4O} \tag{7.6}$$

このとき，各原子の数の関係式は

$$\left\{\begin{array}{l} 4\alpha = 4\gamma \\ 2\beta = \gamma \\ 2\alpha = 2\gamma \end{array}\right. \iff \left\{\begin{array}{rrr} 4\alpha & & -4\gamma = 0 \\ & 2\beta - & \gamma = 0 \\ 2\alpha & & -2\gamma = 0 \end{array}\right. \iff \begin{pmatrix} 4 & 0 & -4 \\ 0 & 2 & -1 \\ 2 & 0 & -2 \end{pmatrix}\begin{pmatrix} \alpha \\ \beta \\ \gamma \end{pmatrix} = \begin{pmatrix} 0 \\ 0 \\ 0 \end{pmatrix}$$

となり，連立 1 次方程式が得られる．したがって，自然数 α, β, γ の組で最小のものを選ぶと $(\alpha, \beta, \gamma) = (2, 1, 2)$ となり，式 (7.5) が得られる．

複合反応の量論式が独立であるか，従属なのかを見分ける方法

工学において，いくつかの反応が同時に起こる場合があり，これを**複合反応**という．たとえば，エチレンの接触酸化反応を例にとると，その量論式は

$$\mathrm{2C_2H_4 + O_2 \quad \longrightarrow \quad 2C_2H_4O} \tag{7.7}$$

$$\mathrm{2C_2H_4O + 5O_2 \quad \longrightarrow \quad 4CO_2 + 4H_2O} \tag{7.8}$$

$$\mathrm{C_2H_4 + 3O_2 \quad \longrightarrow \quad 2CO_2 + 2H_2O} \tag{7.9}$$

となる．ここで，$\mathrm{C_2H_4}$，$\mathrm{O_2}$，$\mathrm{C_2H_4O}$，$\mathrm{CO_2}$，$\mathrm{H_2O}$ をそれぞれ u，v，w，x，y とすれば，次の連立 1 次方程式が得られる．

$$2u + v \quad = \quad 2w \tag{7.10}$$

$$2w + 5v \quad = \quad 4x + 4y \tag{7.11}$$

$$u + 3v \quad = \quad 2x + 2y \tag{7.12}$$

(7.10) $-\ 2 \times$ (7.12) より $-5v = 2w - 4x - 4y$ となり (7.11) と一致する．したがって，4.3 節で説明したように，3 つの式は 1 次独立ではない．その中で，(7.10)，(7.12) は 1 次独立な式であることがわかる．これは，連立 1 次方程式の係数行列の**階数**を計算することからも得られる．

7.5 マルコフ連鎖

3 つの地域 A, B, C の人口の毎年の変化を調べる．全体の人口は変化しないものとする．
Ⓐ $\xrightarrow[p]{}$ Ⓑ とは，A の人口の p 割が B に移動することとする．また，A に残る割合を q とするとき $\overset{\circlearrowright q}{\text{Ⓐ}}$ とする．3 つの地域 A, B, C の人口の変化が図 7.5 のようになっているとすると，

$$\begin{cases} a_1 + a_2 + a_3 = 1 \\ b_1 + b_2 + b_3 = 1 \\ c_1 + c_2 + c_3 = 1 \end{cases} \tag{7.13}$$

が成り立つ．n 回目の調査のとき，A, B, C のそれぞれの人口を x_n, y_n, z_n とする．$n+1$ 回目に調査したときの A の人口は $x_{n+1} = a_1x_n + b_3y_n + c_2z_n$ となる．したがって，$n+1$ 回目の調査による人口は n 回目の調査による人口を用いて

$$\begin{pmatrix} x_{n+1} \\ y_{n+1} \\ z_{n+1} \end{pmatrix} = \begin{pmatrix} a_1 & b_3 & c_2 \\ a_2 & b_1 & c_3 \\ a_3 & b_2 & c_1 \end{pmatrix} \begin{pmatrix} x_n \\ y_n \\ z_n \end{pmatrix} = P \begin{pmatrix} x_n \\ y_n \\ z_n \end{pmatrix} \tag{7.14}$$

と表される．このように，それ以前の状態には全く無関係に現在の状態だけで次の状態が決まる遷移を**マルコフ連鎖**といい，(7.14) に現れるような次の条件をみたす行列 $P = (p_{ij})$ を**推移確率行列**という．このとき，

$$p_{ij} \geqq 0, \quad \sum_{i=1}^{n} p_{ij} = 1 \quad (j = 1, \dots, n) \tag{7.15}$$

が成り立つ．

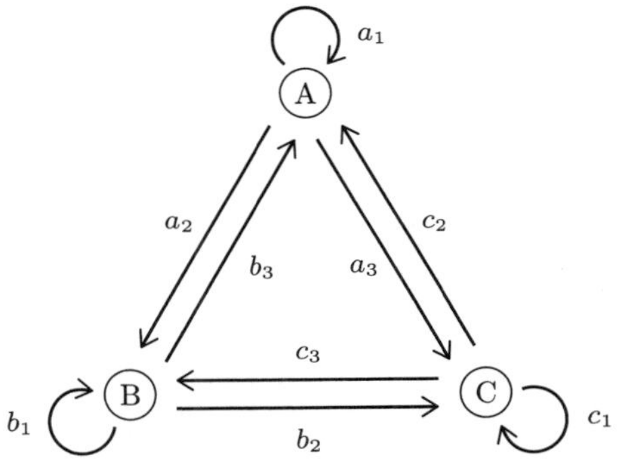

図 7.5

例題 7.2 推移確率行列 P は固有値 1 をもつ．

解答　P の転置行列 ${}^tP$ は固有値 1 と固有ベクトル $\boldsymbol{d} = \begin{pmatrix} 1 \\ \vdots \\ 1 \end{pmatrix}$ をもつ．問題 6.1 より ${}^tP$ と P の固有値は同じであるから 1 は P の固有値である． ▮

例題 7.3　推移確率行列 P の 1 以外の固有値の固有ベクトル $\boldsymbol{x}$ は，${}^tP$ の固有値 1 に対応する固有ベクトル $\boldsymbol{d}$ と直交することを示せ．

解答　$P\boldsymbol{x} = \lambda\boldsymbol{x}$ とする．$\lambda\langle\boldsymbol{x},\boldsymbol{d}\rangle = \langle P\boldsymbol{x},\boldsymbol{d}\rangle = \langle\boldsymbol{x},{}^tP\boldsymbol{d}\rangle = \langle\boldsymbol{x},\boldsymbol{d}\rangle$．$\lambda \neq 1$ より，$\langle\boldsymbol{x},\boldsymbol{d}\rangle = 0$. ▮

定理 7.1　推移確率行列 $P = (P_{ij})$ と ${}^tP$ の固有値の絶対値は 1 以下である．

証明　固有値 λ を $\lambda \neq 1$ とする．固有ベクトル $\boldsymbol{x} = (x_i)$ について，$\displaystyle\sum_{j=1}^{n} P_{ij}x_i = \lambda x_j$ となる．$|x_i| = y_i$ とする．$\boldsymbol{y} = (y_i)$ とすれば，$P_{ij} \geqq 0$

$$|\lambda|y_i = |\lambda||x_i| = |\lambda x_i| = |\sum_{j=1}^{n} P_{ij}x_j| \leqq \sum_{j=1}^{n} P_{ij}|x_j| = (P\boldsymbol{y})_i. \tag{7.16}$$

例題 7.2 で得られた ${}^tP$ の固有値 1 に対応する固有ベクトル $\boldsymbol{d}$ を用いて，

$$|\lambda|\langle\boldsymbol{y},\boldsymbol{d}\rangle \leqq \langle P\boldsymbol{y},\boldsymbol{d}\rangle = \langle\boldsymbol{y},{}^tP\boldsymbol{d}\rangle = \langle\boldsymbol{y},\boldsymbol{d}\rangle \tag{7.17}$$

$\langle\boldsymbol{y},\boldsymbol{d}\rangle > 0$ より $|\lambda| \leqq 1$. ▮

例題 7.4　推移確率行列 $P = \begin{pmatrix} \frac{1}{5} & \frac{2}{5} & \frac{2}{5} \\ \frac{2}{5} & \frac{2}{5} & \frac{1}{5} \\ \frac{2}{5} & \frac{1}{5} & \frac{2}{5} \end{pmatrix}$ について，各問に答えよ．

(1) P の固有値と固有ベクトルをすべて求めよ．

(2) マルコフ連鎖 $\boldsymbol{x}_{n+1} = P\boldsymbol{x}_n$ について，すべての n について $\boldsymbol{x}_{n+1} = \boldsymbol{x}_n$ をみたす $\boldsymbol{x}_1$，すなわち，$\boldsymbol{x}_1 = P\boldsymbol{x}_1$ をみたす $\boldsymbol{x}_1$ を求めよ．

解答　(1) 固有値は 1, $\frac{1}{5}$, $-\frac{1}{5}$, 固有ベクトルは $\begin{pmatrix} 1 \\ 1 \\ 1 \end{pmatrix}$, $\begin{pmatrix} 0 \\ 1 \\ -1 \end{pmatrix}$, $\begin{pmatrix} -2 \\ 1 \\ 1 \end{pmatrix}$ である．

(2) 固有値 1 の固有ベクトル $\boldsymbol{x}_1 = \begin{pmatrix} 1 \\ 1 \\ 1 \end{pmatrix}$ のとき，$\boldsymbol{x}_n = \begin{pmatrix} 1 \\ 1 \\ 1 \end{pmatrix}$ となり，これをマルコフ連鎖の**定常状態**という． ▮

章末問題

7.1　$n \geqq 2$ に対して，ヴァンデルモンドの行列式

$$V(x_1, x_2, \ldots, x_n) = \begin{vmatrix} 1 & 1 & \cdots & 1 \\ x_1 & x_2 & \cdots & x_n \\ \vdots & \vdots & \ddots & \vdots \\ {x_1}^{n-1} & {x_2}^{n-1} & \cdots & {x_n}^{n-1} \end{vmatrix} = \prod_{1 \leqq i < j \leqq n} (x_j - x_i)$$

を示せ．$\displaystyle\prod_{1 \leqq i < j \leqq n} (x_j - x_i)$ は $1 \leqq i < j \leqq n$ をみたすすべての i, j に対して，$(x_j - x_i)$ の積である．

7.2　2 つの推移確率行列 A, B について，積 AB も推移確率行列になることを示せ．

付　録

A.1　行列式の基本性質

n 次元列ベクトル $\boldsymbol{a}_i = \begin{pmatrix} a_{1i} \\ \vdots \\ a_{ni} \end{pmatrix}$ $(i = 1, \ldots, n)$ に対して，n 次正方行列 A を $A = (\boldsymbol{a}_1 \ \cdots \ \boldsymbol{a}_n)$，その行列式 $|A|$ を $|A| = |\boldsymbol{a}_1 \ \cdots \ \boldsymbol{a}_n|$ と表示する．また，行列 A から i 行 j 列を除いた $(n-1)$ 次正方行列 A_{ij} について，$\Delta_{ij} = (-1)^{i+j}|A_{ij}|$ を A の (i,j) 余因子という．このとき，A の行列式を次の形で定義した．

$$|A| = \begin{cases} (-1)^{1+i}a_{1i}|A_{1i}| + \cdots + (-1)^{n+i}a_{ni}|A_{ni}| = \displaystyle\sum_{k=1}^{n}(-1)^{k+i}a_{ki}|A_{ki}| = \sum_{k=1}^{n} a_{ki}\Delta_{ki} \\ \hfill (i\text{ 列目による余因子展開}) \\ (-1)^{j+1}a_{j1}|A_{j1}| + \cdots + (-1)^{j+n}a_{jn}|A_{jn}| = \displaystyle\sum_{\ell=1}^{n}(-1)^{j+\ell}a_{j\ell}|A_{j\ell}| = \sum_{\ell=1}^{n} a_{j\ell}\Delta_{j\ell} \\ \hfill (j\text{ 行目による余因子展開}) \end{cases} \tag{A.1}$$

行列式の列に関して次の関係式が成り立つ．

(1)　列に関する加法性：

$$\begin{aligned} |\boldsymbol{a}_1 \ \cdots \ \underset{\substack{\wedge \\ i\text{ 列目}}}{(\boldsymbol{a}_i{}' + \boldsymbol{a}_i{}'')} \ \cdots \ \boldsymbol{a}_n| &= \sum_{k=1}^{n}(-1)^{k+i}(a_{ki}{}' + a_{ki}{}'')|A_{ki}| \\ &= \sum_{k=1}^{n}(-1)^{k+i}a_{ki}{}'|A_{ki}| + \sum_{k=1}^{n}(-1)^{k+i}a_{ki}{}''|A_{ki}| \\ &= |\boldsymbol{a}_1 \ \cdots \ \boldsymbol{a}_i{}' \ \cdots \ \boldsymbol{a}_n| + |\boldsymbol{a}_1 \ \cdots \ \boldsymbol{a}_i{}'' \ \cdots \ \boldsymbol{a}_n|. \end{aligned}$$

(2)　列に関するスカラー倍：

$$|\boldsymbol{a}_1 \ \cdots \ \underset{\substack{\wedge \\ i\text{ 列目}}}{(\lambda\boldsymbol{a}_i)} \ \cdots \ \boldsymbol{a}_n| = \lambda\sum_{k=1}^{n}(-1)^{k+i}a_{ki}|A_{ki}| = \lambda|\boldsymbol{a}_1 \ \cdots \ \boldsymbol{a}_n| = \lambda|A|.$$

(3)　隣り合う 2 つの列を入れかえる：行列 A の i 列目と $i+1$ 列目を交換した行列を $\widehat{A}$ とするとき，

$$|A| = -|\widehat{A}|.$$

なぜなら，$\widehat{A}_{k(i+1)}$ を $\widehat{A}$ の k 行 $i+1$ 列を除いた $(n-1)$ 次正方行列とするとき，

$$|A| = |\boldsymbol{a}_1 \ \cdots \ \underset{\substack{\wedge \\ i}}{\boldsymbol{a}_i} \ \ \underset{\substack{\wedge \\ i+1}}{\boldsymbol{a}_{i+1}} \ \cdots \ \boldsymbol{a}_n| = \sum_{k=1}^{n}(-1)^{k+i}a_{ki}|A_{ki}| \qquad (i\text{ 列目で余因子展開})$$

$$|\widehat{A}| = |\boldsymbol{a}_1 \ \cdots \ \underset{\substack{\wedge \\ i}}{\boldsymbol{a}_{i+1}} \ \ \underset{\substack{\wedge \\ i+1}}{\boldsymbol{a}_i} \ \cdots \ \boldsymbol{a}_n| = \sum_{k=1}^{n}(-1)^{k+i+1}a_{ki}|\widehat{A}_{k(i+1)}| \qquad (i+1\text{ 列目で余因子展開})$$

$$= -|A|.$$

注意 A.1　$|A_{ki}| = |\widehat{A}_{k(i+1)}|$.

i 列目 ∨

$$k\text{ 行目} > \begin{vmatrix} a_{11} & \cdots & a_{1(i-1)} & & a_{1(i+1)} & \cdots & a_{1n} \\ \vdots & \vdots & \vdots & & \vdots & \vdots & \vdots \\ & & & a_{ki} & & & \\ \vdots & \vdots & \vdots & & \vdots & \vdots & \vdots \\ a_{n1} & \cdots & a_{n(i-1)} & & a_{n(i+1)} & \cdots & a_{nn} \end{vmatrix} = |A_{ki}|$$

$$\|$$

$i+1$ 列目 ∨

$$k\text{ 行目} > \begin{vmatrix} a_{11} & \cdots & a_{1(i-1)} & a_{1(i+1)} & & \cdots & a_{1n} \\ \vdots & \vdots & \vdots & \vdots & & \vdots & \vdots \\ & & & & a_{ki} & & \\ \vdots & \vdots & \vdots & \vdots & & \vdots & \vdots \\ a_{n1} & \cdots & a_{n(i-1)} & a_{n(i+1)} & & \cdots & a_{nn} \end{vmatrix} = |\widehat{A}_{k(i+1)}|$$

(3)′　i 列目と k 列目を入れかえる：行列 A の i 列目と k 列目を入れかえた行列を $\widehat{A}_{ik}$ とするとき，

$$|\widehat{A}_{ik}| = -|A|.$$

なぜなら，隣り合う列の入れかえについて各列でみると

	$\cdots$	$\boxed{i}$	$i+1$	$\cdots$	$k-2$	$k-1$	$\textcircled{k}$	$\cdots$
1 回目	$\cdots$	$i+1$	$\boxed{i}$	$\cdots$	$k-2$	$k-1$	$\textcircled{k}$	$\cdots$
$\vdots$				$\vdots$				
$k-i-1$ 回目	$\cdots$	$i+1$	$i+2$	$\cdots$	$k-1$	$\boxed{i}$	$\textcircled{k}$	$\cdots$
$k-i$ 回目	$\cdots$	$i+1$	$i+2$	$\cdots$	$k-1$	$\textcircled{k}$	$\boxed{i}$	$\cdots$
$k-i+1$ 回目	$\cdots$	$i+1$	$i+2$	$\cdots$	$\textcircled{k}$	$k-1$	$\boxed{i}$	$\cdots$
$\vdots$				$\vdots$				
$2(k-i)-1$ 回目	$\cdots$	$\textcircled{k}$	$i+1$	$\cdots$	$k-2$	$k-1$	$\boxed{i}$	$\cdots$

このように隣り合う 2 つの列の入れかえを $2|k-i|-1$ 回行うことで，i 列目と k 列目

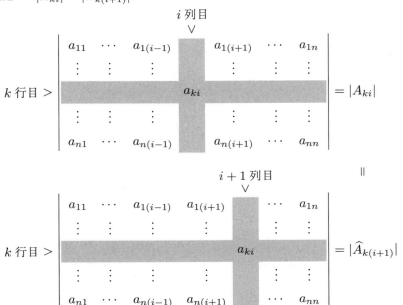

の入れかえを実行することができる．これから

$$|\widehat{A}_{ik}| = |\boldsymbol{a}_1 \ \cdots \ \underset{\substack{\wedge \\ i}}{\boldsymbol{a}_i} \ \cdots \ \underset{\substack{\wedge \\ k}}{\boldsymbol{a}_k} \ \cdots \ \boldsymbol{a}_n| = (-1)^{2(k-i)-1}|\boldsymbol{a}_1 \ \cdots \ \underset{\substack{\wedge \\ i}}{\boldsymbol{a}_k} \ \cdots \ \underset{\substack{\wedge \\ k}}{\boldsymbol{a}_i} \ \cdots \ \boldsymbol{a}_n|$$
$$= -|\boldsymbol{a}_1 \ \cdots \ \underset{\substack{\wedge \\ i}}{\boldsymbol{a}_k} \ \cdots \ \underset{\substack{\wedge \\ k}}{\boldsymbol{a}_i} \ \cdots \ \boldsymbol{a}_n| = -|A|.$$

(4)　i 列目と k 列目が等しい：

$$|A| = 0.$$

なぜなら，

$$|A| = |\boldsymbol{a}_1 \ \cdots \ \underset{\substack{\wedge \\ i}}{\boldsymbol{b}} \ \cdots \ \underset{\substack{\wedge \\ k}}{\boldsymbol{b}} \ \cdots \ \boldsymbol{a}_n| \underset{\text{入れかえる}}{=} -|\boldsymbol{a}_1 \ \cdots \ \underset{\substack{\wedge \\ i}}{\boldsymbol{b}} \ \cdots \ \underset{\substack{\wedge \\ k}}{\boldsymbol{b}} \ \boldsymbol{a}_n| = -|A|.$$

$|A| = -|A|$ をみたすものは $|A| = 0$.

(5)　i 列目に k 列目の α 倍を加える：(1) と (4) を用いて

$$|\boldsymbol{a}_1 \ \cdots \ \underset{\substack{\wedge \\ i}}{(\boldsymbol{a}_i + \alpha\boldsymbol{a}_k)} \ \cdots \ \underset{\substack{\wedge \\ k}}{\boldsymbol{a}_k} \ \cdots \ \boldsymbol{a}_n| = |A| + \alpha|\boldsymbol{a}_1 \ \cdots \ \underset{\substack{\wedge \\ i}}{\boldsymbol{a}_k} \ \cdots \ \underset{\substack{\wedge \\ k}}{\boldsymbol{a}_k} \ \cdots \ \boldsymbol{a}_n| = |A|.$$

(6)　行列 A とその転置行列 ${}^tA$ について，

$$|A| = |{}^tA|.$$

これにより，余因子展開が行と列に関して同じ値であることが示されるが，証明は省略する．

A.2　行列式の別の定義

A.2.1　置換

n 個の文字 $\{1, 2, \ldots, n\}$ を重複せずに一列に並べたものを**順列**といい，その並べ方は $n!$ 通りある．$\{1, 2, \ldots, n\}$ に対して 1 つの順列 $\{i_1, i_2, \ldots, i_n\}$ を対応させるものを**置換** σ といい，

$$\sigma(1) = i_1,\ \sigma(2) = i_2, \ldots,\ \sigma(n) = i_n,$$

$$\sigma = \begin{pmatrix} 1 & 2 & \cdots & n \\ i_1 & i_2 & \cdots & i_n \end{pmatrix},$$

または，簡単に $\sigma = (i_1 \ \cdots \ i_n)$ とかく．

例題 A.1　$\{1, 2\}$ について，すべての置換を求めよ．

解答　順列の個数は 2! であり，その置換は

$$\sigma = \begin{pmatrix} 1 & 2 \\ 1 & 2 \end{pmatrix} \quad \text{または} \quad \sigma = \begin{pmatrix} 1 & 2 \\ 2 & 1 \end{pmatrix}.$$

∎

置換 $\sigma = \begin{pmatrix} 1 & 2 & \cdots & n \\ i_1 & i_2 & \cdots & i_n \end{pmatrix}$ に対して $\begin{pmatrix} i_1 & i_2 & \cdots & i_n \\ 1 & 2 & \cdots & n \end{pmatrix}$ を σ の**逆置換**といい，σ^{-1} とかく．

例題 A.2　$\sigma = \begin{pmatrix} 1 & 2 & 3 \\ 2 & 1 & 3 \end{pmatrix}$ の逆置換を求めよ．

解答　$\sigma^{-1} = \begin{pmatrix} 2 & 1 & 3 \\ 1 & 2 & 3 \end{pmatrix} = \begin{pmatrix} 1 & 2 & 3 \\ 2 & 1 & 3 \end{pmatrix}$. ■

どの文字も動かさない置換である　$\varepsilon = \begin{pmatrix} 1 & 2 & \cdots & n \\ 1 & 2 & \cdots & n \end{pmatrix}$ を恒等置換または**単位置換**という．

2 つの置換 σ, τ について

$$i \xrightarrow{\sigma} \sigma(i) \xrightarrow{\tau} \tau(\sigma(i))$$

を**置換の積**[3)]といい，$\tau\sigma$ と表す．

例題 A.3　$\sigma = \begin{pmatrix} 1 & 2 & 3 \\ 2 & 3 & 1 \end{pmatrix}$ と $\tau = \begin{pmatrix} 1 & 2 & 3 \\ 2 & 1 & 3 \end{pmatrix}$ について，$\tau\sigma$ と $\sigma\tau$ を求めよ．

解答

$$\tau\sigma = \begin{pmatrix} 1 & 2 & 3 \\ 2 & 1 & 3 \end{pmatrix}\begin{pmatrix} 1 & 2 & 3 \\ 2 & 3 & 1 \end{pmatrix} = \begin{pmatrix} 1 & 2 & 3 \\ 1 & 3 & 2 \end{pmatrix}$$

$$\sigma\tau = \begin{pmatrix} 1 & 2 & 3 \\ 2 & 3 & 1 \end{pmatrix}\begin{pmatrix} 1 & 2 & 3 \\ 2 & 1 & 3 \end{pmatrix} = \begin{pmatrix} 1 & 2 & 3 \\ 3 & 2 & 1 \end{pmatrix}.$$ ■

この例から，一般に $\tau\sigma \neq \sigma\tau$ となることがわかる．

注意 A.2　$\sigma^{-1}\sigma = \sigma\sigma^{-1} = \varepsilon$.

問題 A.1　置換 $\sigma = \begin{pmatrix} 1 & 2 & 3 & 4 \\ 3 & 1 & 2 & 4 \end{pmatrix}$, $\tau = \begin{pmatrix} 1 & 2 & 3 & 4 \\ 2 & 4 & 3 & 1 \end{pmatrix}$ について，$\sigma\tau$ と $\tau\sigma$ および σ の逆置換 σ^{-1} を求めよ．

i, j の 2 つの文字のみ入れかえ，他の文字を入れかえない置換を**互換**といい $(i\ j)$ と表す．たとえば，$\{1, 2, 3, 4\}$ の中で 2 と 3 のみ入れかえたとき，

3) 合成置換ともいい，$\tau\sigma$ を $\tau \circ \sigma$ と表すこともある．

$$\begin{pmatrix} 1 & 2 & 3 & 4 \\ 1 & 3 & 2 & 4 \end{pmatrix} = (2\ 3)\varepsilon = (2\ 3).$$

注意 A.3 すべての置換は互換の積として表される．ただし，その表現は一通りとは限らない．

例題 A.4 置換 $\sigma = \begin{pmatrix} 1 & 2 & 3 & 4 \\ 4 & 3 & 1 & 2 \end{pmatrix}$ を互換の積で表せ．

解答

$$\sigma = \begin{pmatrix} 1 & 2 & 3 & 4 \\ 4 & 3 & 1 & 2 \end{pmatrix} = (1\ 4)\begin{pmatrix} 1 & 2 & 3 & 4 \\ 1 & 3 & 4 & 2 \end{pmatrix} = (1\ 4)(2\ 3)\begin{pmatrix} 1 & 2 & 3 & 4 \\ 1 & 2 & 4 & 3 \end{pmatrix} = (1\ 4)(2\ 3)(3\ 4)\varepsilon$$

より，置換 σ は $\sigma = (1\,4)(2\,3)(3\,4)$ のように互換の積で表示できる．一方，$\sigma = (1\,3)(1\,2)(1\,4)$ と表示できる． ∎

問題 A.2 置換 $\sigma = \begin{pmatrix} 1 & 2 & 3 & 4 & 5 \\ 5 & 3 & 4 & 2 & 1 \end{pmatrix}$ を互換の積で表せ．

奇数個の互換の積で表される置換を**奇置換**，偶数個の場合を**偶置換**という．このとき，与えられた置換は，偶または奇置換のいずれかであることに注意する．単位置換 ε は偶置換とする．ここで，置換 σ の符号 $\mathrm{sgn}(\sigma)$ を，σ が奇置換のとき -1，偶置換のとき 1 と定義する．

$\{1, \ldots, n\}$ からなる置換全体の集合を $\mathcal{S}_n$ とする．このとき $\mathcal{S}_n$ の要素の数は $n!$ である．

定理 A.1 n 次正方行列 $A = (a_{ij})$ の行列式 $|A|$ について，

$$|A| = \det A = \sum_{\sigma \in \mathcal{S}_n} \mathrm{sgn}(\sigma)\, a_{\sigma(1)1} \cdots a_{\sigma(n)n}.$$

ここで，$\displaystyle\sum_{\sigma \in \mathcal{S}_n}$ は，$\mathcal{S}_n$ に属するすべての置換 σ について和をとることを意味する．

証明は次節で与える．

例題 A.5 3 次正方行列 $A = (a_{ij})$ について，定理 A.1 を用いて，(4.5) を求めよ．

解答 3 文字の順列は $3! = 6$ 通りある．すなわち，$\sigma_1 = (1\ 2\ 3)$，$\sigma_2 = (1\ 3\ 2)$，$\sigma_3 = (2\ 1\ 3)$，$\sigma_4 = (2\ 3\ 1)$，$\sigma_5 = (3\ 1\ 2)$，$\sigma_6 = (3\ 2\ 1)$．σ_1，σ_4，σ_5 は偶，σ_2，σ_3，σ_6 は奇置換である．

$$\begin{aligned} |A| &= \mathrm{sgn}(\sigma_1)\, a_{11}a_{22}a_{33} + \mathrm{sgn}(\sigma_2)\, a_{11}a_{32}a_{23} + \mathrm{sgn}(\sigma_3)\, a_{21}a_{12}a_{33} \\ &\quad + \mathrm{sgn}(\sigma_4)\, a_{21}a_{32}a_{13} + \mathrm{sgn}(\sigma_5)\, a_{31}a_{12}a_{23} + \mathrm{sgn}(\sigma_6)\, a_{31}a_{32}a_{13} \\ &= a_{11}a_{22}a_{33} - a_{11}a_{32}a_{23} - a_{21}a_{12}a_{33} \\ &\quad + a_{21}a_{32}a_{13} + a_{31}a_{12}a_{23} - a_{31}a_{22}a_{13}. \end{aligned}$$

∎

A.2.2 多重線形性

$\mathbb{R}^n$ のベクトル変数で $\mathbb{R}$ に値をとる m 変数関数

$$F:\ \underbrace{\mathbb{R}^n\times\cdots\times\mathbb{R}^n}_{m}\ \longrightarrow\ \mathbb{R}$$

が $\mathbb{R}^n$ 上の m **重線形関数**であるとは，各 j $(1 \leqq j \leqq m)$ について，λ を実数とするとき，

$$F(\boldsymbol{x}_1,\ldots,\boldsymbol{x}_j+\boldsymbol{y}_j,\ldots,\boldsymbol{x}_m)=F(\boldsymbol{x}_1,\ldots,\boldsymbol{x}_j,\ldots,\boldsymbol{x}_m)+F(\boldsymbol{x}_1,\ldots,\boldsymbol{y}_j,\ldots,\boldsymbol{x}_m)$$

$$F(\boldsymbol{x}_1,\ldots,\lambda\boldsymbol{x}_j,\ldots,\boldsymbol{x}_m)=\lambda F(\boldsymbol{x}_1,\ldots,\boldsymbol{x}_j,\ldots,\boldsymbol{x}_m)$$

が成り立つことをいう．また，F が**交代性**をもつとは，2 つの k, ℓ $(k \neq \ell)$ について，$\boldsymbol{x}_k=\boldsymbol{x}_\ell$ ならば

$$F(\boldsymbol{x}_1,\ldots,\boldsymbol{x}_k,\ldots,\boldsymbol{x}_\ell,\ldots,\boldsymbol{x}_m)=0$$

が成り立つことをいう．

注意 A.4 F が交代性をもつとき，

$$F(\boldsymbol{x}_1,\ldots,\boldsymbol{x}_k,\ldots,\boldsymbol{x}_\ell,\ldots,\boldsymbol{x}_m)=-F(\boldsymbol{x}_1,\ldots,\boldsymbol{x}_\ell,\ldots,\boldsymbol{x}_k,\ldots,\boldsymbol{x}_m)$$

が成り立つ．

定理 A.2 $m=n$ のとき，交代 n 重線形関数 F は

$$F(\boldsymbol{x}_1,\ldots,\boldsymbol{x}_n)=C\det(\boldsymbol{x}_1\ \cdots\ \boldsymbol{x}_n)$$

をみたす．ここで定数 C は，$\{\boldsymbol{e}_i\}_{i=1}^n$ を $\mathbb{R}^n$ の標準基底として $C=F(\boldsymbol{e}_1,\ldots,\boldsymbol{e}_n)$ で与えられる．

証明 $\boldsymbol{x}_j=x_{1j}\boldsymbol{e}_1+\cdots+x_{nj}\boldsymbol{e}_n\quad(j=1,\ldots,n)$ とすれば，

$$F(\boldsymbol{x}_1,\ldots,\boldsymbol{x}_n)=\sum_{\ell_1,\ldots,\ell_n=1}^{n} x_{\ell_1 1}\cdots x_{\ell_n n}F(\boldsymbol{e}_{\ell_1},\ldots,\boldsymbol{e}_{\ell_n})$$

となる．F の交代性から，$\mathcal{S}_n$ を n 個の文字 $\{1,\ldots,n\}$ の置換全体とするとき，

$$F(\boldsymbol{x}_1,\ldots,\boldsymbol{x}_n)=\sum_{\sigma\in\mathcal{S}_n} x_{\sigma(1)1}\cdots x_{\sigma(n)n}F(\boldsymbol{e}_{\sigma(1)},\ldots,\boldsymbol{e}_{\sigma(n)}).$$

ここで，また F の交代性から，$F(\boldsymbol{e}_{\sigma(1)},\ldots,\boldsymbol{e}_{\sigma(n)})=\mathrm{sgn}(\sigma)\,F(\boldsymbol{e}_1,\ldots,\boldsymbol{e}_n)=\mathrm{sgn}(\sigma)C$. 定理 A.1 より

$$\begin{aligned}F(\boldsymbol{x}_1,\ldots,\boldsymbol{x}_n)&=\sum_{\sigma\in\mathcal{S}_n} x_{\sigma(1)1}\cdots x_{\sigma(n)n}\,\mathrm{sgn}(\sigma)C=C\sum_{\sigma\in\mathcal{S}_n}\mathrm{sgn}(\sigma)\,x_{\sigma(1)1}\cdots x_{\sigma(n)n}\\&=C\det(\boldsymbol{x}_1\ \cdots\ \boldsymbol{x}_n)\end{aligned}$$

∎

定理 A.2 により，規格化された交代多重線形関数として，行列式を定義することもできる．

最後に定理 A.1 を証明する．

n 次元列ベクトル $\boldsymbol{a}_i$ $(i=1,\ldots,n)$ を用いて n 次正方行列 A を $A=(\boldsymbol{a}_1\ \cdots\ \boldsymbol{a}_n)$ と表す．定理 A.1 の右辺を

$$T(A)=T(\boldsymbol{a}_1,\ldots,\boldsymbol{a}_n)=\sum_{\sigma\in\mathcal{S}_n}\operatorname{sgn}(\sigma)\,a_{\sigma(1)1}\cdots a_{\sigma(n)n} \tag{A.2}$$

とする．このとき，

注意 A.5 単位行列 E について，$T(E)=1$ となる．

定理 A.3 n 次正方行列 $A=(\boldsymbol{a}_1\ \cdots\ \boldsymbol{a}_n)$ と n 次元列ベクトル $\boldsymbol{b}$ について，次のことが成り立つ．

(1) $T(\boldsymbol{a}_1,\ldots,\boldsymbol{a}_i+\boldsymbol{b},\ldots,\boldsymbol{a}_n)=T(\boldsymbol{a}_1,\ldots,\boldsymbol{a}_i,\ldots,\boldsymbol{a}_n)+T(\boldsymbol{a}_1,\ldots,\boldsymbol{b},\ldots,\boldsymbol{a}_n)$

(2) $T(\boldsymbol{a}_1,\ldots,\lambda\boldsymbol{a}_i,\ldots,\boldsymbol{a}_n)=\lambda T(\boldsymbol{a}_1,\ldots,\boldsymbol{a}_i,\ldots,\boldsymbol{a}_n)$ （λは実数）

(3) $T(\boldsymbol{a}_1,\ldots,\boldsymbol{a}_i,\ldots,\boldsymbol{a}_j,\ldots,\boldsymbol{a}_n)=-T(\boldsymbol{a}_1,\ldots,\boldsymbol{a}_j,\ldots,\boldsymbol{a}_i,\ldots,\boldsymbol{a}_n)$ $(i<j)$

(4) $\boldsymbol{a}_i=\boldsymbol{a}_j$ $(i\neq j)$ のとき，$T(\boldsymbol{a}_1,\ldots,\boldsymbol{a}_n)=0$

証明 (1), (2) は (A.2) の定義より明らかである．(3) を示す．2 つの行または列を入れかえると互換をすることになり，置換の符号を (-1) 倍する必要がある．(4) は，(3) で $\boldsymbol{a}_i=\boldsymbol{a}_j$ とすればもとの行列と入れかえた行列は等しいので，$T(\boldsymbol{a}_1,\ldots,\boldsymbol{a}_n)=-T(\boldsymbol{a}_1,\ldots,\boldsymbol{a}_n)$ となり，示される． ■

例題 A.6 n 次正方行列 $A=(\boldsymbol{a}_1\ \cdots\ \boldsymbol{a}_n)$ について，列ベクトル $\boldsymbol{a}_n$ が $\boldsymbol{a}_n=\begin{pmatrix}0\\ \vdots\\ 0\\ a_{nn}\end{pmatrix}$ であるとき，

$$T(A)=a_{nn}T(A_{nn})$$

となることを示せ．ここで，A_{nn} は行列 A から n 行 n 列を除いた $(n-1)$ 次正方行列である．

解答 $\mathcal{S}_n$ に属する置換 σ の中で，$\sigma(n)<n$ をみたすものについて，$a_{in}=0$ $(1\leqq i<n)$ より，(A.2) の和の中でそれを含む項は 0 である．したがって，

$$T(A)=a_{nn}\sum_{\sigma\in\mathcal{S}_{n-1}}\operatorname{sgn}\,(\sigma)a_{\sigma(1)1}\cdots a_{\sigma(n-1)n-1}=a_{nn}T(A_{nn}).$$ ■

定理 A.1 の証明

n 次正方行列 $A=(\boldsymbol{a}_1\ \cdots\ \boldsymbol{a}_n)$，そして $\boldsymbol{a}_j=\begin{pmatrix}a_{1j}\\ \vdots\\ a_{nj}\end{pmatrix}$ $(j=1,\ldots,n)$ とすれば

$$\boldsymbol{a}_j = \begin{pmatrix} a_{1j} \\ 0 \\ \vdots \\ 0 \end{pmatrix} + \cdots + \begin{pmatrix} 0 \\ \vdots \\ 0 \\ a_{nj} \end{pmatrix} = \boldsymbol{a}_{j1} + \cdots + \boldsymbol{a}_{nj}$$

となる．$\widetilde{A}_{ji} = (\boldsymbol{a}_1 \ \cdots \ \boldsymbol{a}_{ji} \ \cdots \ \boldsymbol{a}_n)$ で定義される n 次正方行列について，各行と列を $2n-(i+j)$ 回適当に入れかえることで n 列目の列ベクトルを $\begin{pmatrix} 0 \\ \vdots \\ 0 \\ a_{ij} \end{pmatrix}$ とできる．A_{ij} を A から i 行 j 列を除いた $(n-1)$ 次正方行列とする．例題 A.6 より

$$T(\widetilde{A}_{ji}) = (-1)^{2n-(i+j)} a_{ij} T(A_{ij}) = (-1)^{i+j} a_{ij} T(A_{ij}).$$

定理 A.3 より $T(A) = \displaystyle\sum_{i=1}^{n} T(\widetilde{A}_{ji}) = \sum_{i=1}^{n} (-1)^{i+j} a_{ij} T(A_{ij})$ となる．例題 A.5 より $n = 3$ のとき，定理 A.1 は正しい．これにより，定理を帰納的に示すことができる． ∎

章末問題

A.1　注意 A.4 を示せ．

A.2　n 文字の置換全体は同数の偶置換と奇置換からなることを示せ．

解　答

第1章

問題 1.1　たとえば，$f(kx)=k^2x^2=k^2f(x)\neq kf(x)$.

第2章

問題 2.1　$2\boldsymbol{a}+\boldsymbol{c}=\begin{pmatrix}6+u\\-6+v\end{pmatrix}=\begin{pmatrix}-1\\2\end{pmatrix}$ より $u=-7, v=8$.

問題 2.2　$\cos\theta=\dfrac{-1+6}{\sqrt{5}\sqrt{10}}=\dfrac{1}{\sqrt{2}}$ より，$\theta=\dfrac{\pi}{4}$.

問題 2.3　$|\overrightarrow{\mathrm{OP}}|=\sqrt{10}$, $|\overrightarrow{\mathrm{OQ}}|=\dfrac{\sqrt{17}}{2}$, $\langle\overrightarrow{\mathrm{OP}},\overrightarrow{\mathrm{OQ}}\rangle=\dfrac{11}{2}$ より $\dfrac{7}{4}$.

問題 2.4　$\begin{pmatrix}x\\y\end{pmatrix}=\begin{pmatrix}-1\\b-a\end{pmatrix}+t\begin{pmatrix}1\\a\end{pmatrix}$.

問題 2.5　(1) $\begin{pmatrix}x\\y\end{pmatrix}=\begin{pmatrix}0\\2\end{pmatrix}+t\begin{pmatrix}3\\-1\end{pmatrix}$　(2) $\begin{pmatrix}x\\y\end{pmatrix}=\begin{pmatrix}-1\\2\end{pmatrix}+t\begin{pmatrix}3\\1\end{pmatrix}$

表示は一意的でないことに注意する.

問題 2.6　$k\boldsymbol{e}_1+\ell\boldsymbol{e}_2=\begin{pmatrix}k\\\ell\end{pmatrix}=\boldsymbol{0}$ とおくと $k=\ell=0$ となり，$\{\boldsymbol{e}_1,\boldsymbol{e}_2\}$ は1次独立である.

問題 2.7　ある定数 k が存在して，関係式 $\boldsymbol{a}+\boldsymbol{b}=k\boldsymbol{c}$ が成り立つような定数 r を求めればよい. $4=-k, -2+r=k$ より，$k=-4, r=-2$.

問題 2.8　(1) $\boldsymbol{c}=\dfrac{5}{2}\boldsymbol{a}+\dfrac{1}{2}\boldsymbol{b}$.

(2) $k\boldsymbol{a}+l\boldsymbol{b}=\boldsymbol{0}$ をみたす (k,l) は $(0,0)$ のみなので，$\boldsymbol{a}$ と $\boldsymbol{b}$ は1次独立. また，$\begin{pmatrix}x\\y\end{pmatrix}=\dfrac{x+y}{2}\begin{pmatrix}1\\1\end{pmatrix}+\dfrac{-x+y}{2}\begin{pmatrix}-1\\1\end{pmatrix}$ より，V のすべてのベクトルは $\boldsymbol{a}$ と $\boldsymbol{b}$ の1次結合で表示できる. 以上のことから $\{\boldsymbol{a},\boldsymbol{b}\}$ は V の基底である.

問題 2.9　(1) $\dfrac{5}{6}\pi$　(2) $\sqrt{3}$　(3) $\pm\dfrac{1}{\sqrt{3}}\begin{pmatrix}1\\-1\\-1\end{pmatrix}$

問題 2.10　直線 ℓ の方程式は $\dfrac{x+1}{2}=\dfrac{y-2}{k-2}=\dfrac{4-z}{7}$ である. $k=-\dfrac{3}{2}$, $x=\dfrac{1}{7}$.

問題 2.11　$\langle\boldsymbol{v},\boldsymbol{m}\rangle=u-u=0, \langle\boldsymbol{v},\boldsymbol{n}\rangle=v-v=0$ より，$\boldsymbol{m}$ と $\boldsymbol{n}$ は $\boldsymbol{v}$ と直交する.

問題 2.12　法線ベクトルは $\begin{pmatrix}3\\-2\\1\end{pmatrix}$ であるから，直交する単位ベクトルは $\dfrac{\pm1}{\sqrt{14}}\begin{pmatrix}3\\-2\\1\end{pmatrix}$.

問題 2.13　(1) $\begin{pmatrix}x\\y\\z\end{pmatrix}=\begin{pmatrix}-2\\4\\2\end{pmatrix}+t\begin{pmatrix}4\\1\\1\end{pmatrix}$, $\dfrac{x+2}{4}=y-4=z-2$.

(2) $\begin{pmatrix} x \\ y \\ z \end{pmatrix} = \begin{pmatrix} -2 \\ 4 \\ 2 \end{pmatrix} + s\begin{pmatrix} 3 \\ 3 \\ 3 \end{pmatrix} + t\begin{pmatrix} 4 \\ 1 \\ 1 \end{pmatrix}$, $y - z = 2$.

問題 2.14　$\dfrac{2\sqrt{6}}{9}$.

問題 2.15　$\boldsymbol{p}$ と $\boldsymbol{q}$ が 1 次独立のとき，$\boldsymbol{p}$ と $\boldsymbol{q}$ の 1 次結合全体は 1 つの平面をつくる．もし $\boldsymbol{r}$ がその平面上にあれば $\boldsymbol{r} = k\boldsymbol{p} + \ell\boldsymbol{q}$ となり，1 次独立性に反する．$\boldsymbol{p}$ と $\boldsymbol{q}$ が 1 次従属なら $\boldsymbol{p}, \boldsymbol{q}, \boldsymbol{r}$ も 1 次従属であることに注意する．

問題 2.16　$\boldsymbol{a} \times \boldsymbol{b} = \begin{pmatrix} 22 \\ -13 \\ -1 \end{pmatrix}$，$\boldsymbol{b} \times \boldsymbol{a} = \begin{pmatrix} -22 \\ 13 \\ 1 \end{pmatrix}$.

問題 2.17　$|\langle \boldsymbol{a} \times \boldsymbol{b}, \boldsymbol{c} \rangle| = 8$.

問題 2.18　(1) $\begin{pmatrix} -\dfrac{1}{\sqrt{2}} \\ \dfrac{3}{\sqrt{2}} \end{pmatrix}$　(2) $\begin{pmatrix} 1 \\ -2 \end{pmatrix}$　(3) $\begin{pmatrix} \dfrac{11}{5} \\ -\dfrac{2}{5} \end{pmatrix}$

問題 2.19　$\dfrac{1}{7}\begin{pmatrix} 1 & -2 \\ 1 & -2 \end{pmatrix}$

問題 2.20　f, g, h の表現行列はそれぞれ

$$\begin{pmatrix} \cos\alpha & -\sin\alpha \\ \sin\alpha & \cos\alpha \end{pmatrix}, \begin{pmatrix} \cos\beta & -\sin\beta \\ \sin\beta & \cos\beta \end{pmatrix}, \begin{pmatrix} \cos(\alpha+\beta) & -\sin(\alpha+\beta) \\ \sin(\alpha+\beta) & \cos(\alpha+\beta) \end{pmatrix}$$

である．$f \circ g = h$ が成り立つので，表現行列の間の関係として

$$\begin{pmatrix} \cos\beta & -\sin\beta \\ \sin\beta & \cos\beta \end{pmatrix}\begin{pmatrix} \cos\alpha & -\sin\alpha \\ \sin\alpha & \cos\alpha \end{pmatrix} = \begin{pmatrix} \cos(\alpha+\beta) & -\sin(\alpha+\beta) \\ \sin(\alpha+\beta) & \cos(\alpha+\beta) \end{pmatrix}$$

を得る．左辺を計算することで，加法定理が得られる．

$$\sin(\alpha+\beta) = \sin\alpha\cos\beta + \cos\alpha\sin\beta, \quad \cos(\alpha+\beta) = \cos\alpha\cos\beta - \sin\alpha\sin\beta.$$

問題 2.21　(1) $\begin{pmatrix} 11 & -3 \\ -12 & -4 \end{pmatrix}$　(2) $\begin{pmatrix} -3 & 1 \\ 5 & -3 \end{pmatrix}$　(3) $\begin{pmatrix} -6 & -2 \\ 2 & 0 \end{pmatrix}$

問題 2.22　(1) $\dfrac{1}{11}\begin{pmatrix} 3 & -1 \\ 2 & 3 \end{pmatrix}$　(2) 逆行列は存在しない．

問題 2.23　(1) 固有値 -1 に対応する固有ベクトルは $k\begin{pmatrix} 1 \\ -2 \end{pmatrix}$．固有値 5 に対応する固有ベクトルは $k\begin{pmatrix} 1 \\ 1 \end{pmatrix}$．　(2) 固有値 1 に対応する固有ベクトルは $k\begin{pmatrix} 2 \\ 1 \end{pmatrix}$．固有値 6 に対応する固有ベクトルは $k\begin{pmatrix} 1 \\ -2 \end{pmatrix}$．　(3) 固有値 3 に対応する固有ベクトルは $k\begin{pmatrix} 1 \\ -1 \end{pmatrix}$．ここで，$k$ は 0 以外の任意定数である．

章末問題

2.1　$|\boldsymbol{a} + t\boldsymbol{b}|^2 = |\boldsymbol{a}|^2 + 2t\langle \boldsymbol{a}, \boldsymbol{b} \rangle + t^2|\boldsymbol{b}|^2 = 13(t^2 + 2t + 2) = 13(t+1)^2 + 13$ より，$t = -1$ で最小となる．

2.2　(1) $\langle \boldsymbol{a}, \boldsymbol{c} \rangle = -u - 6 = 0$ より $u = -6$.

(2) $\langle \boldsymbol{b}, \boldsymbol{c} \rangle = -6$. $|\boldsymbol{b}| = \sqrt{8}$, $|\boldsymbol{c}| = \sqrt{45}$. $\cos\theta = -\dfrac{1}{\sqrt{10}}$. $0 \leqq \theta \leqq \pi$ より $0 < \sin\theta = \sqrt{\dfrac{9}{10}}$.

2.3 (1) $\begin{pmatrix} x \\ y \end{pmatrix} = t\begin{pmatrix} 7 \\ -2 \end{pmatrix} + \begin{pmatrix} 0 \\ \frac{1}{7} \end{pmatrix}$ と $\begin{pmatrix} x \\ y \end{pmatrix} = t\begin{pmatrix} 1 \\ 1 \end{pmatrix} + \begin{pmatrix} 0 \\ -5 \end{pmatrix}$.

(2) $\boldsymbol{a} = \begin{pmatrix} 7 \\ -2 \end{pmatrix}$, $\boldsymbol{b} = \begin{pmatrix} 1 \\ 1 \end{pmatrix}$ とすれば，$|\boldsymbol{a}| = \sqrt{53}$, $|\boldsymbol{b}| = \sqrt{2}$, $\langle \boldsymbol{a}, \boldsymbol{b} \rangle = 5$ より，$\cos\theta = \dfrac{5}{\sqrt{106}}$.

2.4 たとえば，$\begin{pmatrix} 1 \\ 1 \end{pmatrix}$, $\begin{pmatrix} 1 \\ -1 \end{pmatrix}$.

2.5 (1) $s\boldsymbol{a}+t\boldsymbol{b} = s\begin{pmatrix} -2 \\ 3 \end{pmatrix} + t\begin{pmatrix} 4 \\ -5 \end{pmatrix} = \begin{pmatrix} -2s+4t \\ 3s-5t \end{pmatrix} = \begin{pmatrix} 0 \\ 0 \end{pmatrix}$ とおくと，$-2s+4t=0$, $3s-5t=0$. したがって，$s=t=0$ となり $\{\boldsymbol{a}, \boldsymbol{b}\}$ は 1 次独立である．

(2) $\begin{pmatrix} x \\ y \end{pmatrix} = s\begin{pmatrix} -2 \\ 3 \end{pmatrix} + t\begin{pmatrix} 4 \\ -5 \end{pmatrix}$ より $x = -2s+4t$,　$y = 3s-5t$. 直線の式に代入すると，関係式 $9t-5s=-1$ を得る．

2.6 (1) $\langle \boldsymbol{a}, \boldsymbol{b} \rangle = 7$, $|\boldsymbol{a}| = \sqrt{14}$, $|\boldsymbol{b}| = \sqrt{14}$ より，$\cos\theta = \dfrac{\langle \boldsymbol{a}, \boldsymbol{b} \rangle}{|\boldsymbol{a}||\boldsymbol{b}|} = \dfrac{1}{2}$. $0 \leqq \theta \leqq \pi$ より $\theta = \dfrac{\pi}{3}$.

(2) $S = |\boldsymbol{a}||\boldsymbol{b}|\sin\theta = 14 \times \dfrac{\sqrt{3}}{2} = 7\sqrt{3}$.

2.7 $\overrightarrow{\mathrm{AB}} = \begin{pmatrix} 1 \\ 4 \\ -5 \end{pmatrix}$, $\overrightarrow{\mathrm{BC}} = \begin{pmatrix} x-2 \\ y-3 \\ -5 \end{pmatrix}$. 条件より $\overrightarrow{\mathrm{AB}} = k\overrightarrow{\mathrm{BC}}$ となる定数 k が存在するように x, y を求めればよい．$k=1$ より，$x=3, y=7$.

2.8 2 平面 Π_1, Π_2 の法線ベクトルは $\boldsymbol{v}_1 = \begin{pmatrix} 4 \\ -2 \\ -2 \end{pmatrix}$, $\boldsymbol{v}_2 = \begin{pmatrix} 1 \\ -2 \\ 1 \end{pmatrix}$ である．$\cos\theta = \dfrac{\langle \boldsymbol{v}_1, \boldsymbol{v}_2 \rangle}{|\boldsymbol{v}_1||\boldsymbol{v}_2|} = \dfrac{1}{2}$ より，$\theta = \dfrac{\pi}{3}$.

2 つの方程式を解くと $z=k$ とすれば，$k = x + \dfrac{4}{3} = y + \dfrac{8}{3} = z$ となり，これが求める直線の方程式である．

2.9 (1) 直線上の点を X とすれば，実数 t について，ベクトル表示は

$$\overrightarrow{\mathrm{OX}} = \overrightarrow{\mathrm{OA}} + t\overrightarrow{\mathrm{AB}} = \begin{pmatrix} 1 \\ -1 \\ 0 \end{pmatrix} + t\begin{pmatrix} 2 \\ -1 \\ -1 \end{pmatrix} = \begin{pmatrix} x \\ y \\ z \end{pmatrix}.$$

したがって，$1+2t=x$, $-1-t=y$, $-t=z$ より t を消去すると，方程式は $t = \dfrac{x-1}{2} = -1-y = -z$.

(2) Π と直交するベクトルは $\begin{pmatrix} 1 \\ -1 \\ 3 \end{pmatrix}$ なので，単位ベクトルは $\pm\dfrac{1}{\sqrt{11}}\begin{pmatrix} 1 \\ -1 \\ 3 \end{pmatrix}$.

(3) (2) より Π の方程式は $x-y+3z=d$ である．点 A は平面上にあるので $d=2$ より，$x-y+3z-2=0$.

2.10 (1) $(x-1)^2+(y+1)^2+(z-2)^2=9$.　(2) $\overrightarrow{\mathrm{PU}}$ が接平面 Π の法線であるから，接平面の方程式は $x+2y+2z=12$.　(3) 交線 ℓ の方程式は $\dfrac{x-2}{2} = \dfrac{5-y}{2} = z$.

2.11 (1) 1 次従属．たとえば，$\begin{pmatrix} 1 \\ -1 \\ 2 \end{pmatrix} - 2\begin{pmatrix} 3 \\ 1 \\ 0 \end{pmatrix} + \begin{pmatrix} 5 \\ 3 \\ -2 \end{pmatrix} = \begin{pmatrix} 0 \\ 0 \\ 0 \end{pmatrix}$.　(2) 1 次独立．

2.12 (1) 内積を用いて解く．求めるベクトルを $\boldsymbol{c} = \begin{pmatrix} x \\ y \\ z \end{pmatrix}$ とすれば，$0 = \langle \boldsymbol{a}, \boldsymbol{c} \rangle = x + y$，$0 = \langle \boldsymbol{b}, \boldsymbol{c} \rangle = y + z$ より，$x = -y = z = k$．したがって，$|\boldsymbol{c}| = |k|\sqrt{3} = 1$．$\boldsymbol{c} = \pm \dfrac{1}{\sqrt{3}} \begin{pmatrix} 1 \\ -1 \\ 1 \end{pmatrix}$．

(2) 外積を用いて解く．$\boldsymbol{a} \times \boldsymbol{b} = \begin{pmatrix} -15 \\ 10 \\ -30 \end{pmatrix}$，$|\boldsymbol{a} \times \boldsymbol{b}| = 35$ より $\pm \dfrac{1}{7} \begin{pmatrix} -3 \\ 2 \\ -6 \end{pmatrix}$ となる．

2.13 $\langle \boldsymbol{a}, \boldsymbol{b} \rangle = x^2 - x - 2 = (x-2)(x+1) = 0$ より，$x = -1, 2$．

2.14 $V = \dfrac{1}{6} \, |\langle \overrightarrow{\mathrm{AB}} \times \overrightarrow{\mathrm{AC}}, \overrightarrow{\mathrm{AD}} \rangle|$．$\overrightarrow{\mathrm{AB}} = \begin{pmatrix} -2 \\ 1 \\ 1 \end{pmatrix}, \overrightarrow{\mathrm{AC}} = \begin{pmatrix} -1 \\ 1 \\ 2 \end{pmatrix}, \overrightarrow{\mathrm{AD}} = \begin{pmatrix} 0 \\ 2 \\ -1 \end{pmatrix}$ より $\overrightarrow{\mathrm{AB}} \times \overrightarrow{\mathrm{AC}} = \begin{pmatrix} 1 \\ 3 \\ -1 \end{pmatrix}$．したがって，$V = \dfrac{7}{6}$．

2.15 $\boldsymbol{x} = \begin{pmatrix} x \\ y \\ z \end{pmatrix}$ とし，計算すると $\begin{cases} 3z - 2y = 1 \\ 2x + z = 1 \\ -y - 3x = -1 \end{cases}$ が得られる．これを解くと，$\begin{pmatrix} x \\ y \\ z \end{pmatrix} = \begin{pmatrix} 0 \\ 1 \\ 1 \end{pmatrix} + t \begin{pmatrix} 1 \\ -3 \\ -2 \end{pmatrix}$ なのでパラメータ t を消去すると $x = \dfrac{1-y}{3} = \dfrac{1-z}{2}$．これは直線を表している．

2.16 (1) 実数 t について，$\begin{pmatrix} x \\ y \end{pmatrix} = \begin{pmatrix} 0 \\ 3 \end{pmatrix} + t \begin{pmatrix} 1 \\ -2 \end{pmatrix}$．

(2) 直線 ℓ 上の点 $(x, y) = (x, -2x + 3)$ に対して，x 軸に関して対称な点は $(x, y) = (x, 2x - 3)$ であるので，移動した図形は直線 $\begin{pmatrix} x \\ y \end{pmatrix} = \begin{pmatrix} 0 \\ -3 \end{pmatrix} + t \begin{pmatrix} 1 \\ 2 \end{pmatrix}$ より，$y = 2x - 3$．

(3) 平面上の点 (x, y) を原点のまわりに $\dfrac{\pi}{3}$ 回転した点 (x', y') との関係は

$\begin{pmatrix} x' \\ y' \end{pmatrix} = \dfrac{1}{2} \begin{pmatrix} 1 & -\sqrt{3} \\ \sqrt{3} & 1 \end{pmatrix} \begin{pmatrix} x \\ y \end{pmatrix}$ である．直線の式に代入すると，$y' = \dfrac{\sqrt{3} - 2}{1 + 2\sqrt{3}} x' + \dfrac{6}{1 + 2\sqrt{3}}$．

2.17 (1) 1 次変換であり，表現行列は $\begin{pmatrix} 2 & 0 \\ 0 & 1 \end{pmatrix}$．

(2) 1 次変換ではない．たとえば，

$$f\left(\begin{pmatrix} 2x \\ 2y \end{pmatrix}\right) = \begin{pmatrix} 4x^2 \\ 2y \end{pmatrix} \neq 2f\left(\begin{pmatrix} x \\ y \end{pmatrix}\right) = 2 \begin{pmatrix} x^2 \\ y \end{pmatrix} = \begin{pmatrix} 2x^2 \\ 2y \end{pmatrix}.$$

(3) 1 次変換ではない．たとえば，

$$f\left(\begin{pmatrix} 2x \\ 2y \end{pmatrix}\right) = \begin{pmatrix} 2x \\ 2y + 1 \end{pmatrix} \neq 2f\left(\begin{pmatrix} x \\ y \end{pmatrix}\right) = 2 \begin{pmatrix} x \\ y + 1 \end{pmatrix} = \begin{pmatrix} 2x \\ 2y + 2 \end{pmatrix}.$$

(4) 1 次変換であり，表現行列は $\begin{pmatrix} 2 & 1 \\ 1 & -1 \end{pmatrix}$．

2.18 (1) 平面上の点 $\begin{pmatrix} x \\ y \end{pmatrix}$ の原点対称な点は $\begin{pmatrix} -x \\ -y \end{pmatrix}$ である．$\begin{pmatrix} x \\ y \end{pmatrix} = \begin{pmatrix} -1 & 0 \\ 0 & -1 \end{pmatrix} \begin{pmatrix} x \\ y \end{pmatrix}$ より

$A = -\begin{pmatrix} 1 & 0 \\ 0 & 1 \end{pmatrix}$.

(2) (1) より $\begin{pmatrix} x' \\ y' \end{pmatrix} = \begin{pmatrix} -1 & 0 \\ 0 & -1 \end{pmatrix}\begin{pmatrix} x \\ -x+1 \end{pmatrix} = \begin{pmatrix} -x \\ x-1 \end{pmatrix}$. $x' = -x,\ y' = x-1$ より，直線 $y' = -x' - 1$.

2.19 (1) $A = \begin{pmatrix} 1 & 2 \\ 2 & -2 \end{pmatrix}$ (2) $2\boldsymbol{e}_1 + 10\boldsymbol{e}_2$ (3) 固有値 -3 に対応する固有ベクトルは $k\begin{pmatrix} 1 \\ -2 \end{pmatrix}$. 固有値 2 に対応する固有ベクトルは $k\begin{pmatrix} 2 \\ 1 \end{pmatrix}$. ここで，$k$ は 0 以外の任意定数である.

2.20 $\boldsymbol{x} = \begin{pmatrix} 0 \\ 1 \\ 1 \end{pmatrix} + k\begin{pmatrix} -1 \\ 3 \\ 2 \end{pmatrix}$. k は任意定数.

第3章

問題 3.1 (1) $k_1\boldsymbol{a} + k_2\boldsymbol{b} = \boldsymbol{0}$ を解くと，$k_1 = k_2 = 0$ のみが解となる．よって $\boldsymbol{a}$ と $\boldsymbol{b}$ は 1 次独立.
(2) $k_1\boldsymbol{a} + k_2\boldsymbol{b} = \boldsymbol{c}$ となる k_1, k_2, α を求めればよい．これを解くと，$k_1 = 7, k_2 = -1, \alpha = -6$ となる.

問題 3.2 $AB = \begin{pmatrix} -2 & 6 \\ 4 & 1 \\ 2 & -3 \end{pmatrix}\begin{pmatrix} 3 & -4 \\ 2 & 4 \end{pmatrix} = \begin{pmatrix} 6 & 32 \\ 14 & -12 \\ 0 & -20 \end{pmatrix}$. A は 3×2 行列，B は 2×2 行列なので，BA を定義できない.

問題 3.3 たとえば，$A = \begin{pmatrix} 1 & 2 \\ 2 & 1 \end{pmatrix}$，$B = \begin{pmatrix} 0 & -1 \\ 1 & 0 \end{pmatrix}$ とすれば，$AB = \begin{pmatrix} 2 & -1 \\ 1 & -2 \end{pmatrix}$，$BA = \begin{pmatrix} -2 & -1 \\ 1 & 2 \end{pmatrix}$ より $AB \neq BA$.

問題 3.4 Y が $AY = YA = E_n$ をみたすなら $X = XE_n = XAY = E_nY = Y$.

問題 3.5 (1) $AA^{-1} = A^{-1}A = E$ より A^{-1} の逆行列は A である.
(2) $(B^{-1}A^{-1})AB = AB(B^{-1}A^{-1}) = E$ より AB の逆行列は $B^{-1}A^{-1}$ である.

問題 3.6 (1) $\begin{pmatrix} 1 & -2 & 0 \\ 3 & 1 & -1 \\ -1 & 2 & 0 \end{pmatrix}$ (2) $\begin{pmatrix} -6 & 2 & -2 \\ 2 & 2 & 0 \\ -2 & 0 & 4 \end{pmatrix}$

章末問題

3.1 (1) $\begin{pmatrix} 1 & 2 \\ 0 & -1 \end{pmatrix}$ (2) $\begin{pmatrix} 0 & 6 \\ 10 & -6 \end{pmatrix}$ (3) $\begin{pmatrix} 8 & 4 \\ 5 & -1 \end{pmatrix}$ (4) $\begin{pmatrix} 1 \\ -3 \\ 1 \end{pmatrix}$

(5) $\begin{pmatrix} 3 & 3 \\ 5 & -2 \end{pmatrix}$ (6) $\begin{pmatrix} 3 & 3 & 4 & 3 \\ 2 & 4 & 1 & 2 \\ 2 & 1 & 1 & 0 \\ 2 & -1 & 4 & 0 \end{pmatrix}$

3.2 $u = 4,\ v = 3,\ x = 2,\ y = 1$.

3.3 $(u\ v) = (x\ y)\begin{pmatrix} 3 & 5 \\ -4 & 7 \end{pmatrix}$, $\begin{pmatrix} u \\ v \end{pmatrix} = \begin{pmatrix} 3 & -4 \\ 5 & 7 \end{pmatrix}\begin{pmatrix} x \\ y \end{pmatrix}$.

3.4 (1) 明らか. (2) $A^{-1}(A^2 - (a+d)A + (ab-bc)E) = A - (a+d)E + (ad-bc)A^{-1} =$

O より $A^{-1} = \dfrac{1}{ad-bc}((a+d)E - A) = \dfrac{1}{ad-bc}\begin{pmatrix} d & -c \\ -b & a \end{pmatrix}$.　(3) ${}^t(A^{-1}) = ({}^tA)^{-1} = \dfrac{1}{ad-bc}\begin{pmatrix} d & -c \\ -b & a \end{pmatrix}$.

3.5 $k = -7$.

3.6 (1) $A{}^tA = {}^tAA = E$ より A は直交行列である.　(2) (2.33) より，原点のまわりに $-\dfrac{3\pi}{4}$ 回転させる変換である.

3.7 ${}^t({}^tAA - A{}^tA) = {}^t({}^tAA) - {}^t(A{}^tA) = {}^tA{}^t({}^tA) - {}^t({}^tA){}^tA = {}^tAA - A{}^tA$ より，${}^tAA - A{}^tA$ は対称行列である.

第 4 章

問題 4.1 (1) $\begin{pmatrix} x \\ y \\ z \end{pmatrix} = \begin{pmatrix} 2 \\ -3 \\ 5 \end{pmatrix}$.　(2) $\begin{pmatrix} x \\ y \\ z \end{pmatrix} = \begin{pmatrix} 3 \\ 2 \\ 7 \end{pmatrix}$.

問題 4.2 (1) $\begin{pmatrix} x \\ y \\ z \end{pmatrix} = \begin{pmatrix} 2 \\ 5 \\ 0 \end{pmatrix} + t\begin{pmatrix} -1 \\ 2 \\ 1 \end{pmatrix}$.　t は任意定数.　(2) 解をもたない.

問題 4.3 $\begin{pmatrix} x_1 \\ x_2 \\ x_3 \\ x_4 \end{pmatrix} = \begin{pmatrix} 1 \\ 0 \\ -2 \\ 0 \end{pmatrix} + s\begin{pmatrix} 2 \\ 1 \\ 0 \\ 0 \end{pmatrix} + t\begin{pmatrix} 2 \\ 0 \\ -1 \\ 1 \end{pmatrix}$.　s, t は任意定数.

問題 4.4 (1) 2　(2) 2　(3) 3

問題 4.5 $a = 3$ のとき解をもち，$\begin{pmatrix} x_1 \\ x_2 \\ x_3 \\ x_4 \\ x_5 \end{pmatrix} = \begin{pmatrix} 1 \\ 1 \\ 0 \\ 1 \\ 0 \end{pmatrix} + s\begin{pmatrix} 5 \\ -2 \\ 9 \\ 0 \\ 0 \end{pmatrix} + t\begin{pmatrix} -8 \\ 5 \\ 0 \\ 0 \\ 9 \end{pmatrix}$.　s, t は任意定数.

問題 4.6 (1) $\begin{pmatrix} x \\ y \\ z \end{pmatrix} = t\begin{pmatrix} 11 \\ 7 \\ 13 \end{pmatrix}$.　t は任意定数.　(2) $\begin{pmatrix} x_1 \\ x_2 \\ x_3 \\ x_4 \end{pmatrix} = s\begin{pmatrix} -9 \\ 1 \\ 0 \\ 11 \end{pmatrix} + t\begin{pmatrix} -4 \\ 0 \\ 1 \\ 5 \end{pmatrix}$.　s, t は任意定数.

問題 4.7 (1) $\begin{pmatrix} 7 & -3 & -9 \\ -5 & 2 & 7 \\ 3 & -1 & -4 \end{pmatrix}$　(2) $\dfrac{1}{2}\begin{pmatrix} 1 & 3 & -5 \\ -1 & -1 & 3 \\ 1 & -1 & 1 \end{pmatrix}$　(3) $\begin{pmatrix} -4 & -5 & 0 & 5 \\ 4 & 5 & 0 & -4 \\ -4 & -5 & 1 & 5 \\ -1 & -1 & 0 & 1 \end{pmatrix}$

問題 4.8 (1) $A^{-1} = \dfrac{1}{2}\begin{pmatrix} 1 & 0 & -1 \\ -2 & 2 & 2 \\ 3 & 2 & -1 \end{pmatrix}$.　(2) $x = 1,\ y = 0,\ z = 2$.

問題 4.9 (1) 2　(2) -12

問題 4.10 5

問題 4.11 (1) 5　(2) 50

問題 4.12 (1) 45　(2) 3341

問題 4.13 $\lambda = 1, 2, 4$.

問題 4.14 (1) $\begin{pmatrix} 1 & 3 & 0 \\ 0 & 1 & 0 \\ 0 & 0 & 1 \end{pmatrix}$ (2) $\begin{pmatrix} 0 & 0 & 1 \\ 0 & 1 & 0 \\ 1 & 0 & 0 \end{pmatrix}$

章末問題

4.1 (1) 拡大係数行列の基本変形により

$$\left(\begin{array}{ccc|c} 1 & 2 & -1 & 3 \\ 2 & 3 & -5 & 9 \\ 3 & 8 & 1 & 7 \end{array}\right) \xrightarrow[\text{③} - 3\times\text{①}]{\text{②} - 2\times\text{①}} \left(\begin{array}{ccc|c} 1 & 2 & -1 & 3 \\ 0 & -1 & -3 & 3 \\ 0 & 2 & 4 & -2 \end{array}\right) \xrightarrow[\text{③} + 2\times\text{②}]{\text{①} + 2\times\text{②}} \left(\begin{array}{ccc|c} 1 & 0 & -7 & 9 \\ 0 & -1 & -3 & 3 \\ 0 & 0 & -2 & 4 \end{array}\right)$$

$$\xrightarrow[-\frac{1}{2}\times\text{③}]{-1\times\text{②}} \left(\begin{array}{ccc|c} 1 & 0 & -7 & 9 \\ 0 & 1 & 3 & -3 \\ 0 & 0 & 1 & 2 \end{array}\right) \xrightarrow[\text{②} - 3\times\text{③}]{\text{①} + 7\times\text{③}} \left(\begin{array}{ccc|c} 1 & 0 & 0 & -5 \\ 0 & 1 & 0 & 3 \\ 0 & 0 & 1 & -2 \end{array}\right)$$

したがって，$x=-5,\ y=3,\ z=-2.$

(2) $$\left(\begin{array}{cccc|c} 0 & 3 & 3 & -2 & -4 \\ 1 & 1 & 2 & 3 & 2 \\ 1 & 2 & 3 & 2 & 1 \\ 2 & 4 & 6 & 5 & 1 \end{array}\right) \xrightarrow[\text{④} - 2\times\text{②}]{\text{③} - \text{②}} \left(\begin{array}{cccc|c} 0 & 3 & 3 & -2 & -4 \\ 1 & 1 & 2 & 3 & 2 \\ 0 & 1 & 1 & -1 & -1 \\ 0 & 0 & 0 & 1 & -1 \end{array}\right)$$

$$\xrightarrow[\text{②} - \text{③}]{\text{①} - 3\times\text{③}} \left(\begin{array}{cccc|c} 0 & 0 & 0 & 1 & -1 \\ 1 & 0 & 1 & 4 & 3 \\ 0 & 1 & 1 & -1 & -1 \\ 0 & 0 & 0 & 1 & -1 \end{array}\right) \xrightarrow[\substack{\text{③}-\text{①} \\ \text{④}-\text{①}}]{\text{②} - 4\times\text{①}} \left(\begin{array}{cccc|c} 0 & 0 & 0 & 1 & -1 \\ 1 & 0 & 1 & 0 & 7 \\ 0 & 1 & 1 & 0 & -2 \\ 0 & 0 & 0 & 0 & 0 \end{array}\right)$$

$x+z=7,\ y+z=-2,\ w=-1$ より $z=t$ とすれば，$x=7-t,\ y=-2-t$. ただし，t は任意定数.

$$\begin{pmatrix} x \\ y \\ z \\ w \end{pmatrix} = \begin{pmatrix} 7 \\ -2 \\ 0 \\ -1 \end{pmatrix} + t\begin{pmatrix} -1 \\ -1 \\ 1 \\ 0 \end{pmatrix}$$

4.2 (1) $$\left(\begin{array}{ccc|c} 1 & -3 & 4 & -2 \\ 5 & 2 & 3 & a \\ 4 & -1 & 5 & 3 \end{array}\right) \xrightarrow[\text{③} - 4\times\text{①}]{\text{②} - 5\times\text{①}} \left(\begin{array}{ccc|c} 1 & -3 & 4 & -2 \\ 0 & 17 & -17 & a+10 \\ 0 & 11 & -11 & 11 \end{array}\right) \xrightarrow[\frac{1}{11}\times\text{③}]{\frac{1}{17}\times\text{②}}$$

$$\left(\begin{array}{ccc|c} 1 & -3 & 4 & -2 \\ 0 & 1 & -1 & \dfrac{a+10}{17} \\ 0 & 1 & -1 & 1 \end{array}\right) \xrightarrow[\text{③} - \text{②}]{\text{①} + 3\times\text{②}} \left(\begin{array}{ccc|c} 1 & 0 & 1 & -2+\dfrac{3(a+10)}{17} \\ 0 & 1 & -1 & \dfrac{a+10}{17} \\ 0 & 0 & 0 & 1-\dfrac{a+10}{17} \end{array}\right)$$

係数行列と拡大係数行列の階数が等しくなるためには $1-\dfrac{a+10}{17}=0$，すなわち $a=7$.

(2) (1) より，$\left(\begin{array}{ccc|c} 1 & 0 & 1 & 1 \\ 0 & 1 & -1 & 1 \\ 0 & 0 & 0 & 0 \end{array}\right)$ となるので，$x+z=1,\ y-z=1$. $z=t$ とすれば，$x=1-t$, $y=1+t$ となる．ここで t は任意定数.

4.3 $$\begin{pmatrix} 1 & 1 & 2 \\ -1 & 4 & 1 \\ -2 & 3 & -1 \\ -1 & 9 & 4 \end{pmatrix} \xrightarrow[\substack{\text{③} + 2\times\text{①} \\ \text{④}+\text{①}}]{\text{②} + \text{①}} \begin{pmatrix} 1 & 1 & 2 \\ 0 & 5 & 3 \\ 0 & 5 & 3 \\ 0 & 10 & 6 \end{pmatrix} \xrightarrow[\text{④} - 2\times\text{②}]{\text{③} - \text{②}} \begin{pmatrix} 1 & 1 & 2 \\ 0 & 5 & 3 \\ 0 & 0 & 0 \\ 0 & 0 & 0 \end{pmatrix}$$

したがって，$\operatorname{rank} A = 2$.

4.4 (1) $\left(\begin{array}{ccc|c} 2 & -1 & a & 5 \\ 1 & 2 & -3 & 4 \\ 4 & -2 & -3 & 10 \end{array}\right) \xrightarrow{①\leftrightarrow②} \left(\begin{array}{ccc|c} 1 & 2 & -3 & 4 \\ 2 & -1 & a & 5 \\ 4 & -2 & -3 & 10 \end{array}\right) \xrightarrow[③-4\times①]{②-2\times①}$

$\left(\begin{array}{ccc|c} 1 & 2 & -3 & 4 \\ 0 & -5 & a+6 & -3 \\ 0 & -10 & 9 & -6 \end{array}\right) \xrightarrow{③-2\times②} \left(\begin{array}{ccc|c} 1 & 2 & -3 & 4 \\ 0 & -5 & a+6 & -3 \\ 0 & 0 & -2a-3 & 0 \end{array}\right).$

よって，$a=-\dfrac{3}{2}$ のとき，係数行列および拡大係数行列の階数はともに2となり，連立1次方程式は解をもつ．

(2) $\begin{pmatrix} x_1 \\ x_2 \\ x_3 \end{pmatrix} = \dfrac{1}{5}\begin{pmatrix} 14 \\ 3 \\ 0 \end{pmatrix} + \dfrac{s}{10}\begin{pmatrix} 12 \\ 9 \\ 10 \end{pmatrix}$．ここで，$s$ は任意定数．

4.5 (1) $\begin{vmatrix} 2-\lambda & 1 & 1 \\ 2 & 3-\lambda & 2 \\ 1 & 1 & 2-\lambda \end{vmatrix} = (1-\lambda)^2(5-\lambda) = 0$. したがって，$\lambda = 1, 5$.

(2) $\lambda = 1$ のとき，拡大係数行列の基本変形から

$\left(\begin{array}{ccc|c} 1 & 1 & 1 & 0 \\ 2 & 2 & 2 & 0 \\ 1 & 1 & 1 & 0 \end{array}\right) \xrightarrow[③-①]{②-2\times①} \left(\begin{array}{ccc|c} 1 & 1 & 1 & 0 \\ 0 & 0 & 0 & 0 \\ 0 & 0 & 0 & 0 \end{array}\right)$

より，$x+y+z=0$. たとえば，$y=s$，$z=t$ とすれば，$x=-s-t$ となり

$\begin{pmatrix} x \\ y \\ z \end{pmatrix} = s\begin{pmatrix} -1 \\ 1 \\ 0 \end{pmatrix} + t\begin{pmatrix} -1 \\ 0 \\ 1 \end{pmatrix}$

$\lambda = 5$ のとき，$\left(\begin{array}{ccc|c} -3 & 1 & 1 & 0 \\ 2 & -2 & 2 & 0 \\ 1 & 1 & -3 & 0 \end{array}\right) \xrightarrow{①\leftrightarrow③} \left(\begin{array}{ccc|c} 1 & 1 & -3 & 0 \\ 2 & -2 & 2 & 0 \\ -3 & 1 & 1 & 0 \end{array}\right) \xrightarrow[③+3\times①]{②-2\times①}$

$\left(\begin{array}{ccc|c} 1 & 1 & -3 & 0 \\ 0 & -4 & 8 & 0 \\ 0 & 4 & -8 & 0 \end{array}\right) \xrightarrow{-\frac{1}{4}\times②} \left(\begin{array}{ccc|c} 1 & 1 & -3 & 0 \\ 0 & 1 & -2 & 0 \\ 0 & 4 & -8 & 0 \end{array}\right) \xrightarrow[③-4\times②]{①-②} \left(\begin{array}{ccc|c} 1 & 0 & -1 & 0 \\ 0 & 1 & -2 & 0 \\ 0 & 0 & 0 & 0 \end{array}\right)$ より，

$x-z=0$，$y-2z=0$. たとえば，$z=s$ とすれば，$x=s$，$y=2s$ となり $\begin{pmatrix} x \\ y \\ z \end{pmatrix} = s\begin{pmatrix} 1 \\ 2 \\ 1 \end{pmatrix}$.

4.6 (1) $(A|E) = \left(\begin{array}{ccc|ccc} 2 & 1 & 1 & 1 & 0 & 0 \\ 4 & 2 & 3 & 0 & 1 & 0 \\ -2 & -2 & 0 & 0 & 0 & 1 \end{array}\right) \xrightarrow[③+①]{②-2\times①} \left(\begin{array}{ccc|ccc} 2 & 1 & 1 & 1 & 0 & 0 \\ 0 & 0 & 1 & -2 & 1 & 0 \\ 0 & -1 & 1 & 1 & 0 & 1 \end{array}\right)$

$\xrightarrow{②\leftrightarrow③} \left(\begin{array}{ccc|ccc} 2 & 1 & 1 & 1 & 0 & 0 \\ 0 & -1 & 1 & 1 & 0 & 1 \\ 0 & 0 & 1 & -2 & 1 & 0 \end{array}\right) \xrightarrow{①+②} \left(\begin{array}{ccc|ccc} 2 & 0 & 2 & 2 & 0 & 1 \\ 0 & -1 & 1 & 1 & 0 & 1 \\ 0 & 0 & 1 & -2 & 1 & 0 \end{array}\right) \xrightarrow[②-③]{①-2\times③}$

$\left(\begin{array}{ccc|ccc} 2 & 0 & 0 & 6 & -2 & 1 \\ 0 & -1 & 0 & 3 & -1 & 1 \\ 0 & 0 & 1 & -2 & 1 & 0 \end{array}\right) \xrightarrow[-②]{\frac{1}{2}\times①} \left(\begin{array}{ccc|ccc} 1 & 0 & 0 & 3 & -1 & \frac{1}{2} \\ 0 & 1 & 0 & -3 & 1 & -1 \\ 0 & 0 & 1 & -2 & 1 & 0 \end{array}\right) = (E|A^{-1})$

したがって，逆行列は $\begin{pmatrix} 3 & -1 & \frac{1}{2} \\ -3 & 1 & -1 \\ -2 & 1 & 0 \end{pmatrix}$.

(2) $\begin{pmatrix} x \\ y \\ z \end{pmatrix} = A^{-1}\begin{pmatrix} 2 \\ 1 \\ -1 \end{pmatrix} = \begin{pmatrix} 3 & -1 & \frac{1}{2} \\ -3 & 1 & -1 \\ -2 & 1 & 0 \end{pmatrix}\begin{pmatrix} 2 \\ 1 \\ -1 \end{pmatrix} = \begin{pmatrix} \frac{9}{2} \\ -4 \\ -3 \end{pmatrix}$.

4.7 (1) $D = \begin{vmatrix} 1 & 2 & 3 \\ 7 & 3 & 1 \\ 1 & 6 & 2 \end{vmatrix} = 91, \quad D_1 = \begin{vmatrix} 20 & 2 & 3 \\ 13 & 3 & 1 \\ 0 & 6 & 2 \end{vmatrix} = 182,$

$D_2 = \begin{vmatrix} 1 & 20 & 3 \\ 7 & 13 & 1 \\ 1 & 0 & 2 \end{vmatrix} = -273, \quad D_3 = \begin{vmatrix} 1 & 2 & 20 \\ 7 & 3 & 13 \\ 1 & 6 & 0 \end{vmatrix} = 728.$

$x = \dfrac{D_1}{D} = 2, \quad y = \dfrac{D_2}{D} = -3, \quad z = \dfrac{D_3}{D} = 8.$

(2) $D = \begin{vmatrix} 3 & 7 & 8 \\ 2 & 0 & 9 \\ -4 & 1 & -26 \end{vmatrix} = 101, \quad D_1 = \begin{vmatrix} -13 & 7 & 8 \\ -5 & 0 & 9 \\ 2 & 1 & -26 \end{vmatrix} = -707,$

$D_2 = \begin{vmatrix} 3 & -13 & 8 \\ 2 & -5 & 9 \\ -4 & 2 & -26 \end{vmatrix} = 0, \quad D_3 = \begin{vmatrix} 3 & 7 & -13 \\ 2 & 0 & -5 \\ -4 & 1 & 2 \end{vmatrix} = 101.$

$x = \dfrac{D_1}{D} = -7, \quad y = \dfrac{D_2}{D} = 0, \quad z = \dfrac{D_3}{D} = 1.$

4.8 (1) 1 行目により展開する．$|A_{11}| = 3,\ |A_{12}| = 1,\ |A_{13}| = -2.$
$|A| = 0 \times 3 - 2 \times 1 + (-1) \times (-2) = 0.$
(2) 2 行目により展開する．$|B_{21}| = 2,\ |B_{22}| = 5,\ |B_{23}| = 1.$
$|B| = -4 \times 2 + 0 \times 5 - 1 \times 1 = -9.$
(3) 3 行目により展開する．

$|C_{31}| = \begin{vmatrix} 1 & 2 & 0 \\ 3 & 2 & 1 \\ 1 & -1 & 2 \end{vmatrix} = 1 \times \begin{vmatrix} 2 & 1 \\ -1 & 2 \end{vmatrix} - 2 \times \begin{vmatrix} 3 & 1 \\ 1 & 2 \end{vmatrix} = -5,$

$|C_{34}| = \begin{vmatrix} -1 & 1 & 2 \\ 0 & 3 & 2 \\ 3 & 1 & -1 \end{vmatrix} = 3 \times \begin{vmatrix} -1 & 2 \\ 3 & -1 \end{vmatrix} - 2 \times \begin{vmatrix} -1 & 1 \\ 3 & 1 \end{vmatrix} = -7,$

$|C| = 1 \times |C_{31}| - 2 \times |C_{34}| = 9.$

(4) $\begin{vmatrix} 3 & 2 & 4 & 1 \\ -2 & 1 & -2 & 1 \\ 2 & -2 & 3 & -1 \\ 1 & 1 & 3 & 2 \end{vmatrix} \underset{\substack{③+①\\④-2\times①}}{\overset{②-①}{=}} \begin{vmatrix} 3 & 2 & 4 & 1 \\ -5 & -1 & -6 & 0 \\ 5 & 0 & 7 & 0 \\ -5 & -3 & -5 & 0 \end{vmatrix} = -\begin{vmatrix} -5 & -1 & -6 \\ 5 & 0 & 7 \\ -5 & -3 & -5 \end{vmatrix}$

$\underset{③+②}{\overset{①+②}{=}} -\begin{vmatrix} 0 & -1 & 1 \\ 5 & 0 & 7 \\ 0 & -3 & 2 \end{vmatrix} = 5.$

4.9 (1) 基本変形により

$\left(\begin{array}{cc|cc} 1 & 2 & 1 & 0 \\ 2 & 2 & 0 & 1 \end{array}\right) \xrightarrow{②-2\times①} \left(\begin{array}{cc|cc} 1 & 2 & 1 & 0 \\ 0 & -2 & -2 & 1 \end{array}\right) \xrightarrow{①+②} \left(\begin{array}{cc|cc} 1 & 0 & -1 & 1 \\ 0 & -2 & -2 & 1 \end{array}\right)$

$\xrightarrow{-\frac{1}{2}\times②} \left(\begin{array}{cc|cc} 1 & 0 & -1 & 1 \\ 0 & 1 & 1 & -\frac{1}{2} \end{array}\right)$．したがって，$A^{-1} = \begin{pmatrix} -1 & 1 \\ 1 & -\frac{1}{2} \end{pmatrix}$.

(2) $(A|E) = \left(\begin{array}{ccc|ccc} 2 & 1 & 0 & 1 & 0 & 0 \\ 6 & 4 & -1 & 0 & 1 & 0 \\ -5 & -3 & 1 & 0 & 0 & 1 \end{array}\right) \longrightarrow \left(\begin{array}{ccc|ccc} 1 & 0 & 0 & 1 & -1 & -1 \\ 0 & 1 & 0 & -1 & 2 & 2 \\ 0 & 0 & 1 & 2 & 1 & 2 \end{array}\right)$.

逆行列は $A^{-1} = \begin{pmatrix} 1 & -1 & -1 \\ -1 & 2 & 2 \\ 2 & 1 & 2 \end{pmatrix}$.

4.10 (1) $\left(\begin{array}{ccc|c} 2 & 3 & 1 & 1 \\ 1 & 1 & -1 & -2 \\ 3 & 1 & 1 & 4 \end{array}\right) \xrightarrow{①\leftrightarrow②} \left(\begin{array}{ccc|c} 1 & 1 & -1 & -2 \\ 2 & 3 & 1 & 1 \\ 3 & 1 & 1 & 4 \end{array}\right) \xrightarrow[③-3\times①]{②-2\times①}$

$\left(\begin{array}{ccc|c} 1 & 1 & -1 & -2 \\ 0 & 1 & 3 & 5 \\ 0 & -2 & 4 & 10 \end{array}\right) \xrightarrow{③+2\times②} \left(\begin{array}{ccc|c} 1 & 1 & -1 & -2 \\ 0 & 1 & 3 & 5 \\ 0 & 0 & 10 & 20 \end{array}\right) \xrightarrow{③\times\frac{1}{10}} \left(\begin{array}{ccc|c} 1 & 1 & -1 & -2 \\ 0 & 1 & 3 & 5 \\ 0 & 0 & 1 & 2 \end{array}\right)$

$\xrightarrow[②-3\times③]{①+③} \left(\begin{array}{ccc|c} 1 & 1 & 0 & 0 \\ 0 & 1 & 0 & -1 \\ 0 & 0 & 1 & 2 \end{array}\right) \xrightarrow{①-②} \left(\begin{array}{ccc|c} 1 & 0 & 0 & 1 \\ 0 & 1 & 0 & -1 \\ 0 & 0 & 1 & 2 \end{array}\right)$. よって，$\begin{pmatrix} x_1 \\ x_2 \\ x_3 \end{pmatrix} = \begin{pmatrix} 1 \\ -1 \\ 2 \end{pmatrix}$.

(2) $A = \begin{pmatrix} 2 & 3 & 1 \\ 1 & 1 & -1 \\ 3 & 1 & 1 \end{pmatrix}$ より，逆行列 A^{-1} は $A^{-1} = -\dfrac{1}{10}\begin{pmatrix} 2 & -2 & -4 \\ -4 & -1 & 3 \\ -2 & 7 & -1 \end{pmatrix}$.

したがって，$\begin{pmatrix} x_1 \\ x_2 \\ x_3 \end{pmatrix} = -\dfrac{1}{10}\begin{pmatrix} 2 & -2 & -4 \\ -4 & -1 & 3 \\ -2 & 7 & -1 \end{pmatrix}\begin{pmatrix} 1 \\ -2 \\ 4 \end{pmatrix} = \begin{pmatrix} 1 \\ -1 \\ 2 \end{pmatrix}$.

(3) $x_1 = \dfrac{\begin{vmatrix} 1 & 3 & 1 \\ -2 & 1 & -1 \\ 4 & 1 & 1 \end{vmatrix}}{\begin{vmatrix} 2 & 3 & 1 \\ 1 & 1 & -1 \\ 3 & 1 & 1 \end{vmatrix}} = 1,\quad x_2 = \dfrac{\begin{vmatrix} 2 & 1 & 1 \\ 1 & -2 & -1 \\ 3 & 4 & 1 \end{vmatrix}}{\begin{vmatrix} 2 & 3 & 1 \\ 1 & 1 & -1 \\ 3 & 1 & 1 \end{vmatrix}} = -1,\quad x_3 = \dfrac{\begin{vmatrix} 2 & 3 & 1 \\ 1 & 1 & -2 \\ 3 & 1 & 4 \end{vmatrix}}{\begin{vmatrix} 2 & 3 & 1 \\ 1 & 1 & -1 \\ 3 & 1 & 1 \end{vmatrix}} = 2.$

4.11 (1) $AB = \begin{pmatrix} -2 & 1 & 4 \\ 0 & 3 & -2 \\ 2 & -1 & 1 \end{pmatrix}\begin{pmatrix} 1 & 2 & -3 \\ -3 & 0 & 2 \\ 0 & -1 & 5 \end{pmatrix} = \begin{pmatrix} -5 & -8 & 28 \\ -9 & 2 & -4 \\ 5 & 3 & -3 \end{pmatrix}$.

(2) $|A| = -30$, $|B| = 23$, $|AB| = -690$ より，$|AB| = |A||B| = -690$ となり，関係式 $|AB| = |A||B|$ が成り立つ．

4.12 $\begin{vmatrix} 1 & 3 & 4 & 2 \\ -1 & 1 & 3 & 1 \\ 0 & 0 & 1 & -1 \\ 0 & 0 & 1 & 2 \end{vmatrix} = \begin{vmatrix} 1 & 3 \\ -1 & 1 \end{vmatrix}\begin{vmatrix} 1 & -1 \\ 1 & 2 \end{vmatrix} = 4 \times 3 = 12.$

4.13 直交するベクトルを $\boldsymbol{x} = \begin{pmatrix} x_1 \\ x_2 \\ x_3 \\ x_4 \end{pmatrix}$ とすれば，$\boldsymbol{x}$ と他の 3 つのベクトルの内積は 0 であるから，行列

$A = \begin{pmatrix} \boldsymbol{u} \\ \boldsymbol{v} \\ \boldsymbol{w} \end{pmatrix}$ について，$A\boldsymbol{x} = \boldsymbol{0}$ が成り立つ．解は $t\begin{pmatrix} -8 \\ 4 \\ -3 \\ 1 \end{pmatrix}$ となるので，単位ベクトルは $\dfrac{\pm 1}{3\sqrt{10}}\begin{pmatrix} -8 \\ 4 \\ -3 \\ 1 \end{pmatrix}$.

第5章

問題 5.1　$W \subset \mathbb{R}^3$ であるので W は $\mathbb{R}^3$ の部分集合である．さらに，$\mathbf{0} \in W$ であり，$\boldsymbol{a}, \boldsymbol{b} \in W$ と $k, \ell \in \mathbb{R}$ について $k\boldsymbol{a} + \ell\boldsymbol{b} \in W$ となるので，W は $\mathbb{R}^3$ の部分空間である．

問題 5.2　$|\boldsymbol{a}_1\ \boldsymbol{a}_2\ \boldsymbol{a}_3| = \begin{vmatrix} 1 & 2 & -1 \\ 1 & -1 & 3 \\ 1 & 0 & 1 \end{vmatrix} = 2 \neq 0$ より，1 次独立である．

問題 5.3　$\begin{pmatrix} 2 & 1 & 5 & 1 & 1 \\ 1 & 0 & 3 & 1 & 0 \\ 4 & 2 & 10 & 1 & 1 \\ 3 & 1 & 8 & 2 & 1 \end{pmatrix} \xrightarrow{① \leftrightarrow ②} \begin{pmatrix} 1 & 0 & 3 & 1 & 0 \\ 2 & 1 & 5 & 1 & 1 \\ 4 & 2 & 10 & 1 & 1 \\ 3 & 1 & 8 & 2 & 1 \end{pmatrix} \xrightarrow[\substack{③-4\times①\\④-3\times①}]{②-2\times①}$

$$\begin{pmatrix} 1 & 0 & 3 & 1 & 0 \\ 0 & 1 & -1 & -1 & 1 \\ 0 & 2 & -2 & -3 & 1 \\ 0 & 1 & -1 & -1 & 1 \end{pmatrix} \xrightarrow[④-②]{③-2\times②} \begin{pmatrix} 1 & 0 & 3 & 1 & 0 \\ 0 & 1 & -1 & -1 & 1 \\ 0 & 0 & 0 & -1 & -1 \\ 0 & 0 & 0 & 0 & 0 \end{pmatrix}.$$

この行列の階数は 3 なので，1 次独立なベクトルの最大数は 3 である．また，行列 $(\boldsymbol{a}_1\ \boldsymbol{a}_2\ \boldsymbol{a}_4)$ の階数は 3 より，$\{\boldsymbol{a}_1, \boldsymbol{a}_2, \boldsymbol{a}_4\}$ が 1 次独立なベクトルの組の 1 つである．

問題 5.4　ベクトルを並べてできる行列の階数を調べれば次元がわかる．次元は 2．基底はたとえば

$$\left\{ \begin{pmatrix} 1 \\ 2 \\ 1 \\ 3 \end{pmatrix}, \begin{pmatrix} -1 \\ -1 \\ 1 \\ -1 \end{pmatrix} \right\}.$$

問題 5.5　$\boldsymbol{a} = \begin{pmatrix} 0 \\ 1 \end{pmatrix} \neq \mathbf{0}$ は $\langle \boldsymbol{a}, \boldsymbol{a} \rangle = 0$ をみたすので，(4) が成り立たない．

問題 5.6　(1) $\begin{vmatrix} 1 & 1 & 1 \\ 0 & 1 & 2 \\ 1 & 1 & 2 \end{vmatrix} = 1$．よって 1 次独立．

(2) $\left\{ \dfrac{1}{\sqrt{2}} \begin{pmatrix} 1 \\ 0 \\ 1 \end{pmatrix}, \begin{pmatrix} 0 \\ 1 \\ 0 \end{pmatrix}, \dfrac{1}{\sqrt{2}} \begin{pmatrix} -1 \\ 0 \\ 1 \end{pmatrix} \right\}$

問題 5.7　(1) $\begin{pmatrix} 1 & 1 \\ 1 & -1 \end{pmatrix} = \begin{pmatrix} 1 & 0 \\ 0 & 1 \end{pmatrix} P$ より，とりかえの行列は $P = \begin{pmatrix} 1 & 1 \\ 1 & -1 \end{pmatrix}$．

(2) 表現行列は $\begin{pmatrix} 1 & 1 \\ 1 & -1 \end{pmatrix}^{-1} \begin{pmatrix} 1 & 2 \\ -2 & 3 \end{pmatrix} \begin{pmatrix} 1 & 1 \\ 1 & -1 \end{pmatrix} = \begin{pmatrix} 2 & -3 \\ 1 & 2 \end{pmatrix}$

章末問題

5.1　(1) $A = (\boldsymbol{a}_1\ \boldsymbol{a}_2\ \boldsymbol{a}_3\ \boldsymbol{a}_4)$ の階数 r を求める．基本変形により

$$A = \begin{pmatrix} 2 & -1 & 2 & 1 \\ 2 & 2 & 0 & 2 \\ 0 & 1 & -1 & 1 \\ 1 & 0 & 1 & 0 \\ 1 & 1 & 1 & -1 \end{pmatrix} \xrightarrow[②\leftrightarrow⑤]{①\leftrightarrow④} \begin{pmatrix} 1 & 0 & 1 & 0 \\ 1 & 1 & 1 & -1 \\ 0 & 1 & -1 & 1 \\ 2 & -1 & 2 & 1 \\ 2 & 2 & 0 & 2 \end{pmatrix}$$

$$\xrightarrow[\substack{④-2\times①\\⑤-2\times①}]{②-①} \begin{pmatrix} 1 & 0 & 1 & 0 \\ 0 & 1 & 0 & -1 \\ 0 & 1 & -1 & 1 \\ 0 & -1 & 0 & 1 \\ 0 & 2 & -2 & 2 \end{pmatrix} \xrightarrow[\substack{④+②\\⑤-2\times②}]{③-②} \begin{pmatrix} 1 & 0 & 1 & 0 \\ 0 & 1 & 0 & -1 \\ 0 & 0 & -1 & 2 \\ 0 & 0 & 0 & 0 \\ 0 & 0 & -2 & 4 \end{pmatrix}$$

$$\xrightarrow[⑤-2\times③]{①+③}\begin{pmatrix}1&0&0&2\\0&1&0&-1\\0&0&-1&2\\0&0&0&0\\0&0&0&0\end{pmatrix}\xrightarrow{-1\times③}\begin{pmatrix}1&0&0&2\\0&1&0&-1\\0&0&1&-2\\0&0&0&0\\0&0&0&0\end{pmatrix}$$

したがって，$r=3$.

(2) $B=(\boldsymbol{a}_1\ \boldsymbol{a}_2\ \boldsymbol{a}_3)$ とすれば (1) と同じ基本変形から

$$B\longrightarrow\begin{pmatrix}1&0&0\\0&1&0\\0&0&1\\0&0&0\\0&0&0\end{pmatrix}$$ より階数は 3 である．この 3 つのベクトルは 1 次独立である．

(3) $k\boldsymbol{a}_1+\ell\boldsymbol{a}_2+m\boldsymbol{a}_3=\boldsymbol{a}_4$ とすれば，これは連立 1 次方程式の問題であり，(1) の A はその拡大係数行列である．したがって，基本変形で最終的に得た上から 3 つの行は，はじめは上から 4 行，5 行，3 行目だったものである．したがって，その行のみ取り出せば十分である．

$$\left(\begin{array}{ccc|c}0&1&-1&1\\1&0&1&0\\1&1&1&-1\end{array}\right)\xrightarrow{③-②}\left(\begin{array}{ccc|c}0&1&-1&1\\1&0&1&0\\0&1&0&-1\end{array}\right)\xrightarrow{①-③}\left(\begin{array}{ccc|c}0&0&-1&2\\1&0&1&0\\0&1&0&-1\end{array}\right)$$

$$\xrightarrow{②+①}\left(\begin{array}{ccc|c}0&0&-1&2\\1&0&0&2\\0&1&0&-1\end{array}\right)\xrightarrow{①\leftrightarrow③}\left(\begin{array}{ccc|c}0&1&0&-1\\1&0&0&2\\0&0&-1&2\end{array}\right)\xrightarrow[-1\times③]{①\leftrightarrow②}\left(\begin{array}{ccc|c}1&0&0&2\\0&1&0&-1\\0&0&1&-2\end{array}\right)$$

より $k=2,\ \ell=-1,\ m=-2.\ \ \boldsymbol{a}_4=2\boldsymbol{a}_1-\boldsymbol{a}_2-2\boldsymbol{a}_3.$

5.2 (1) $|\boldsymbol{a}_1\ \boldsymbol{a}_2\ \boldsymbol{a}_3|=\begin{vmatrix}1&3&0\\1&-1&1\\-1&2&-2\end{vmatrix}=3\neq0$ より，3 つのベクトルは 1 次独立である．

(2) $x\boldsymbol{a}_1+y\boldsymbol{a}_2+z\boldsymbol{a}_3=\boldsymbol{b}$ とすれば，連立 1 次方程式を解くこととなる．基本変形により

$$\left(\begin{array}{ccc|c}1&3&0&5\\1&-1&1&-8\\-1&2&-2&15\end{array}\right)\xrightarrow[③+①]{②-①}\left(\begin{array}{ccc|c}1&3&0&5\\0&-4&1&-13\\0&5&-2&20\end{array}\right)\xrightarrow[②+③]{}\left(\begin{array}{ccc|c}1&3&0&5\\0&1&-1&7\\0&5&-2&20\end{array}\right)$$

$$\xrightarrow[③-5\times②]{①-3\times②}\left(\begin{array}{ccc|c}1&0&3&-16\\0&1&-1&7\\0&0&3&-15\end{array}\right)\xrightarrow[\frac{1}{3}\times③]{}\left(\begin{array}{ccc|c}1&0&3&-16\\0&1&-1&7\\0&0&1&-5\end{array}\right)$$

$$\xrightarrow[②+③]{①-3\times③}\left(\begin{array}{ccc|c}1&0&0&-1\\0&1&0&2\\0&0&1&-5\end{array}\right).$$

したがって，$\boldsymbol{b}=-\boldsymbol{a}_1+2\boldsymbol{a}_2-5\boldsymbol{a}_3$.

5.3 $x=y-2z+w,\ x=-2y+z$ より $0=3y-3z+w,\ w=-3y+3z,$

$$\begin{pmatrix}x\\y\\z\\w\end{pmatrix}=\begin{pmatrix}-2y+z\\y\\z\\-3y+3z\end{pmatrix}=y\begin{pmatrix}-2\\1\\0\\-3\end{pmatrix}+z\begin{pmatrix}1\\0\\1\\3\end{pmatrix}=y\boldsymbol{v}_1+z\boldsymbol{v}_2$$

2 つのベクトル $\boldsymbol{v}_1$，$\boldsymbol{v}_2$ は 1 次独立であるので，次元は 2 となる．また，W はこの 2 つのベクトルで張られる集合であるから部分空間となる．

5.4 (1)

$$\begin{pmatrix}1&-1&3&1\\2&0&1&1\\1&1&-2&0\\2&0&1&1\end{pmatrix}\xrightarrow[\substack{③-① \\ ④-2\times①}]{②-2\times①}\begin{pmatrix}1&-1&3&1\\0&2&-5&-1\\0&2&-5&-1\\0&2&-5&-1\end{pmatrix}\xrightarrow[④-②]{③-②}\begin{pmatrix}1&-1&3&1\\0&2&-5&-1\\0&0&0&0\\0&0&0&0\end{pmatrix}$$

行列の階数は 2 より，次元は 2 である．一方，$\boldsymbol{v}_1 \neq k\boldsymbol{v}_2$ より，$\boldsymbol{v}_1$ と $\boldsymbol{v}_2$ は 1 次独立であるから，それらが基底の 1 つである．

(2)

$$\begin{pmatrix}0&-1&1&1\\1&1&1&2\\1&2&-1&1\\0&1&1&-1\end{pmatrix}\xrightarrow{①\leftrightarrow②}\begin{pmatrix}1&1&1&2\\0&-1&1&1\\1&2&-1&1\\0&1&1&-1\end{pmatrix}\xrightarrow[-1\times②]{③-①}\begin{pmatrix}1&1&1&2\\0&1&-1&-1\\0&1&-2&-1\\0&1&1&-1\end{pmatrix}$$

$$\xrightarrow[④-②]{\substack{①-② \\ ③-②}}\begin{pmatrix}1&0&2&3\\0&1&-1&-1\\0&0&-1&0\\0&0&2&0\end{pmatrix}\xrightarrow[④+2\times③]{\substack{①+2\times③ \\ ②-③}}\begin{pmatrix}1&0&0&3\\0&1&0&-1\\0&0&-1&0\\0&0&0&0\end{pmatrix}$$

行列の階数は 3 より，次元は 3 である．

一方，(1) と同じ基本変形により $(\boldsymbol{v}_1\ \boldsymbol{v}_2\ \boldsymbol{v}_3) \longrightarrow \begin{pmatrix}1&0&0\\0&1&0\\0&0&-1\\0&0&0\end{pmatrix}$ となるので，$(\boldsymbol{v}_1\ \boldsymbol{v}_2\ \boldsymbol{v}_3)$ は 1 次独立であるから，それらが基底の 1 つである．

5.5 $\boldsymbol{x} \in V$ であれば，たとえば $\boldsymbol{x} = \begin{pmatrix}x_1\\x_2\\-x_1-x_2\end{pmatrix} = x_1\begin{pmatrix}1\\0\\-1\end{pmatrix} + x_2\begin{pmatrix}0\\1\\-1\end{pmatrix}$.

したがって，V は 2 つの独立なベクトル $\begin{pmatrix}1\\0\\-1\end{pmatrix}$ と $\begin{pmatrix}0\\1\\-1\end{pmatrix}$ で張られる 2 次元部分空間となる．

5.6 $\{\boldsymbol{u}_1, \boldsymbol{u}_2, \boldsymbol{u}_3\}$ が 1 次独立であることを示す．$\{\boldsymbol{v}_1, \boldsymbol{v}_2, \boldsymbol{v}_3\}$ は 1 次独立より $\boldsymbol{0} = k\boldsymbol{u}_1 + \ell\boldsymbol{u}_2 + m\boldsymbol{u}_3 = (k+\ell+m)\boldsymbol{v}_1 + (\ell+m)\boldsymbol{v}_2 + m\boldsymbol{v}_3$ より $k = \ell = m = 0$ となる．

$\boldsymbol{x} = a\boldsymbol{v}_1 + b\boldsymbol{v}_2 + c\boldsymbol{v}_3 = (a-b)\boldsymbol{u}_1 + (b-c)\boldsymbol{u}_2 + c\boldsymbol{u}_3$ となり，$\boldsymbol{x}$ は $\{\boldsymbol{u}_1, \boldsymbol{u}_2, \boldsymbol{u}_3\}$ の 1 次結合で表示される．

5.7 (1) $A = (\boldsymbol{a}_1\ \boldsymbol{a}_2\ \boldsymbol{a}_3)$ とすれば

$$A = \begin{pmatrix}1&2&0\\2&1&-1\\-1&0&1\\0&1&1\end{pmatrix}\xrightarrow[③+2\times①]{②-2\times①}\begin{pmatrix}1&2&0\\0&-3&-1\\0&2&1\\0&1&1\end{pmatrix}\xrightarrow{②\leftrightarrow④}\begin{pmatrix}1&2&0\\0&1&1\\0&2&1\\0&-3&-1\end{pmatrix}$$

$$\xrightarrow[④+3\times②]{③-2\times②}\begin{pmatrix}1&2&0\\0&1&1\\0&0&-1\\0&0&2\end{pmatrix}\xrightarrow[③+2\times③]{}\begin{pmatrix}1&2&0\\0&1&1\\0&0&-1\\0&0&0\end{pmatrix}$$

より行列 A の階数は 3 であるから，3 つのベクトルは 1 次独立である．

(2) $\boldsymbol{u}_1 = \dfrac{1}{\sqrt{6}}\begin{pmatrix}1\\2\\-1\\0\end{pmatrix}$, $\boldsymbol{u}_2 = \dfrac{1}{\sqrt{30}}\begin{pmatrix}4\\-1\\2\\3\end{pmatrix}$, $\boldsymbol{u}_3 = \dfrac{1}{\sqrt{30}}\begin{pmatrix}-3\\2\\1\\4\end{pmatrix}$.

5.8 (1) $f\left(\alpha\begin{pmatrix}x\\y\end{pmatrix}+\beta\begin{pmatrix}u\\v\end{pmatrix}\right)=f\left(\begin{pmatrix}\alpha x+\beta u\\\alpha y+\beta v\end{pmatrix}\right)=\begin{pmatrix}\alpha x+\beta u+\alpha y+\beta v\\\alpha x+\beta u-\alpha y-\beta v\\-2\alpha x-2\beta u\end{pmatrix}$

$$=\alpha\begin{pmatrix}x+y\\x-y\\-2x\end{pmatrix}+\beta\begin{pmatrix}u+v\\u-v\\-2u\end{pmatrix}=\alpha f\left(\begin{pmatrix}x\\y\end{pmatrix}\right)+\beta f\left(\begin{pmatrix}u\\v\end{pmatrix}\right)$$

より，f は線形である．

(2) $A=\begin{pmatrix}1&1\\-1&0\end{pmatrix}$ の階数は 2 であるから，$\mathbb{R}^2$ は 2 次元ベクトル空間より $\boldsymbol{a}_1$ と $\boldsymbol{a}_2$ は 1 次独立である．したがって，$\boldsymbol{a}_1,\boldsymbol{a}_2$ は $\mathbb{R}^2$ の基底である．

基本変形により

$$B=\begin{pmatrix}1&0&1\\0&1&1\\-1&-1&1\end{pmatrix}\xrightarrow{③+①}\begin{pmatrix}1&0&1\\0&1&1\\0&-1&1\end{pmatrix}\xrightarrow{③+②}\begin{pmatrix}1&0&1\\0&1&1\\0&0&2\end{pmatrix}$$

B の階数は 3 であるから，$\boldsymbol{b}_1,\boldsymbol{b}_2,\boldsymbol{b}_3$ は 1 次独立である．したがって，$\mathbb{R}^3$ の基底である．

(3) B の逆行列は $B^{-1}=\dfrac{1}{3}\begin{pmatrix}2&-1&-1\\-1&2&-1\\1&1&1\end{pmatrix}$. $f(\boldsymbol{a}_1)=\begin{pmatrix}0\\2\\-2\end{pmatrix}=x\boldsymbol{b}_1+y\boldsymbol{b}_2+z\boldsymbol{b}_3=B\begin{pmatrix}x\\y\\z\end{pmatrix}$.

$\begin{pmatrix}x\\y\\z\end{pmatrix}=B^{-1}\begin{pmatrix}0\\2\\-2\end{pmatrix}=\begin{pmatrix}0\\2\\0\end{pmatrix}$ より $f(\boldsymbol{a}_1)=2\boldsymbol{b}_2$. $f(\boldsymbol{a}_2)=\begin{pmatrix}1\\1\\-2\end{pmatrix}=x\boldsymbol{b}_1+y\boldsymbol{b}_2+z\boldsymbol{b}_3$ とすると，

$\begin{pmatrix}x\\y\\z\end{pmatrix}=B^{-1}\begin{pmatrix}1\\1\\-2\end{pmatrix}=\begin{pmatrix}1\\1\\0\end{pmatrix}$ より，$f(\boldsymbol{a}_2)=\boldsymbol{b}_1+\boldsymbol{b}_2$.

(4) $(f(\boldsymbol{a}_1)\ f(\boldsymbol{a}_2))=B\begin{pmatrix}0&1\\2&1\\0&0\end{pmatrix}$ から，表現行列は $\begin{pmatrix}0&1\\2&1\\0&0\end{pmatrix}$ となる．

5.9 (1) E, F からつくられる 3 次正方行列 A,B について，それぞれの行列式は

$$|A|=\begin{vmatrix}1&2&1\\0&1&1\\1&0&1\end{vmatrix}=2\neq 0,\qquad |B|=\begin{vmatrix}3&4&3\\-1&1&-2\\4&8&6\end{vmatrix}=22\neq 0$$

となるので，各ベクトルの組は 1 次独立である．また，$\mathbb{R}^3$ は 3 次元ベクトル空間であるから，それぞれは基底となる．

(2) T は $B=AT$ をみたす 3 次正方行列である．$|A|\neq 0$ より，A は正則行列となり，逆行列 A^{-1} をもつ．$T=A^{-1}B$ となるので，まず A の逆行列を求める．

$$A^{-1}=\frac{1}{2}\begin{pmatrix}1&-2&1\\1&0&-1\\-1&2&1\end{pmatrix}\ \text{より}\ T=A^{-1}B=\frac{1}{2}\begin{pmatrix}9&10&13\\-1&-4&-3\\-1&6&-1\end{pmatrix}.$$

5.10 (1) 平面 $5x-y-z=0$.　(2) 2　(3) 直線 $x=-\dfrac{y}{3}=\dfrac{z}{2}$.

5.11 (1) 条件 (1)〜(3) および $\langle f,f\rangle\geqq 0$ は積分の定義から導かれる．次に，$f(x)\not\equiv 0$ とするとある $x_0\in[a,b]$ で $f(x_0)\neq 0$ となる．したがって，x_0 の近くで $f(x)^2>0$ となり $\langle f,f\rangle>0$.

(2) 三角関数の公式 $\sin a\cos b=\dfrac{1}{2}\{\sin(a+b)+\sin(a-b)\}$ を用いて示すことができる．

第6章

問題 6.1 $|A-\lambda E| = |{}^t(A-\lambda E)| = |{}^tA-\lambda E|$ より，A と ${}^tA$ の固有多項式は等しいので，固有値も等しい．

問題 6.2 $|B-\lambda E| = |P^{-1}AP-\lambda E| = |P^{-1}(A-\lambda E)P| = |P^{-1}||A-\lambda E||P| = |A-\lambda E|$ より，A と B の固有多項式は等しいので，固有値も等しい．

問題 6.3 (1) 固有値は 1, 2, 3. 固有ベクトルは順に $k\begin{pmatrix} 0 \\ -1 \\ 1 \end{pmatrix}$，$\ell\begin{pmatrix} -1 \\ 0 \\ 1 \end{pmatrix}$，$m\begin{pmatrix} -2 \\ -1 \\ 1 \end{pmatrix}$ である．ただし，$k, \ell, m \neq 0$.

(2) 固有値は 5, -3 (重解). 固有ベクトルは順に $k\begin{pmatrix} 1 \\ 2 \\ -1 \end{pmatrix}$，$\ell\begin{pmatrix} -2 \\ 1 \\ 0 \end{pmatrix} + m\begin{pmatrix} 3 \\ 0 \\ 1 \end{pmatrix}$ である．ただし，$k \neq 0$ であり，ℓ, m は同時に 0 にならない任意定数.

問題 6.4 (1) $\begin{pmatrix} 4 & 1 \\ 1 & -1 \end{pmatrix}^{-1}\begin{pmatrix} 5 & 4 \\ 1 & 2 \end{pmatrix}\begin{pmatrix} 4 & 1 \\ 1 & -1 \end{pmatrix} = \begin{pmatrix} 6 & 0 \\ 0 & 1 \end{pmatrix}$.

(2) $\begin{pmatrix} 1 & 0 & 2 \\ -1 & 1 & 1 \\ -1 & -1 & 1 \end{pmatrix}^{-1}\begin{pmatrix} 3 & 1 & 1 \\ 1 & 2 & 0 \\ 1 & 0 & 2 \end{pmatrix}\begin{pmatrix} 1 & 0 & 2 \\ -1 & 1 & 1 \\ -1 & -1 & 1 \end{pmatrix} = \begin{pmatrix} 1 & 0 & 0 \\ 0 & 2 & 0 \\ 0 & 0 & 4 \end{pmatrix}$.

問題 6.5 $\begin{pmatrix} 1 & 0 & 1 \\ -1 & 0 & 1 \\ 0 & 1 & 0 \end{pmatrix}^{-1}\begin{pmatrix} 4 & 1 & 0 \\ 1 & 4 & 0 \\ 0 & 0 & 3 \end{pmatrix}\begin{pmatrix} 1 & 0 & 1 \\ -1 & 0 & 1 \\ 0 & 1 & 0 \end{pmatrix} = \begin{pmatrix} 3 & 0 & 0 \\ 0 & 3 & 0 \\ 0 & 0 & 5 \end{pmatrix}$.

$$A^n = \begin{pmatrix} \frac{1}{2}3^n + \frac{1}{2}5^n & -\frac{1}{2}3^n + \frac{1}{2}5^n & 0 \\ -\frac{1}{2}3^n + \frac{1}{2}5^n & \frac{1}{2}3^n + \frac{1}{2}5^n & 0 \\ 0 & 0 & 3^n \end{pmatrix}.$$

問題 6.6 $\begin{pmatrix} 3 & 1 \\ -1 & 0 \end{pmatrix}^{-1}\begin{pmatrix} 4 & 9 \\ -1 & -2 \end{pmatrix}\begin{pmatrix} 3 & 1 \\ -1 & 0 \end{pmatrix} = \begin{pmatrix} 1 & 1 \\ 0 & 1 \end{pmatrix}$.

$$A^n = \begin{pmatrix} 3n+1 & 9n \\ -n & -3n+1 \end{pmatrix}.$$

問題 6.7 $f(x_1, x_2) = -4{y_1}^2 + 6{y_2}^2$

問題 6.8 最大値 6，最小値 1.

問題 6.9 $y(t) = c_1e^{-t} + c_2e^{-2t}$.

問題 6.10 (1) $A = \begin{pmatrix} 0 & 1 \\ -2 & -3 \end{pmatrix}$. (2) $e^{At} = \begin{pmatrix} 2e^{-t} - e^{-2t} & e^{-t} - e^{-2t} \\ -2e^{-t} + 2e^{-2t} & -e^{-t} + 2e^{-2t} \end{pmatrix}$.

(3) $y(t) = e^{-t} - 2e^{-2t}$.

章末問題

6.1 E を単位行列，$\boldsymbol{x}$ を固有ベクトルとする．

(1) $|A-\lambda E| = \begin{vmatrix} 3-\lambda & 2 \\ 4 & 1-\lambda \end{vmatrix} = (\lambda-5)(\lambda+1) = 0$ より，$\lambda = -1$ と $\lambda = 5$ が固有値である．

$\lambda = -1$ のとき，$(A+E)\boldsymbol{x} = \begin{pmatrix} 4 & 2 \\ 4 & 2 \end{pmatrix}\begin{pmatrix} x \\ y \end{pmatrix} = \begin{pmatrix} 0 \\ 0 \end{pmatrix}$.

$4x + 2y = 0$，すなわち $2x + y = 0$ より $x = k$ とすれば $\boldsymbol{x} = k\begin{pmatrix} 1 \\ -2 \end{pmatrix}$. ただし，$k \neq 0$.

$\lambda=5$ のとき，$(A-5E)\boldsymbol{x}=\begin{pmatrix}-2 & 2\\ 4 & -4\end{pmatrix}\begin{pmatrix}x\\ y\end{pmatrix}=\begin{pmatrix}0\\ 0\end{pmatrix}$.

$-2x+2y=0$，すなわち $-x+y=0$ より $x=y=k$ とすれば $\boldsymbol{x}=k\begin{pmatrix}1\\ 1\end{pmatrix}$．ただし，$k\neq 0$.

$$(2)\ |B-\lambda E|=\begin{vmatrix}6-\lambda & -3 & -7\\ -1 & 2-\lambda & 1\\ 5 & -3 & -6-\lambda\end{vmatrix}=\begin{vmatrix}1-\lambda & 0 & -1+\lambda\\ -1 & 2-\lambda & 1\\ 5 & -3 & -6-\lambda\end{vmatrix}$$

$$=(1-\lambda)\begin{vmatrix}1 & 0 & -1\\ -1 & 2-\lambda & 1\\ 5 & -3 & -6-\lambda\end{vmatrix}=(1-\lambda)\begin{vmatrix}1 & 0 & 0\\ -1 & 2-\lambda & 0\\ 5 & -3 & -1-\lambda\end{vmatrix}$$

$$=-(1-\lambda)(1+\lambda)(2-\lambda)=0$$

より，$\lambda=-1,1,2$ が固有値である．

$\lambda=-1$ のとき，$(B+E)\boldsymbol{x}=\boldsymbol{0}$ を解く．基本変形により

$$(B+E)=\begin{pmatrix}7 & -3 & -7\\ -1 & 3 & 1\\ 5 & -3 & -5\end{pmatrix}\xrightarrow[③+5\times②]{①+7\times②}\begin{pmatrix}0 & 18 & 0\\ -1 & 3 & 1\\ 0 & 12 & 0\end{pmatrix}$$

$18y=0$，$-x+3y+z=0$ より $-x+z=0$. $x=z=k$ とすれば $\boldsymbol{x}=k\begin{pmatrix}1\\ 0\\ 1\end{pmatrix}$．ただし，$k\neq 0$.

$\lambda=1$ のとき，$(B-E)\boldsymbol{x}=\boldsymbol{0}$ を解く．

$$(B-E)=\begin{pmatrix}5 & -3 & -7\\ -1 & 1 & 1\\ 5 & -3 & -7\end{pmatrix}\xrightarrow[③+5\times②]{①+5\times②}\begin{pmatrix}0 & 2 & -2\\ -1 & 1 & 1\\ 0 & 2 & -2\end{pmatrix}\xrightarrow[③-①]{}\begin{pmatrix}0 & 2 & -2\\ -1 & 1 & 1\\ 0 & 0 & 0\end{pmatrix}$$

$y-z=0$，$-x+y+z=0$ より $y=z=k$ とすれば $x=2k$ より $\boldsymbol{x}=k\begin{pmatrix}2\\ 1\\ 1\end{pmatrix}$．ただし，$k\neq 0$.

$\lambda=2$ のとき，$(B-2E)\boldsymbol{x}=\boldsymbol{0}$ を解く．

$$(B-2E)=\begin{pmatrix}4 & -3 & -7\\ -1 & 0 & 1\\ 5 & -3 & -8\end{pmatrix}\xrightarrow[③+5\times②]{①+4\times②}\begin{pmatrix}0 & -3 & -3\\ -1 & 0 & 1\\ 0 & -3 & -3\end{pmatrix}$$

$-3y-3z=0$，$-x+z=0$ より $x=z=k$ とすれば $y=-k$. $\boldsymbol{x}=k\begin{pmatrix}1\\ -1\\ 1\end{pmatrix}$．ただし，$k\neq 0$.

$$(3)\ |C-\lambda E|=\begin{vmatrix}3-\lambda & -2 & 1\\ 2 & -1-\lambda & 1\\ -2 & 2 & -\lambda\end{vmatrix}=\begin{vmatrix}1-\lambda & 0 & 1-\lambda\\ 2 & -1-\lambda & 1\\ -2 & 2 & -\lambda\end{vmatrix}$$

$$=(1-\lambda)\begin{vmatrix}1 & 0 & 1\\ 2 & -1-\lambda & 1\\ -2 & 2 & -\lambda\end{vmatrix}=(1-\lambda)\begin{vmatrix}0 & 0 & 1\\ 1 & -1-\lambda & 1\\ -2+\lambda & 2 & -\lambda\end{vmatrix}$$

$$=(1-\lambda)\begin{vmatrix}1 & -1-\lambda\\ -2+\lambda & 2\end{vmatrix}=-(1-\lambda)^2\lambda=0$$

より $\lambda=0,1$ (重解) が固有値である．

$\lambda=0$ のとき，$C\boldsymbol{x}=\boldsymbol{0}$ を解く．基本変形より

$$C=\begin{pmatrix}3&-2&1\\2&-1&1\\-2&2&0\end{pmatrix}\xrightarrow{①+③}\begin{pmatrix}1&0&1\\2&-1&1\\-2&2&0\end{pmatrix}\xrightarrow[③+2\times①]{②-2\times①}\begin{pmatrix}1&0&1\\0&-1&-1\\0&2&2\end{pmatrix}$$

$$\xrightarrow{③+2\times②}\begin{pmatrix}1&0&1\\0&-1&-1\\0&0&0\end{pmatrix}$$

$x+z=0,\ y+z=0$ より，$z=k$ のとき $x=y=-k$ となり $\boldsymbol{x}=k\begin{pmatrix}-1\\-1\\1\end{pmatrix}$．ただし，$k\neq 0$.

$\lambda=1$ のとき，$(C-E)\boldsymbol{x}=\boldsymbol{0}$ を解く．基本変形より

$$(C-E)=\begin{pmatrix}2&-2&1\\2&-2&1\\-2&2&-1\end{pmatrix}\xrightarrow[③+①]{②-①}\begin{pmatrix}2&-2&1\\0&0&0\\0&0&0\end{pmatrix}$$

$2x-2y+z=0,\ x=k,\ y=\ell$ とすれば $\boldsymbol{x}=k\begin{pmatrix}1\\0\\-2\end{pmatrix}+\ell\begin{pmatrix}0\\1\\2\end{pmatrix}$．ただし，$k\neq 0$ または $\ell\neq 0$．この場合 $\begin{pmatrix}1\\0\\-2\end{pmatrix}$ と $\begin{pmatrix}0\\1\\2\end{pmatrix}$ は 1 次独立である.

(4) $$|D-\lambda E|=\begin{vmatrix}-\lambda&1&1&1\\1&-\lambda&1&1\\0&0&-\lambda&1\\0&0&1&-\lambda\end{vmatrix}=\begin{vmatrix}1-\lambda&1&1&1\\1-\lambda&-\lambda&1&1\\0&0&-\lambda&1\\0&0&1&-\lambda\end{vmatrix}$$

$$=(1-\lambda)\begin{vmatrix}1&1&1&1\\1&-\lambda&1&1\\0&0&-\lambda&1\\0&0&1&-\lambda\end{vmatrix}=(1-\lambda)\begin{vmatrix}1&1&1&1\\0&-\lambda-1&0&0\\0&0&-\lambda&1\\0&0&1&-\lambda\end{vmatrix}$$

$$=(\lambda-1)(\lambda+1)\begin{vmatrix}-\lambda&1\\1&-\lambda\end{vmatrix}=(\lambda-1)^2(\lambda+1)^2=0$$

$\lambda=-1,1$ (ともに重解) が固有値である.

$\lambda=-1$ のとき，$(D+E)\boldsymbol{x}=\boldsymbol{0}$ を解く．$\boldsymbol{x}=\begin{pmatrix}x\\y\\z\\w\end{pmatrix}$ とする．基本変形より

$$(D+E)=\begin{pmatrix}1&1&1&1\\1&1&1&1\\0&0&1&1\\0&0&1&1\end{pmatrix}\xrightarrow{②-①}\begin{pmatrix}1&1&1&1\\0&0&0&0\\0&0&1&1\\0&0&1&1\end{pmatrix}\xrightarrow[④-③]{①-③}\begin{pmatrix}1&1&0&0\\0&0&0&0\\0&0&1&1\\0&0&0&0\end{pmatrix}$$

$x+y=0,\ z+w=0,\ x=k,\ z=\ell$ とすれば $y=-k,\ w=-\ell$ より $\boldsymbol{x}=k\begin{pmatrix}1\\-1\\0\\0\end{pmatrix}+\ell\begin{pmatrix}0\\0\\1\\-1\end{pmatrix}$．ただし，$k\neq 0$ または $\ell\neq 0$.

$\lambda = 1$ のとき，$(D-E)\boldsymbol{x} = \mathbf{0}$ を解く．基本変形より

$$(D-E) = \begin{pmatrix} -1 & 1 & 1 & 1 \\ 1 & -1 & 1 & 1 \\ 0 & 0 & -1 & 1 \\ 0 & 0 & 1 & -1 \end{pmatrix} \xrightarrow[④+③]{②+①} \begin{pmatrix} -1 & 1 & 1 & 1 \\ 0 & 0 & 2 & 2 \\ 0 & 0 & -1 & 1 \\ 0 & 0 & 0 & 0 \end{pmatrix}$$

$$\xrightarrow[②+2\times③]{①+③} \begin{pmatrix} -1 & 1 & 0 & 2 \\ 0 & 0 & 0 & 4 \\ 0 & 0 & -1 & 1 \\ 0 & 0 & 0 & 0 \end{pmatrix}$$

$w=0,\ z=0,\ -x+y=0,\ x=y=k$ より $\boldsymbol{x} = k\begin{pmatrix} 1 \\ 1 \\ 0 \\ 0 \end{pmatrix}$．ただし $k \neq 0$.

6.2 (1) E を単位行列，$\boldsymbol{x}$ を固有ベクトルとする．
(a) の行列 A について，

$$|A-\lambda E| = \begin{vmatrix} 1-\lambda & 2 \\ 2 & -2-\lambda \end{vmatrix} = -(1-\lambda)(2+\lambda)-4 = (\lambda-2)(\lambda+3) = 0$$

より，$\lambda = -3, 2$ が固有値である．

$\lambda = -3$ のとき，$(A+3E)\boldsymbol{x} = \begin{pmatrix} 4 & 2 \\ 2 & 1 \end{pmatrix}\begin{pmatrix} x \\ y \end{pmatrix} = \begin{pmatrix} 0 \\ 0 \end{pmatrix}$.

$2x+y=0$ より $x=k$ とすれば $y=-2k$．固有ベクトルは $k\begin{pmatrix} 1 \\ -2 \end{pmatrix}$．ただし，$k \neq 0$.

$\lambda = 2$ のとき，$(A-2E)\boldsymbol{x} = \begin{pmatrix} -1 & 2 \\ 2 & -4 \end{pmatrix}\begin{pmatrix} x \\ y \end{pmatrix} = \begin{pmatrix} 0 \\ 0 \end{pmatrix}$.

$-x+2y=0$ より $y=k$ とすれば $x=2k$．固有ベクトルは $k\begin{pmatrix} 2 \\ 1 \end{pmatrix}$．ただし，$k \neq 0$.

$P = \begin{pmatrix} 1 & 2 \\ -2 & 1 \end{pmatrix}$ とすれば $P^{-1} = \dfrac{1}{5}\begin{pmatrix} 1 & -2 \\ 2 & 1 \end{pmatrix}$.

$$P^{-1}AP = \begin{pmatrix} -3 & 0 \\ 0 & 2 \end{pmatrix} = D.$$

これにより，行列 A が対角化された．
(b) の行列 B について，

$$|B-\lambda E| = \begin{vmatrix} 1-\lambda & 0 & -1 \\ 1 & 2-\lambda & 1 \\ 2 & 2 & 3-\lambda \end{vmatrix} = \begin{vmatrix} 1-\lambda & 0 & -1 \\ 2-\lambda & 2-\lambda & 0 \\ 2 & 2 & 3-\lambda \end{vmatrix}$$

$$= \begin{vmatrix} 1-\lambda & -1+\lambda & -1 \\ 2-\lambda & 0 & 0 \\ 2 & 0 & 3-\lambda \end{vmatrix} = -(\lambda-2)\begin{vmatrix} -1+\lambda & -1 \\ 0 & 3-\lambda \end{vmatrix}$$

$$= (\lambda-2)(\lambda-1)(\lambda-3) = 0$$

より，$\lambda = 1, 2, 3$ が固有値である．

$\lambda = 1$ のとき，$(B-E)\boldsymbol{x} = \begin{pmatrix} 0 & 0 & -1 \\ 1 & 1 & 1 \\ 2 & 2 & 2 \end{pmatrix}\begin{pmatrix} x \\ y \\ z \end{pmatrix} = \begin{pmatrix} 0 \\ 0 \\ 0 \end{pmatrix}$.

$-z=0,\ x+y+z=0$ より $x+y=0,\ z=0.\quad \boldsymbol{x} = k\begin{pmatrix} 1 \\ -1 \\ 0 \end{pmatrix}$. ただし，$k \neq 0$.

$\lambda = 2$ のとき，$(B-2E)\boldsymbol{x} = \begin{pmatrix} -1 & 0 & -1 \\ 1 & 0 & 1 \\ 2 & 2 & 1 \end{pmatrix}\begin{pmatrix} x \\ y \\ z \end{pmatrix} = \begin{pmatrix} 0 \\ 0 \\ 0 \end{pmatrix}$.

$x+z=0,\ 2x+2y+z=0,\quad y=k,\ x=-2k,\ z=2k.\quad \boldsymbol{x} = k\begin{pmatrix} -2 \\ 1 \\ 2 \end{pmatrix}$. ただし，$k \neq 0$.

$\lambda = 3$ のとき，$(B-3E)\boldsymbol{x} = \begin{pmatrix} -2 & 0 & -1 \\ 1 & -1 & 1 \\ 2 & 2 & 0 \end{pmatrix}\begin{pmatrix} x \\ y \\ z \end{pmatrix} = \begin{pmatrix} 0 \\ 0 \\ 0 \end{pmatrix}$.

$2x+z=0,\ x-y+z=0,\ x+y=0$ より $x=k,\ y=-k,\ z=-2k.\ \boldsymbol{x} = k\begin{pmatrix} 1 \\ -1 \\ -2 \end{pmatrix}$. ただし，$k \neq 0$.

$P = \begin{pmatrix} 1 & -2 & 1 \\ -1 & 1 & -1 \\ 0 & 2 & -2 \end{pmatrix}$ とすれば $P^{-1} = \dfrac{1}{2}\begin{pmatrix} 0 & -2 & 1 \\ -2 & -2 & 0 \\ -2 & -2 & -1 \end{pmatrix}$.

$$P^{-1}BP = \begin{pmatrix} 1 & 0 & 0 \\ 0 & 2 & 0 \\ 0 & 0 & 3 \end{pmatrix} = M.$$

これにより，行列 B が対角化された.

(c) の行列 C について，

$$|C-\lambda E| = \begin{vmatrix} -2-\lambda & 2 & -1 \\ 2 & 1-\lambda & -2 \\ -3 & -6 & -\lambda \end{vmatrix} = \begin{vmatrix} -3-\lambda & 2 & -1 \\ 0 & 1-\lambda & -2 \\ -3-\lambda & -6 & -\lambda \end{vmatrix}$$

$$= \begin{vmatrix} -3-\lambda & 2 & -1 \\ 0 & 1-\lambda & -2 \\ 0 & -8 & 1-\lambda \end{vmatrix} = -(\lambda+3)\begin{vmatrix} 1-\lambda & -2 \\ -8 & 1-\lambda \end{vmatrix}$$

$$= -(\lambda+3)^2(\lambda-5) = 0$$

より $\lambda = 5, -3$ (重解) が固有値である.

$\lambda = 5$ のとき，$(C-5E)\boldsymbol{x} = \boldsymbol{0}$ を解く．基本変形より

$$(C-5E) = \begin{pmatrix} -7 & 2 & -1 \\ 2 & -4 & -2 \\ -3 & -6 & -5 \end{pmatrix} \xrightarrow{①-2\times③} \begin{pmatrix} -1 & 14 & 9 \\ 2 & -4 & -2 \\ -3 & -6 & -5 \end{pmatrix}$$

$$\xrightarrow[③-3\times①]{②+2\times①} \begin{pmatrix} -1 & 14 & 9 \\ 0 & 24 & 16 \\ 0 & -48 & -32 \end{pmatrix} \xrightarrow{\frac{1}{8}\times②} \begin{pmatrix} -1 & 14 & 9 \\ 0 & 3 & 16 \\ 0 & -48 & -32 \end{pmatrix}$$

$$\xrightarrow[③+16\times②]{①-4\times②}\begin{pmatrix}-1&2&1\\0&3&2\\0&0&0\end{pmatrix}$$

$-x+2y+z=0,\ 3y+2z=0$ より，$y=2k$ のとき $z=-3k,\ x=k$ となり $\boldsymbol{x}=k\begin{pmatrix}1\\2\\-3\end{pmatrix}$．ただし，$k\neq 0$.

$\lambda=-3$ のとき，$(C+3E)\boldsymbol{x}=\boldsymbol{0}$ を解く．基本変形より，

$$(C+3E)=\begin{pmatrix}1&2&-1\\2&4&-2\\-3&-6&3\end{pmatrix}\xrightarrow[③+3\times①]{②-2\times①}\begin{pmatrix}1&2&-1\\0&0&0\\0&0&0\end{pmatrix}.$$

$x+2y-z=0$，たとえば，$y=0$ として $x=z=k$ より $\boldsymbol{x}=k\begin{pmatrix}1\\0\\1\end{pmatrix}$．ただし，$k\neq 0$.

$x=0$ として $y=k,\ z=2k$ より $\boldsymbol{x}=k\begin{pmatrix}0\\1\\2\end{pmatrix}$．ただし，$k\neq 0$．2 つのベクトルは明らかに 1 次独立である．

$P=\begin{pmatrix}1&1&0\\2&0&1\\-3&1&2\end{pmatrix}$ とすれば $P^{-1}=-\dfrac{1}{8}\begin{pmatrix}-1&-2&1\\-7&2&-1\\2&-4&-2\end{pmatrix}$.

$$P^{-1}CP=\begin{pmatrix}5&0&0\\0&-3&0\\0&0&-3\end{pmatrix}=M.$$

(2) 行列 A について，$(P^{-1}AP)^n=P^{-1}A^nP=M^n$ より　$A^n=PM^nP^{-1}$.

$$A^n=PM^nP^{-1}=\begin{pmatrix}1&2\\-2&1\end{pmatrix}\begin{pmatrix}(-3)^n&0\\0&2^n\end{pmatrix}\frac{1}{5}\begin{pmatrix}1&-2\\2&1\end{pmatrix}$$

$$=\frac{1}{5}\begin{pmatrix}(-3)^n+2^{n+2}&-2\cdot(-3)^n+2^{n+1}\\-2\cdot(-3)^n+2^{n+1}&4\cdot(-3)^n+2^n\end{pmatrix}.$$

行列 B について，$(P^{-1}BP)^n=P^{-1}B^nP=M^n$ より　$B^n=PM^nP^{-1}$.

$$B^n=\begin{pmatrix}1&-2&1\\-1&1&-1\\0&2&-2\end{pmatrix}\begin{pmatrix}1&0&0\\0&2^n&0\\0&0&3^n\end{pmatrix}\frac{1}{2}\begin{pmatrix}0&-2&1\\-2&-2&0\\-2&-2&-1\end{pmatrix}$$

$$=\frac{1}{2}\begin{pmatrix}1&-2^{n+1}&3^n\\-1&2^n&-3^n\\0&2^{n+1}&-2\cdot 3^n\end{pmatrix}\begin{pmatrix}0&-2&1\\-2&-2&0\\-2&-2&-1\end{pmatrix}$$

$$=\frac{1}{2}\begin{pmatrix}2^{n+2}-2\cdot 3^n&-2+2^{n+2}-2\cdot 3^n&1-3^n\\-2^{n+1}+2\cdot 3^n&2-2^{n+1}+2\cdot 3^n&-1+3^n\\-2^{n+2}+4\cdot 3^n&-2^{n+2}+4\cdot 3^n&2\cdot 3^n\end{pmatrix}.$$

行列 C について，$(P^{-1}CP)^n = P^{-1}C^nP = M^n$ より，$C^n = PM^nP^{-1}$.

$$C^n = -\frac{1}{8}\begin{pmatrix} 1 & 1 & 0 \\ 2 & 0 & 1 \\ -3 & 1 & 2 \end{pmatrix}\begin{pmatrix} 5^n & 0 & 0 \\ 0 & (-3)^n & 0 \\ 0 & 0 & (-3)^n \end{pmatrix}\begin{pmatrix} -1 & -2 & 1 \\ -7 & 2 & -1 \\ 2 & -4 & -2 \end{pmatrix}$$

$$= -\frac{1}{8}\begin{pmatrix} 5^n & (-3)^n & 0 \\ 2\cdot 5^n & 0 & (-3)^n \\ -3\cdot 5^n & (-3)^n & 2\cdot(-3)^n \end{pmatrix}\begin{pmatrix} -1 & -2 & 1 \\ -7 & 2 & -1 \\ 2 & -4 & -2 \end{pmatrix}$$

$$= -\frac{1}{8}\begin{pmatrix} -5^n - 7\cdot(-3)^n & -2\cdot 5^n + 2\cdot(-3)^n & 5^n - (-3)^n \\ -2\cdot 5^n + 2\cdot(-3)^n & -4\cdot 5^n - 4\cdot(-3)^n & 2\cdot 5^n - 2\cdot(-3)^n \\ 3\cdot 5^n - 7\cdot(-3)^n + 4\cdot(-3)^n & 6\cdot 5^n + 2\cdot(-3)^n - 8\cdot(-3)^n & -3\cdot 5^n - (-3)^n - 4\cdot(-3)^n \end{pmatrix}.$$

6.3　A^{-1} は正則行列であるから，0 は固有値ではない．$A^{-1}\boldsymbol{v} = \lambda\boldsymbol{v}$ とする．$\boldsymbol{v} = AA^{-1}\boldsymbol{v} = \lambda A\boldsymbol{v}$ より $A\boldsymbol{v} = \dfrac{1}{\lambda}\boldsymbol{v}$.

6.4　E を単位行列，$\boldsymbol{w} = \begin{pmatrix} u \\ v \end{pmatrix}$ を固有ベクトルとする．

(1)　$|A - \lambda E| = \begin{vmatrix} 4-\lambda & -2 \\ 1 & 1-\lambda \end{vmatrix} = (\lambda-2)(\lambda-3) = 0$

より，$\lambda = 2, 3$ が固有値である．

$\lambda = 2$ のとき，$(A-2E)\boldsymbol{w} = \begin{pmatrix} 2 & -2 \\ 1 & -1 \end{pmatrix}\begin{pmatrix} u \\ v \end{pmatrix} = \begin{pmatrix} 0 \\ 0 \end{pmatrix}$.

$u - v = 0$ より $u = v = k$ とすれば $\boldsymbol{w} = k\begin{pmatrix} 1 \\ 1 \end{pmatrix}$．ただし，$k \neq 0$.

$\lambda = 3$ のとき，$(A-3E)\boldsymbol{w} = \begin{pmatrix} 1 & -2 \\ 1 & -2 \end{pmatrix}\begin{pmatrix} u \\ v \end{pmatrix} = \begin{pmatrix} 0 \\ 0 \end{pmatrix}$.

$u - 2v = 0$，$v = k$ とすれば $u = 2k$ となり，$\boldsymbol{w} = k\begin{pmatrix} 2 \\ 1 \end{pmatrix}$．ただし，$k \neq 0$.

(2)　$P = \begin{pmatrix} 1 & 2 \\ 1 & 1 \end{pmatrix}$ とすれば，$P^{-1} = \begin{pmatrix} -1 & 2 \\ 1 & -1 \end{pmatrix}$.

$$P^{-1}AP = \begin{pmatrix} 2 & 0 \\ 0 & 3 \end{pmatrix} = D.$$

これにより，行列 A が対角化された．

(3) $\boldsymbol{z} = \begin{pmatrix} r \\ s \end{pmatrix} = P^{-1}\boldsymbol{x}$ とすると $\dfrac{d}{dt}P\boldsymbol{z} = AP\boldsymbol{z}$ より $\dfrac{d}{dt}\boldsymbol{z} = P^{-1}AP\boldsymbol{z} = D\boldsymbol{z}$．$\dfrac{dr}{dt} = 2r$，$\dfrac{ds}{dt} = 3s$ より $r = c_1e^{2t}$，$s = c_2e^{3t}$．したがって，$\boldsymbol{x} = P\boldsymbol{z} = \begin{pmatrix} 1 & 2 \\ 1 & 1 \end{pmatrix}\begin{pmatrix} c_1e^{2t} \\ c_2e^{3t} \end{pmatrix} = \begin{pmatrix} c_1e^{2t} + 2c_2e^{3t} \\ c_1e^{2t} + c_2e^{3t} \end{pmatrix}$ となる．

(4) $\boldsymbol{x}(0) = \begin{pmatrix} c_1 + 2c_2 \\ c_1 + c_2 \end{pmatrix} = \begin{pmatrix} 1 \\ -1 \end{pmatrix}$ より $c_1 = -3$，$c_2 = 2$．解は $\boldsymbol{x}(t) = \begin{pmatrix} -3e^{2t} + 4e^{3t} \\ -3e^{2t} + 2e^{3t} \end{pmatrix}$.

6.5　(1) 行列 A の固有値は 2，対応する固有ベクトルは $k\begin{pmatrix} 1 \\ -1 \end{pmatrix}$．ただし，$k \neq 0$．また，一般化固有ベクトルは $(A-2E)\begin{pmatrix} u \\ v \end{pmatrix} = \begin{pmatrix} 1 \\ -1 \end{pmatrix}$ を解くことにより，たとえば $\begin{pmatrix} u \\ v \end{pmatrix} = \begin{pmatrix} -1 \\ 0 \end{pmatrix}$ を選ぶ．

$P = \begin{pmatrix} 1 & -1 \\ -1 & 0 \end{pmatrix}$ とすれば $P^{-1} = \begin{pmatrix} 0 & -1 \\ -1 & -1 \end{pmatrix}$ となり，$P^{-1}AP = \begin{pmatrix} 2 & 1 \\ 0 & 2 \end{pmatrix}$ としてジョルダン標準形が得られる．

(2) $Q = P^{-1}AP$ とすれば，$Q^n = \begin{pmatrix} 2^n & n2^{n-1} \\ 0 & 2^n \end{pmatrix}$.

$$e^{At} = Pe^{Qt}P^{-1} = \begin{pmatrix} 1 & -1 \\ -1 & 0 \end{pmatrix}\begin{pmatrix} e^{2t} & te^{2t} \\ 0 & e^{2t} \end{pmatrix}\begin{pmatrix} 0 & -1 \\ -1 & -1 \end{pmatrix} = \begin{pmatrix} (1-t)e^{2t} & -te^{2t} \\ te^{2t} & (1+t)e^{2t} \end{pmatrix}.$$

(3) 解は，$\boldsymbol{x} = \begin{pmatrix} (1-t)e^{2t} & -te^{2t} \\ te^{2t} & (1+t)e^{2t} \end{pmatrix}\begin{pmatrix} c_1 \\ c_2 \end{pmatrix}$.

6.6 (1) 固有値は $2, 4$ で，対応する固有ベクトルはそれぞれ $k\begin{pmatrix} 1 \\ -1 \end{pmatrix}$，$k\begin{pmatrix} 1 \\ 1 \end{pmatrix}$. ただし，$k \neq 0$.

(2) 直交行列 $P = \dfrac{1}{\sqrt{2}}\begin{pmatrix} 1 & 1 \\ -1 & 1 \end{pmatrix}$ について，$P^{-1}AP = \begin{pmatrix} 2 & 0 \\ 0 & 4 \end{pmatrix}$.

(3) $\boldsymbol{x} = \begin{pmatrix} x_1 \\ x_2 \end{pmatrix}$, $\boldsymbol{y} = \begin{pmatrix} y_1 \\ y_2 \end{pmatrix}$ として $\boldsymbol{y} = P\boldsymbol{x}$. 標準形は $2{y_1}^2 + 4{y_2}^2$.

6.7 (1) $x = ce^{kt}$ として代入すると，$c(k^3 - 3k^2 - k + 3)e^{kt} = 0$. 特性方程式は $k^3 - 3k^2 - k + 3 = (k-3)(k-1)(k+1) = 0$. したがって，$x = c_1e^{-t} + c_2e^t + c_3e^{3t}$. c_1, c_2, c_3 は任意定数である．

(2) $\dot{z} - 3z - y + 3x = 0$ より

$$\frac{d\boldsymbol{x}}{dt} = \begin{pmatrix} y \\ z \\ -3x + y + 3z \end{pmatrix} = \begin{pmatrix} 0 & 1 & 0 \\ 0 & 0 & 1 \\ -3 & 1 & 3 \end{pmatrix}\begin{pmatrix} x \\ y \\ z \end{pmatrix}$$

となり，$A = \begin{pmatrix} 0 & 1 & 0 \\ 0 & 0 & 1 \\ -3 & 1 & 3 \end{pmatrix}$.

(3) $|A - \lambda E| = \begin{vmatrix} -\lambda & 1 & 0 \\ 0 & -\lambda & 1 \\ -3 & 1 & 3-\lambda \end{vmatrix} = -\lambda\begin{vmatrix} -\lambda & 1 \\ 1 & 3-\lambda \end{vmatrix} - \begin{vmatrix} 0 & 1 \\ -3 & 3-\lambda \end{vmatrix}$

$= -(\lambda - 3)(\lambda - 1)(\lambda + 1) = 0$

より，$\lambda = -1, 1, 3$ が固有値である．

$\lambda = -1$ のとき，$(A + E)\boldsymbol{x} = \boldsymbol{0}$ を解く．基本変形より

$$(A+E) = \begin{pmatrix} 1 & 1 & 0 \\ 0 & 1 & 1 \\ -3 & 1 & 4 \end{pmatrix} \xrightarrow{③+3\times①} \begin{pmatrix} 1 & 1 & 0 \\ 0 & 1 & 1 \\ 0 & 4 & 4 \end{pmatrix} \xrightarrow{③-4\times②} \begin{pmatrix} 1 & 1 & 0 \\ 0 & 1 & 1 \\ 0 & 0 & 0 \end{pmatrix}.$$

$x + y = 0, y + z = 0$ より，$y = k$ とするとき $x = z = -k$ となり $\boldsymbol{x} = k\begin{pmatrix} -1 \\ 1 \\ -1 \end{pmatrix}$. ただし，$k \neq 0$.

$\lambda = 1$ のとき，$(A - E)\boldsymbol{x} = \boldsymbol{0}$ を解く．基本変形より

$$(A-E) = \begin{pmatrix} -1 & 1 & 0 \\ 0 & -1 & 1 \\ -3 & 1 & 2 \end{pmatrix} \xrightarrow{③-3\times①} \begin{pmatrix} -1 & 1 & 0 \\ 0 & -1 & 1 \\ 0 & -2 & 2 \end{pmatrix} \xrightarrow{③-2\times②} \begin{pmatrix} -1 & 1 & 0 \\ 0 & -1 & 1 \\ 0 & 0 & 0 \end{pmatrix}.$$

$-x + y = 0, -y + z = 0$ より，$y = k$ とするとき $x = z = k$ となり $\boldsymbol{x} = k\begin{pmatrix} 1 \\ 1 \\ 1 \end{pmatrix}$. ただし，$k \neq 0$.

$\lambda=3$ のとき，$(A-3E)\boldsymbol{x}=\boldsymbol{0}$ を解く．基本変形より

$$(A-3E)=\begin{pmatrix}-3&1&0\\0&-3&1\\-3&1&0\end{pmatrix}\xrightarrow{③-①}\begin{pmatrix}-3&1&0\\0&-3&1\\0&0&0\end{pmatrix}.$$

$-3x+y=0$, $-3y+z=0$ より，$x=k$ とするとき $y=3k$, $z=9k$ となり $\boldsymbol{x}=k\begin{pmatrix}1\\3\\9\end{pmatrix}$．ただし，$k\neq 0$.

$P=\begin{pmatrix}-1&1&1\\1&1&3\\-1&1&9\end{pmatrix}$ とすれば $P^{-1}=-\dfrac{1}{16}\begin{pmatrix}6&-8&2\\-12&-8&4\\2&0&-2\end{pmatrix}$.

$$P^{-1}AP=\begin{pmatrix}-1&0&0\\0&1&0\\0&0&3\end{pmatrix}=D$$

(4) $\boldsymbol{u}=\begin{pmatrix}u\\v\\w\end{pmatrix}$ として，$\boldsymbol{x}=P\boldsymbol{u}$．$\dfrac{d\boldsymbol{u}}{dt}=D\boldsymbol{u}$ より

$$\boldsymbol{u}=\begin{pmatrix}d_1e^{-t}\\d_2e^{t}\\d_3e^{3t}\end{pmatrix}.\quad \boldsymbol{x}=\begin{pmatrix}-1&1&1\\1&1&3\\-1&1&9\end{pmatrix}\begin{pmatrix}d_1e^{-t}\\d_2e^{t}\\d_3e^{3t}\end{pmatrix}=\begin{pmatrix}-d_1e^{-t}+d_2e^{t}+d_3e^{3t}\\d_1e^{-t}+d_2e^{t}+3d_3e^{3t}\\-d_1e^{-t}+d_2e^{t}+9d_3e^{3t}\end{pmatrix}.$$

$-d_1=c_1$, $d_2=c_2$, $d_3=c_3$ とすれば (1) で得られた解と一致する．

6.8 $|A-\lambda E|=0$ であるから，$A^2-\lambda^2E=(A-\lambda E)(A+\lambda E)$ より $|A^2-\lambda^2E|=|(A-\lambda E)(A+\lambda E)|=|A-\lambda E||A+\lambda E|=0$. λ^2 は A^2 の固有値である．

6.9 (1) $A=\begin{pmatrix}-1&3\\-2&4\end{pmatrix}$.

(2) 固有値は 1, 2 であり，その固有ベクトルの 1 つは，それぞれ $\begin{pmatrix}3\\2\end{pmatrix}$, $\begin{pmatrix}1\\1\end{pmatrix}$ である．$P=\begin{pmatrix}3&1\\2&1\end{pmatrix}$ とすれば $P^{-1}=\begin{pmatrix}1&-1\\-2&3\end{pmatrix}$ となり $P^{-1}AP=\begin{pmatrix}1&0\\0&2\end{pmatrix}$ となる．

(3) $A^n=\begin{pmatrix}3-2^{n+1}&-3+3\cdot 2^n\\2-2^{n+1}&-2+3\cdot 2^n\end{pmatrix}$.

(4) $a_n=6-2^n-3\cdot 2^{n-1}$, $b_n=4-2^n-3\cdot 2^{n-1}$.

6.10 2 つの数列 $\{a_n\},\{b_n\}$ は $\begin{pmatrix}a_{n+1}\\b_{n+1}\end{pmatrix}=\begin{pmatrix}3&1\\2&2\end{pmatrix}\begin{pmatrix}a_n\\b_n\end{pmatrix}=A\begin{pmatrix}a_n\\b_n\end{pmatrix}$ と表せる．行列 A の固有値は 1, 4 であり，その固有ベクトルはそれぞれ $k\begin{pmatrix}1\\-2\end{pmatrix}$, $k\begin{pmatrix}1\\1\end{pmatrix}$ である．ただし，$k\neq 0$. $P=\begin{pmatrix}1&1\\-2&1\end{pmatrix}$ とすれば $P^{-1}=\dfrac{1}{3}\begin{pmatrix}1&-1\\2&1\end{pmatrix}$ となり $P^{-1}AP=\begin{pmatrix}1&0\\0&4\end{pmatrix}$ と対角化できる．$\begin{pmatrix}a_n\\b_n\end{pmatrix}=P\begin{pmatrix}u_n\\v_n\end{pmatrix}$ とすれば $\begin{pmatrix}u_{n+1}\\v_{n+1}\end{pmatrix}=P^{-1}AP\begin{pmatrix}u_n\\v_n\end{pmatrix}=\begin{pmatrix}1&0\\0&4\end{pmatrix}\begin{pmatrix}u_n\\v_n\end{pmatrix}$ となる．これにより $u_n=u_1$, $v_n=4^{n-1}v_1$．一方，$a_1=1$, $b_1=2$ より $u_1=-\dfrac{1}{3}$, $v_1=\dfrac{4}{3}$. $\begin{pmatrix}a_n\\b_n\end{pmatrix}=P\begin{pmatrix}-\dfrac{1}{3}\\\dfrac{1}{3}4^n\end{pmatrix}=\begin{pmatrix}-\dfrac{1}{3}+\dfrac{4^n}{3}\\-\dfrac{2}{3}+\dfrac{4^n}{3}\end{pmatrix}$.

第 7 章

問題 7.1 $\begin{pmatrix} 0 & 0 & 1 & 1 \\ 0 & 0 & 0 & 0 \\ 1 & 0 & 0 & 1 \\ 1 & 0 & 1 & 0 \end{pmatrix}$.

問題 7.2 ラプラシアンは $\begin{pmatrix} 2 & 0 & -1 & -1 \\ 0 & 0 & 0 & 0 \\ -1 & 0 & 2 & -1 \\ -1 & 0 & -1 & 2 \end{pmatrix}$ であり，重複度は 2 である．

章末問題

7.1 帰納法により証明できるが，ここでは $n=3$ の場合について示す．

$$\begin{vmatrix} 1 & 1 & 1 \\ x_1 & x_2 & x_3 \\ {x_1}^2 & {x_2}^2 & {x_3}^2 \end{vmatrix} \overset{\substack{②-x_1\times① \\ ③-{x_1}^2\times①}}{=} \begin{vmatrix} 1 & 1 & 1 \\ 0 & x_2-x_1 & x_3-x_1 \\ 0 & {x_2}^2-{x_1}^2 & {x_3}^2-{x_1}^2 \end{vmatrix} = \begin{vmatrix} x_2-x_1 & x_3-x_1 \\ {x_2}^2-{x_1}^2 & {x_3}^2-{x_1}^2 \end{vmatrix}$$

$$= (x_2-x_1)(x_3-x_1)\begin{vmatrix} 1 & 1 \\ x_2+x_1 & x_3+x_1 \end{vmatrix} = (x_2-x_1)(x_3-x_1)(x_3-x_2).$$

7.2 A, B はともに n 次正方行列とする．$AB=C$, そして $A=(a_{ij})$, $B=(b_{ij})$, $C=(c_{ij})$ とする．

$c_{ij} = \sum_{k=1}^{n} a_{ik}b_{kj}$ より $\sum_{j=1}^{n} c_{ij} = \sum_{j=1}^{n}\sum_{k=1}^{n} a_{ik}b_{kj} = \sum_{k=1}^{n} a_{ik}\left(\sum_{j=1}^{n} b_{kj}\right) = \sum_{k=1}^{n} a_{ik} = 1.$

付録

問題 A.1 $\sigma\tau = \begin{pmatrix} 1 & 2 & 3 & 4 \\ 3 & 1 & 2 & 4 \end{pmatrix}\begin{pmatrix} 1 & 2 & 3 & 4 \\ 2 & 4 & 3 & 1 \end{pmatrix} = \begin{pmatrix} 1 & 2 & 3 & 4 \\ 1 & 4 & 2 & 3 \end{pmatrix}$,

$\tau\sigma = \begin{pmatrix} 1 & 2 & 3 & 4 \\ 2 & 4 & 3 & 1 \end{pmatrix}\begin{pmatrix} 1 & 2 & 3 & 4 \\ 3 & 1 & 2 & 4 \end{pmatrix} = \begin{pmatrix} 1 & 2 & 3 & 4 \\ 3 & 2 & 4 & 1 \end{pmatrix}$, $\quad \sigma^{-1} = \begin{pmatrix} 1 & 2 & 3 & 4 \\ 2 & 3 & 1 & 4 \end{pmatrix}$.

問題 A.2 $\sigma = \begin{pmatrix} 1 & 2 & 3 & 4 & 5 \\ 5 & 3 & 4 & 2 & 1 \end{pmatrix} = (1\ 5)\begin{pmatrix} 1 & 2 & 3 & 4 & 5 \\ 1 & 3 & 4 & 2 & 5 \end{pmatrix} = (1\ 5)(2\ 3)\begin{pmatrix} 1 & 2 & 3 & 4 & 5 \\ 1 & 2 & 4 & 3 & 5 \end{pmatrix}$

$= (1\ 5)(2\ 3)(3\ 4)\varepsilon$. または，$\sigma = (1\ 5)(2\ 4)(2\ 3)\varepsilon$ でもよい．

章末問題

A.1

$$\begin{aligned} 0 &= F(x_1, \ldots, x_\ell + x_k, \ldots, x_\ell + x_k \ldots, x_m) \\ &= F(x_1, \ldots, x_\ell, \ldots, x_\ell, \ldots, x_m) + F(x_1, \ldots, x_\ell, \ldots, x_k, \ldots, x_m) \\ &\quad + F(x_1, \ldots, x_k, \ldots, x_\ell, \ldots, x_m) + F(x_1, \ldots, x_k, \ldots, x_k, \ldots, x_m) \\ &= F(x_1, \ldots, x_\ell, \ldots, x_k, \ldots, x_m) + F(x_1, \ldots, x_k, \ldots, x_\ell, \ldots, x_m) \end{aligned}$$

A.2 互換を 1 つ選んで，置換に掛けることで，偶置換が奇置換に，またその逆も成り立つ．

索　引

あ行

1 次結合, 15, 24, 83
1 次従属, 15, 23, 46, 83
1 次独立, 15, 23, 83
1 次変換, 33
位置ベクトル, 1, 9
一般化固有ベクトル, 113
上三角行列, 47
同じ型の行列, 48

か行

階数, 61
外積, 25
階段行列, 61
核, 98
拡大係数行列, 57
簡約化, 61
奇置換, 140
基底, 15, 23, 87
基本行列, 77
基本変形, 56
逆行列, 50
逆変換, 38, 95
行ベクトル, 9, 45
行列, 29, 47
行列式, 25, 67, 140
空間ベクトル, 17
偶置換, 140
クラメルの公式, 68, 70, 76
係数行列, 57
ケイリー・ハミルトンの定理, 42
計量ベクトル空間, 90
後進過程, 55
合成変換, 95
交代行列, 51
後退代入, 55
恒等変換, 30, 95
互換, 139
固有多項式, 104
固有値, 40, 103
固有ベクトル, 40, 103
固有方程式, 42, 104

さ行

最小二乗法, 129
次元, 87
下三角行列, 47
写像, 5, 29
シュミットの直交化法, 91
順列, 138
ジョルダン標準形, 112
数ベクトル空間, 6, 81
スカラー三重積, 27
正規直交基底, 91
正規直交系, 91
正規方程式, 130
正則行列, 50
正方行列, 47
線形空間, 6, 81
線形写像, 92
線形性, 5, 33
前進過程, 55
像, 98

た行

対角化, 107
対角化可能, 107
対角行列, 47
対角成分, 47
退化固有値, 112
対称行列, 51
多重線形性, 141
単位行列, 48, 50
単位置換, 139
単位ベクトル, 9, 17, 45
置換, 138
重複度, 112
直線の方程式, 19
直和, 90
直交行列, 51
直交補空間, 91
定数変化法, 119
転置, 45
転置行列, 50
同次方程式, 64
特性方程式, 116
トレース, 107

な行

内積, 11, 17, 46, 90

は行

掃き出し法, 54
非自明解, 64
非対角成分, 47
左疑似逆行列, 130
非同次方程式, 64
微分方程式, 103
ピボット, 61
表現行列, 30, 33, 94
標準基底, 16, 24
標準ベクトル, 48
部分空間, 82
ベクトル空間, 6, 81
ベクトル三重積, 27
ベクトル積, 25
ベクトルの成分, 9
変換, 5, 29
法線ベクトル, 13, 20

ま行

右手系, 17, 25
右ネジの法則, 25

や行

余因子, 69, 72

余因子展開, 69

ら行

隣接行列, 128
零行列, 48
列ベクトル, 9, 45
連立 1 次方程式, 54

わ行

和空間, 90

著 者

辻川 亨（つじかわ とおる） 宮崎大学名誉教授

出原 浩史（いずはら ひろふみ） 宮崎大学工学教育研究部工学基礎教育センター准教授

線形代数入門（せんけいだいすうにゅうもん）

2017 年 11 月 10 日 第 1 版 第 1 刷 発行
2021 年 2 月 25 日 第 1 版 第 3 刷 発行
2024 年 3 月 10 日 第 2 版 第 1 刷 印刷
2024 年 3 月 30 日 第 2 版 第 1 刷 発行

著 者 辻 川 亨
出 原 浩 史
発 行 者 発 田 和 子
発 行 所 株式会社 学術図書出版社

〒113−0033 東京都文京区本郷 5 丁目 4 の 6
TEL 03−3811−0889 振替 00110−4−28454
印刷 三和印刷 (株)

定価はカバーに表示してあります.

ISBN978−4−7806−1240−0 C3041